破碎重生

如何在艰难时光中成长

[美]伊丽莎白·莱瑟 著

韩阳 译

图字：01-2022-6024

This translation published by arrangement with Villard Books, an imprint of Random House, adivision of Penguin Random House LLC.

图书在版编目（CIP）数据

破碎重生：如何在艰难时光中成长 /（美）伊丽莎白·莱瑟（Elizabeth Lesser）著；韩阳译 . —北京：东方出版社，2023.4

书名原文：Broken Open：How Difficult Times Can Help Us Grow

ISBN 978-7-5207-3338-0

Ⅰ . ①破… Ⅱ . ①伊… ②韩… Ⅲ . ①人生哲学－通俗读物 Ⅳ . ① B821-49

中国国家版本馆 CIP 数据核字（2023）第 043577 号

破碎重生：如何在艰难时光中成长

（POSUI CHONGSHENG: RUHE ZAI JIANNAN SHIGUANG ZHONG CHENGZHANG）

作　　者：	[美]伊丽莎白·莱瑟
译　　者：	韩　阳
策划编辑：	鲁艳芳
责任编辑：	黄彩霞
出　　版：	东方出版社
发　　行：	人民东方出版传媒有限公司
地　　址：	北京市东城区朝阳门内大街 166 号
邮政编码：	100010
印　　刷：	三河市冠宏印刷装订有限公司
版　　次：	2023 年 4 月第 1 版
印　　次：	2023 年 4 月北京第 1 次印刷
开　　本：	700 毫米 ×1000 毫米　1/16
印　　张：	18
字　　数：	263 千字
书　　号：	978-7-5207-3338-0
定　　价：	59.80元
发行电话：	（010）85924663　85924644　85924641

版权所有，违者必究

如有印装质量问题，请拨打电话：（010）85924725

目　录

推荐序 / 001
自　序 / 005
前　言 / 013
导　读 / 017

第一部分　灵魂的召唤

爱因斯坦的智慧 / 027

但丁的智慧 / 035

上帝之手 / 038

公开的秘密 / 041

巴士小丑 / 044

敞开心扉 / 046

心灵战士 / 051

学会放松 / 055

我们都会犯错 / 058

内心深处的呼唤 / 061

凝视阴影才能遇见光明 / 064

第二部分　凤凰涅槃

打开心中的包袱 / 072

恐惧之始，奇迹之源 / 077

放下自我，你没那么特殊 / 084

生命令人敬畏的旅程 / 091

破碎之心中蕴藏着生机 / 097

魂断"9·11" / 103

重塑内心，关爱他人 / 108

第三部分　萨满情人

离开父亲的家 / 114

婚姻的数学题 / 118

萨满情人 / 121

十字路口 / 124

歌德的连环信 / 127

追求改变，无惧犯错 / 130

第四部分　养育子女

对孩子的爱不必百分百 / 139

信任孩子的本性 / 143

不要执着于"正常" / 147

定义家人的不是血统，而是爱 / 152

男孩们教我的东西 / 158

为人父母要学会适时放手 / 162

相信孩子可以独自面对世界 / 168

扩展圈子，给爱更多空间 / 173

停下急于解决问题的想法 / 175

第五部分　生死的意义

见证过出生和死亡的人才能成年 / 183

陪伴好友艾伦走向死亡 / 186

万物无所谓生，也无所谓死 / 190

来自梦中的访客 / 196

哀伤是一份珍贵的礼物 / 201

在充实的生活中找到答案 / 206

练习死亡就是练习自由 / 210

大自然有自己的法则 / 215

练习死亡的冥想 / 219

第六部分　改变的长河

享受时间的流逝 / 224

困难之中自有友善的力量 / 227

耐心等待葡萄酿成美酒 / 230

直面压力，顺应改变 / 234

学习与无常共处 / 240

没有什么比家人互相扶持更重要 / 242

尝试向真相投降 / 248

踏上属于你的英雄之旅 / 250

附　录　练习方法集锦

冥　想 / 257

心理治疗 / 267

祈　祷 / 273

邀请他人共进午餐 / 276

《破碎重生》六部曲 / 279

推 荐 序
一个英雄的凤凰涅槃之旅

对那些有相同旅程的人来说,《破碎重生》是最好的安慰和鼓舞,也是一部很好的心理指南。

什么旅程呢?就是英雄寻找圣杯的旅程、凤凰浴火重生的过程。

我们人生的旅程不可能永远是顺遂如意的,很多时候,我们也真的需要置之死地而后生——也许是健康出了问题,也许是婚姻出了状况,也许是事业一蹶不振,也许是心爱的人骤然辞世或生了重病。

源自人生无常的失去和失落,是最让人觉得情何以堪的。

当初看到这本书的原文版 *Broken Open* 时,我就爱不释手。本书文笔优美流畅,作者引经据典地摘录了许多大师和诗人们的话语,尤其是波斯诗人鲁米的诗,读来让人怦然心动。可以说,本书是一部充满哲思的文学作品,能给读者一定的启发,有助于心灵成长。

然而这本书最打动我的,还是作者本人的诚实告白与勇敢面对。她是美国知名心灵成长机构欧米茄学院(Omega Institute)的创始人,结婚多年之后,不由自主地受到致命吸引力的牵引,开始了一段婚外恋。她选择隐瞒,持续与她的萨满情人交往,最后在看不到未来的情况下选择分手。然后,她勇敢地告知她的丈夫,展开一段"要离还是不要离"的挣扎过程。

作者如实地记录了她的心路历程,愿意暴露她的阴暗面,并且勇敢地接纳。书中也记载了很多人的"凤凰涅槃"经历,与我们分享在面临不同的困境时,别人是如何走出来的。最后,所有的故事都得出相同的结论:困境能够打碎我们,帮助我们重生为原有的最佳状态，所以本书的书名就叫《破碎重生》。

我最喜欢其中的一句话："终有一日，你会明白，封藏在花苞中比尽情绽放更痛苦。"我们都希望生命是平稳顺遂的，然而，正是在人生的风浪颠簸中，我们才能重新定义自己：你是选择紧缩在花苞中，用安全模式运作自己的人生，还是愿意破茧而出，享受绽放之后的美丽？

所有人生的困境，都是我们心灵的召唤，就像鲁米的诗所说的：

> 黎明的微风来倾吐秘密，
> 不要回去睡了。
> 问自己真正所求的是什么，
> 不要回去睡了。
> 两个世界交接的门槛处，
> 人们逡巡不定。
> 大门敞开着。
> 不要回去睡了吧。

啊，这样的诗多么打动我们的心啊！你要选择破碎重生还是回去睡？继续无意识地过机械式的人生，还是愿意冒险纵身跳下悬崖，然后发现原来自己是有翅膀的，是可以飞的？

书中对20世纪知名心灵成长导师之一拉姆·达斯的描述，对我也很有启发。作者说拉姆·达斯是很好的老师，但是在与他工作的过程中两人冲突不断，这让她倍感挫折！所以，她认识两个不同版本的拉姆·达斯。然而，在拉姆·达斯中风之后，她亲眼见到了一个新的拉姆·达斯诞生，这个新的拉姆·达斯展现出他的真实自我，让其他两个拉姆·达斯都退让开来。

我的感触是，连如此有名的大师都要经历这样的谷底体验，才能真正展现他的自我，我们是否也该无惧地往前，接受人生所有的挑战？心灵成长不是光靠拜师、磕头、诵经、修持等行为就可以有所成的，最重要的还是看你在困境当中的表现。当生命把我们不想要的事物带到我们面前,或是夺去我们不想失去的珍宝时,我们能否有凤凰浴火重生的勇气?其实我们要战的不是困境,而是对困境的排斥与抗拒。愿意让自己的小我死去,愿意让自己的渴望、执着死去,就像歌德的诗中所说:

什么时候你还不解

这"死与变"的道理,

你就只是这个黑暗尘世里

一个不安的访客。

本书除了有无数发人深省的优美文句和智慧结晶之外,也兼具相当的实用性。作者提供了难得一见的育儿指南——用她一贯分享而不是说教的方式——同时也谈到她对死亡的一些观点、态度。而在附录部分,她更以简单的静心和祈祷,给了我们修行的最佳工具。

最后,以鲁米的诗与大家共勉:"鼓声在空中回响,我的心随之跳动。有个声音大声说,我知道你累了,但向前吧。就是这条路。"

这是一条引领你回家的路,不要害怕。路上有很多前人的足迹,他们都回家了,你也可以。

知名个人成长作家　张德芬

自　序

《破碎重生》一书动笔时，我人生中的一段艰难时光刚好走到尾声。我经历了离婚、成为单亲母亲、再婚、重组家庭、父亲离世还有工作中的动荡——这些事情都发生在短短几年之中。它们仿佛埋在生活角落里的炸弹，一一爆炸，家庭、工作、财务遭受极大的破坏，概莫能外。我整个人也因此支离破碎。但我下定决心，要让失去带来的痛苦与挫折带来的创伤变为我成长的养料。我要在现实中涅槃重生，而不是崩溃，这是我的目标，也是我遵循的道路，我要成为更好的自己。

于我而言，下笔写这本书的过程，是回望前路的过程，是思考婚姻失败和家庭破裂的过程。为了从混乱中发现意义，理解人生中最艰难但同时也是最重要、最有价值的篇章，我决定写《破碎重生》。在书中，我还讲述了其他人的故事，尽管他们经历的挣扎比我的还痛苦，但他们始终坚信：即使一切支离破碎，我们仍可重归完整；最让我们恐惧担忧的，反而会带领我们走向更好的生活。

大约20年前，《破碎重生》成为畅销书。现在，这本书已被翻译成20多种语言，从中文到罗马尼亚语，再到土耳其语等。多年来，我收到过世界各地读者的来信，通过信件我了解到，有的读者正处在挣扎和转变之中，有的读者则陷于正常人都会经历的困惑烦恼里。这些善良的人们让我知道，每个人都一样——无论来自何方，无论年龄几何，无论以何为生。信中，读者感谢我，他们认为书中的一些内容让他们深有共鸣，比如，渴望拥有更充实的生活，或是害怕做出重大改变，或是抗拒无力阻挡的改变等描述。有些读者提到了书中关于人际关系引导、抚养孩子、失去爱人、渐渐老去等部分，说我选择的词语，比如凤凰涅槃、公开的秘密、狂热的恩典、萨满情人等恰当地表达了他们的经历。

众多章节之中，读者们提到最多的一个故事是《巴士小丑》。读者对这个故事的反馈经常让我惊讶，与此相关的信件、邮件和评论已达数千。它反映出一个最普通、最常见的事实——你、我还有我们身边的所有人，都因逃避内心的真实感觉，尤其是曾经的伤痛、恐惧、困惑和不安全感，而浪费了时间、情感，任由快乐流逝。《巴士小丑》告诉我们一个道理：我们都拥有短暂而美好的生活，只能共享小小星球上的一点空间，乘车过程中会遇到各种各样的情况——好的或坏的，奇妙的或悲惨的，让我们感激的或令我们焦虑的。这个故事并非让我们违背人生道路上的规则，也并非让我们戴上骄傲或幸福的面具掩盖脆弱，而是给我们启示——要敞开心扉，迎接旅程中的所有状况。即使前路崎岖不平，我们依然可以友善地、宽宏地对待自己和他人，享受人生，获得完满的生活。

一次我在阿姆斯特丹开会，发言结束后，一位不太懂英语的日本男士找到了我。我并不会讲日语，尝试沟通了几次后，这位男士握住我的手，说出了所知不多的几个英文单词之一："小丑"。他双眼饱含泪水，我也因此落泪。我攥了攥他的手，然后我们都笑了。"小丑"成了代码：由一个单词构成的共享语言。他说自己也是"巴士小丑"，已经发现了"小丑们"的秘密。他终于可以不再责备他人，终于不再感到羞耻。现在，他可以坐在巴士上——一个普通的、不完美的、值得珍视的人，与普通的、不完美的、值得珍视的众生一起。他接受了自己的平凡，与自己不完美的个性、糟糕的身材、古怪的家庭达成和解。好几次，这位男士会先指指自己再指指我，最后指指会场上的所有人，不停地说："小丑，小丑们。"

我们可以这样理解上述内容：每个人都是独一无二的，受福泽庇佑，且生而有用。同时每个人都可能经历痛苦、担忧，每个人都会评判、比较，犯下各种大过小错。不会有谁的人生真正如照片墙（Instagram）分享上的那样。《破碎重生》首版时，我不可能写下这句话，毕竟当时还没有照片墙，就连脸书（Facebook）好友也不过是同寝室的兄弟或姐妹。社交媒体放大了我们的焦虑感，对自己、对所作所为、对所居之处、对与何人生活等。它创造了幻想的怪物、完美人生的怪物、FOMO怪物。FOMO就是"担心错过"（Fear of Missing Out）。还不知道这个缩写的你大概是幸运的少数人之一，说明你还没有落入这样的陷阱：拿着手机，把自己的真实生活与屏幕里PS处理过的图片还有不真实的生活进行比较。

一旦放下了妒忌和怨念，放下了要像其他人那样生活的执念——拥有别人的爱情、体重、工作、财富、家庭、异国之旅，那么我们就能释放很多能量。只要做真实的自己，竭尽所能，为治愈伤痕累累的内心而努力，享受和其他"小丑"一起的旅程，奇迹就会发生。这就是那个日本人所表达的，也是很多读者与我分享的想法。

无论行至何处，我总会遇到一些人，他们愿意与我分享自己重生的故事：如寻宝般在困难时期艰辛地寻找真正的自我。时至今日，这本书仍有其现实意义，毕竟每个人都会有艰难的时期，我们一生不可能只遇到一次挫折，不可能在这次挫折中就能吸取教训，做到心智清明，如圣人一般踏足整个世界。这种想法固然很好，但我自己没经历过，也没见过谁经历过。最近，有位读者让我注意另一个缩写"AFGO"，她觉得我可能会感兴趣。AFGO 表示"又一个飞速成长机会"（Another Fing Growth Opportunity）。没错，这个缩写词表达很到位。生命能为内心的成长提供很多机会：无论我们是主动的还是被动的。每个人面对不同的困难——疾病、失去、衰老、恐惧、挣扎时，都会一次又一次地得到机会。我们不妨这样问：这次经历想让我学到什么？如何才能利用这次机会变得更睿智、更勇敢、更善良、更坚强？我能从自己的选择和反应中学到什么？我如何能从裂隙中找到透进来的光？

开始写《破碎重生》后，我通过文字回顾自己每次的成长。在人生旅程中，我遇到了很多 AFGO。每次，我都会尽量保持开放，敞开心胸接纳艰难的时光，成为沿途跌跌撞撞的"小丑"，相信旅途会为我指明要学习的内容以及我成长的方式，让我更懂得如何去爱、如何更真实地生活。从母亲重病到去世，我始终秉持这种信念；妹妹癌症复发，我为她捐献骨髓，尽可能照顾她，直到她离开这个世界的那刻，我也是秉持着这种信念；还有，工作中发生重大变化时，我遇到各种困扰和迷茫时，也以此为支撑。

普通人经历的生活，也会让我有所收获。但我未曾预料的是，自己现在经历的一切，也是一种文化、一个国家和一个人类大家庭正在共同经历的一切。我们生活的时代有困惑、分裂、迷茫，对这些内容的思考是我将这本书命名为《破碎重生》的灵感初衷。写作过程中,我已经确定,本书的副标题应该是"如何在艰难时光中成长",因为这是本书的主旨。但确定书的标题可比确定副标题难得多。如果某种事物是你投入了大量心血,融合了你无数次思考创造,那么你如何能用一两个字或词表示其本质?为了找到这种本质,我翻阅歌词和诗文。诗人的工作大抵就是从玫瑰中提取芬芳吧。有一天,阅读波斯诗人鲁米的诗歌时,我偶然看到了这句话:"起舞吧,哪怕已支离破碎。"天呐!便是它了。这就是我寻找的芬芳,这就是这本书的书名来源。

和出版社的营销团队开会,我说自己为本书起的名字是《破碎重生》时,每个人都带着异样的眼神看着我,好像我说的是什么难以理解的东西。大家一致认为,这个书名会让读者望而却步,毕竟听起来像是某个支离破碎的人经历沮丧之旅。"'寻找幸福'怎么样?"有个营销人员和善地建议道,"或者'隧道尽头的光亮'?"

我想对他们说,幸福和光明确实是到达旅程终点的回报,但旅程本身才是难得一遇的彩虹和独角兽。我想请他们回顾自己经历的困难:是否曾经历过失业?是否得过慢性病?是否曾让别人失望,经历过背叛或心碎?是否体验过爱人离世的滋味?他们当时做了什么?是否从痛苦中有所收获?是否有所成长?还是埋藏了自己的感情,终日埋怨、心伤难愈?抑或是通过加班工作、过量饮酒和药物麻痹自己?最终取得的效果如何?下一次遇到困难时,他们又会怎么做?我想说这些,但我同时知道这样做收效甚微,尤其是在纽约某栋办公大楼召开的营销会议上。

于是,我选择了另一种表达:"你可以找到幸福,也终将遇见光亮。生命有缝隙,光才可以照进来。"说完之后,我听到大家翻文件的声音。有些人回避我的目光,但更多的人仍想为这本书争取更积极的书名。但我坚持了自己的想法。幸好我坚持了,尤其在现在这个时代。技术、政治、移民、枪支、毒品、城镇化等对人们的生活产生很多影响,我经常听人说"糟透了"这个词。

我听到过很多人对某件"糟透了"的事进行谴责。谴责是必要的,对实施不公正手段和宣扬分裂的人,愤怒是恰当的回应。这一点我可以理解。同时,我也明白，我们之中的很多人，身处这个瞬息万变的时代，难免会感到疲惫、绝望和恐惧。

不过，我们需要注意：除了恐惧、愤怒，我们还有其他的选择。我们可以停下来，一起深呼吸，思考我之前提到的问题，那些问题对于个体和社会一样重要。试想，如果有线新闻上侃侃而谈的人不只是在发表看法，网络"键盘侠"也不只是谴责，这个世界会是怎样的？试想，如果我们都不再指责彼此，反而思考：我们为何落到现在这个境地？我们可以从眼前的困难中学到什么——关于历史、现在、未来？如何将之作为我们成长、改变、承担责任的机会？怎么避免我们重蹈覆辙？作为人类个体，作为社会一员，作为国家一分子，我们可以学到什么？我们能否透过破裂的缝隙找到光？我们能否成为那束光，开辟新的人生道路？

经历过困难，我仿佛找到了内在的自我——有些人称之为灵魂，它比任何失去、变化、伤痛、轻视或悲伤都更为强大。困难若令我无法站立，那我便跪在灵魂的土地上。现在每当困难来敲门，我都没那么恐惧，我坚信自己会再次发挥出潜力。我相信，国家、世界发生的一切，为我们每个人提供了同样的清盘机会。只有在我们勇敢面对破碎，应对重要的问题时，我们才会深思：我们珍视的是什么？我们坚守的是什么？

下次，如果再跟他人谈论社会或政治问题时——尤其是因逐渐陷入悲观的情绪而面红耳赤，不断猛烈抨击对方时——你可以这样想："我想知道这样的时代究竟要告诉我们什么。我觉得这会让所有人相互倾听，放下伤害性的语言和指责，不必选择特定立场。"当然如果使用这种交流方式，那聚会时你可能会成为最不受欢迎的那个，毕竟相比于抱怨或责备，考虑如何从自身做起去改变是更难的。

前几天，我和一位女士交谈时就用了这种方法。当时，我们的小镇出现了一个较有争议的问题，我认为我们看法相同。但很快，我们之间的对话就从轻松的笑谈演变成了愤怒的抨击。不到几分钟，我就觉得很无聊。明明是两个平时关心他人的人，结果竟为一件小事怒目相视，而且速度如此之快。于是，我把手放在她的胳膊上，然后说道："对不起，我们从头再来一次吧。这次你说我听，我不打断你，告诉我你究竟为什么会有这种想法。我了解一些，现在想知道你了解的。"

于是，我听她说，我明白了她的看法，对未来的担忧影响了她的世界观。接着，我说她听。我们对那件事的看法始终没有改变，但经过这一过程，我们之间多了对彼此的尊重，猜疑少了，狭隘也少了。我向她敞开了心扉，因为她也是"巴士小丑"，和我一样为遇到的问题而挣扎。我们能做的就是让出空间，挨着坐在一起，尽管有不同之处，但却可以共同继续旅程。

我对我们所处的时代依旧抱有希望。因为我是历史学的学生，知道很多国家经历过各种形式的苦难，如饥荒、天灾、干旱、洪水、瘟疫，又如连绵战火、种族灭绝、奴隶制度、暴君和独裁者执政等。但正如神话中的鸟儿一样，我们多次从灰烬中站起来，毁灭之后，是和平、创造与智力的大跨步飞跃，这就是"凤凰涅槃"。

我生于 20 世纪 50 年代，那是从第二次世界大战的全球崩坏中走出来的时代。于很多人而言，20 世纪 50 年代是愈合、重建的时代。但还有些人认为，那个时代充斥着种族主义、性别歧视和令人窒息的服从。50 年代孕育了 60 年代，一方面看，它带来了自由、正义，也解放了创造力；另一方面，那个时代走得太远太快（人类经常如此），一切都在重复上演——文化在破碎和重生之间来回摇摆。人类在增长与遗忘、破坏与进步中曲折探索，但我们始终在前进，始终在变化。因此，在我看来，我们总有选择的机会：灭亡或崛起，毁灭或成熟，进而到对生活有更宏大的表达。

有些人因困难而崩溃，也有些人因此重生，走向更美好的生活。我崇拜后者——他们留下希望的"面包屑"，让我们有迹可循，帮助我们走出黑暗的丛林。其实，我们自己也可以成为这样的人，而当下我们所处的时代，也要求我们如此。从天气模型到性别角色，从人口过载到过度沟通，从我们的工作方式到生活方式，各个方面的变化都如此之快、如此剧烈。难怪人们的焦虑程度如此之高，难怪人们呼吁改变，怀念美好的旧日时光（虽然对很多人来说并没有那么美好）。如果将个人生活中的变化作为觉醒、成长、进化的实验室，那我们本身就是见证者，可以激励他人走出自己绝望和恐惧的泥沼，不再怪罪于人，不再隔岸观火，而是变得更为包容，更愿意交流。如果可以正视自身的缺点，敞开心扉接纳陌生人，那么，大家平和地生活在地球之中，并非难事。

我们做得到吗？对此我秉持乐观的态度。我看到过他人的改变，也改变过自己。改变需要努力、决心和耐心，但努力不会白费。神经科学的研究也证明了这一点。曾经，脑科学家们认为，到成年早期，人类大脑的生理结构就固定不变了。但后来的研究表明，人类大脑从未停止变化——从童年起，我们每次接触新信息、改变旧习惯或直面身心创伤时，大脑就会形成新的神经通路，这就是所谓的神经可塑性。神经可塑性证明了我们可以建设性地应对压力和困难，我们所有人都可以在大脑中创造新的通路。

当你阅读这本书的时候，我希望你能获得勇气，应对自己面临的挑战以及我们当前面临的困难。本书讲述了很多通过挣扎变得更坚强的人的故事，我希望这些故事能鼓励你打造新世界。除了写下这篇新自序，我还在附录部分新增了"《破碎重生》六部曲"，带领你重温本书重点，毕竟大部分人都吸收了太多信息，难免需要整合，记住自己可以获得的有用信息。

这本书接近尾声之时，我写下了这段重要的文字：

人生的契约中镌刻着无法兑现的承诺和敞开心扉的可能。当然，波涛汹涌的旅程可能会令人烦闷疲惫。海面风大浪急之时，我们痛苦难耐，或许想放弃希望，向绝望低头屈服，但要记得，勇敢的朝圣者已为我们开辟了前路，他们说要带着信念和远见勇往直前。鲁米的小诗恰到好处：

鼓声在空中回响，

我的心随之跳动。

有个声音大声说，

我知道你累了，

但向前吧。

就是这条路。

前　言

> 终有一日，
> 你会明白，
> 封藏在花苞中比尽情绽放更痛苦。
> ——阿奈斯·宁

几年前我去过耶路撒冷，那里有数百年来层层堆叠的石头。街道也是堆叠的，任意蜿蜒转向，将住宅区、市场、清真寺、庙宇和教堂随意分隔开。一天早上，在那个斑驳的城市，我独自坐在橄榄山脚下的一堵残垣上。八方而来的虔诚朝圣者拥挤着走入圣城的大门，男人和女人忙着工作和出市，孩子们从大人们身边跑过去上学，只有我无处可去。

我是跟团来耶路撒冷的。根据当天的行程，团队的其他成员已经早起出发，我一个人被落下了。我跟不上大部队的步伐，无法伪装自己是冒险的一分子：我来这里并不是要参观圣地，也不是为了走过苦路十四处（Stations of the Cross），不是为了在西墙（Western Wall）边哀伤落泪，也不是为了吟唱《阿拉的九十九个圣名》（*Ninety-nine Names of Allah*）……都不是，我来到这里是为了进一步逃避，不想对美国的生活作决定。我会来耶路撒冷，是因为旅行团的领队是我的朋友，她不放心我，担心心神不宁的我飞到世界的另一头，扎进混乱的城市中，所以她就直接为我支付了旅行费用。虽然身处耶路撒冷，但我心里想的还是其他的事情，对即将崩溃的婚姻感到害怕和困惑。

漫步在老城的中心地带，我碰巧走进了一条古老的小巷。小巷两边是向西方朝圣者出售宗教文物的小店。通常，我会远离这些小店，觉得刺绣上的隽语箴言，还有印有圣母玛利亚画像的咖啡杯,跟跳蚤市场上猫王埃尔维斯的天鹅绒画没什么区别。但我当时需要帮助,我需要灵感——哪怕是来自咖啡杯,来自刺绣枕头,抑或是猫王本人的都行。

一家狭窄、昏暗的商店吸引了我,于是我走了进去。地板上铺着几块拼在一起的波斯地毯,墙上挂着小幅画作,有些是圣人和先知像,有些是大山和花朵。这是画廊?地毯商店?礼品店?我没判断出来。在狭长房间的里面,有两个穿着白色长衫的阿拉伯人,正坐在矮桌子旁喝茶。其中一个是弯腰驼背的年长绅士,另外一位——或许是他儿子吧——看上去有些神秘,双眼炯炯有神,长长的黑发如梳理整齐的马鬃。过了一会儿,年轻的那一位放下手里的茶,过来跟我打招呼。他盯着我,仿佛要看透我的内心(要不就是想看透我的钱包)。他的英语不错:"跟我来,你肯定会喜欢这幅画。"他抓着我的手,带我从一沓沓的地毯中走过,来到商店里靠近他父亲坐着的地方。

那位年长的绅士站起身,慢慢走过来迎接我。他将右手按在自己心脏的位置,微微低头,这是传统的伊斯兰教问候的方式。"你看,"他指着墙上的一幅小画对我说,"看到玫瑰了吗?"他的手触碰我的胳膊,这让我感受到祖父般的慈爱。他让我面对那幅画。墙上有一幅用深色木框框起来的画作,画的是一朵优雅的玫瑰花苞形象。花苞周围泛着光,苍白的花瓣一片一片紧贴在一起。花朵下面有一段文字:

终有一日,
你会明白,
封藏在花苞中比尽情绽放更痛苦。

看到这行字,泪水瞬间模糊了我的双眼。两个男人站在我身边,更像是保镖,而不是售货员。我侧过身,面向昏暗的地方,担心若是再多一丝同情和怜悯,离家千里之外的我会在陌生人的商店里崩溃。

"怎么了?"长头发的男人问。

"没什么，"我说，"我很好。"

"不，肯定有，"那个人坚持说，"你很痛苦。"

"什么意思？"我反问，带着疑惑和好奇。他是个骗子吗？为了把画卖给我？还是我的心痛太过明显？我的经历一眼就能被看穿？我觉得自己被暴露在光天化日之下，这个长发男子仿佛是灵魂的间谍，他对我的婚姻、两个儿子以及我疯狂混乱的生活了如指掌。

"什么意思？"我看着那两个人，他们两个也看着我，我们三个人默然站着。

这时，那个长头发的男人又说了一次："你很痛苦。你知道为什么吗？"

"不知道，为什么？"虽然我知道，但我还是这么问了。

"因为你害怕。"

"害怕什么？"

"害怕自己，"那个人把手放在自己胸前心脏的位置拍了拍，"你害怕面对自己真实的感受，你害怕追求自己真正想要的东西。你想要的是什么？"

"你是说这幅画吗？你觉得我想要这幅画？"我突然很困惑，极度想逃开地毯的味道和那个男人紧追不舍的问题。"我不想要这幅画。"我边说边朝门口走去。

那个人跟着我来到商店门口，他直接站在我面前，握住我的手，放在我心口的位置。"我不是说那幅画，"他语气很和蔼，"是那幅画下面的字。我是说你的心就像那朵花，该绽放了，你想要的就在你心里等着。时机已经成熟了。愿真主保佑你！"然后，他回到了昏暗之中。

我推开商店的门，步入灿烂的日光下，混入拥挤的人群中。沿着蜿蜒的街道，我回到了酒店。在房间里，尽管日头当空，尽管有90华氏度，我还是泡了个澡。

在浴缸中放松时，那幅画下面的文字不断在我脑海中浮现。不知怎的，那个长发男人看穿了我，说出了我痛苦的根源。我确实就像那朵玫瑰花苞，紧紧闭合着，生怕裂开。那个人是对的，哪怕我冒着一切风险，是时候找到我真正想要的东西了——不是丈夫想要的，不是我认为孩子们需要的，不是我父母期待的，不是社会所认为好的或不好的，而是我勇敢追求的人生圆满。如果我自始至终只是花苞，那也不过是一种凋零的结局，绽放的时候到了。

导　读

生命的本质在于改变，但人的天性却是抗拒变化。低谷时期我们会畏惧，会担心自己难以承受，但也正是因为害怕和担心，我们可能敞开心扉，恢复我们本来的模样。这本书讨论的就是这种时刻。书里的故事都与变化、转变有关，有我自己的经历，也有朋友和家人的经历，还有一些我主持工作坊时遇到的那些勇敢的人的经历。我分享这些经历，是因为知道成功的转变经历可以激发其他人的潜力。无论你处于人生的哪个阶段，书中总有故事能带给你启发，让你的内心更强大。

或许，你正处于转变的开始，只模糊地感觉到不安，同时也觉得有某种难以推却的动力，让你朝新的方向发展；或许，你正处于全盘改变之中，过去的生活已经结束，但还没有找到未来的方向；或许，你已经穿过困难的迷雾丛林，终于能够喘口气，思考旅程的意义；或许，你已经再一次认识到这样的事实：没有什么恒久不变。无论是身体、亲密关系、孩子、工作、城镇、国家，以至于我们赖以生存的地球，一切都是变化的。

我主持以改变和转型为探讨主题的工作坊已经超过 25 年了，亲眼看到有些人在经历一生之中最艰难的转变时，选择成长而非恐惧。我看到很多人以开放和乐观的态度应对现实生活中的挑战——甚至带着智慧和喜悦。我是在欧米茄学院看到这些的，它是我 1977 年与他人共同创立的静修会和研讨会中心。历经多年，欧米茄学院已经发展为美国最大的成人学习中心之一，每年能吸引近两万名客人。很多人来到这里是为了学习医疗和治愈的艺术，还有一些人则是来参加精神静修和个人成长工作坊。他们来到这里，遇到的都是志同道合的人。我常常将欧米茄学院比作绿洲——一个让旅行者休息、学习和倾诉的地方。

这么多年，我在欧米茄学院获益良多。这是一片满是故事的沃土，是人们放下伪装的面具、分享人生意义的地方。本书中的主角都是普通人，他们主动或被动地决定勇敢迈向新的人生之路，使人性变得丰满。这些故事讲述的是克服恐惧、勇于冒险的经历，关乎困难阶段和艰辛旅程，关乎花苞破开，尽情绽放。

刚动笔写作这本书时，我准备一笔带过自己的经历，只分享几个人生经历中的插曲，特别是经过了困难和艰辛后最终绽放的那些部分。我想主要描写其他人经历的灵魂黑夜，描写古代英雄在危险的海洋中航行，或从巨石中拔出宝剑。但是，在探索变化和转型的主题时，那些勇于说出旅程真相的人带给我的启发最大，我不应该略过自己经历的黑暗、苦痛、可耻的部分。

因此，经历一年多的研究和访谈，我把自己收集到的古老神话和当今时代的故事暂时搁置，继续努力讲述自己的经历。很快，我便发现，我最不想讲述的部分——我的自私、我对他人的伤害、我跌倒的经历，才最值得讲述。唯有转身面对自己的过往，我才能敞开胸怀，迎接更真实、更慷慨的人生。因此，本书的故事有黑暗也有光明，有沮丧也有欢欣。由于我没有遵照时间的顺序讲述，所以在真正开始之前，我有必要概述我的人生经历。

我生于20世纪50年代的美国。那个时代的人对人性比较黑暗的部分没什么兴趣——科学承诺让大家过上无忧无虑的生活，电视则在宣扬完美的郊区生活愿景。我在长岛上一个"完美的郊区"长大，对于草坪边缘那片昏暗的森林，只有模糊的印象。上学的时候，我们会在操场上跳绳，但核弹演习时也会藏在课桌底下。家里，妈妈的杂志封面上总有插花艺术和感恩节晚餐，但偶尔我也会看到某个叫"越南"的小国，还有黑人在美国城市街头游行的照片。随着我从童年进入青春期，"完美"这层装饰越来越黯淡。

记得披头士乐队首次横跨大西洋，我也是翘首期盼的人之一。之后，20世纪60年代和70年代出现的主要文化浪潮，我也没有缺席，无论是伍德斯托克音乐艺术节、反战示威、妇女运动，还是重回大地的嬉皮运动等。后来，在纽约的一片荒芜之地为流浪者建造公园时，我遇到了第一任丈夫。我当时还是大一新生，他是医学生。就在20世纪60年代精神（当时已进入70年代）渐渐退去时，我们同居了。

后来，我们离开了城市，追随一位禅修老师，在加利福尼亚安了家。几年后，他实习结束，我也拿到了教育学位，我们回到了东部，创建了一个修行公社。我们结了婚。经过培训，我成了一名助产士，和丈夫一起为当地的婴儿接生。接着，我们有了自己的孩子。于是，我们这个小小的家庭离开了公社，买了自己的房子，创建了一所学校——欧米茄学院的前身。生活逐渐变得复杂烦琐。我从未想过自己某一天要面对的问题——爱与背叛、激情与责任、失落与怀疑——从内心深处暗暗萌芽，将我带入现实生活的黑暗森林。这些经历就是我在本书中讲述的内容。

生而为人，难免会在森林中迷失。没有谁清楚自己如何抵达某处的，谁都不知道从甲地到乙地的明确方向，谁都难免跌跌撞撞步入混乱、灾难或行差踏错的森林。尽管森林中有黑暗、危险，但我们能从中挖掘出自己的潜力。很多人都说患癌症、离婚、破产等是一生中最宝贵的礼物——直到身体、心脏或经济"破碎"之时，他们才认识到自己是谁，才知道自己的感受，才明白自己最想要什么。坠入黑暗之前，他们或者"所得"多于"所施"，或者麻木不仁，或者惶惶不可终日，常常出言责备，深陷自怜之中。在最痛苦的时刻，经历了挣扎，他们反而变得谦卑，变得开放。之后，他们会慢慢收拾残片，从中发现更清晰的目标，找到对生活的新的激情。但我们也看到，有些人没能将不幸转化为洞见，没能将悲伤转化为喜悦。相反，他们变得更刻薄、更敏感、更愤世嫉俗，他们关上了心门，回到了睡梦之中。诚如波斯诗人鲁米所描述的：

> 黎明的微风来倾吐秘密，
>
> 不要回去睡了。
>
> 问自己真正所求的是什么，
>
> 不要回去睡了。
>
> 两个世界交接的门槛处，
>
> 人们逡巡不定。
>
> 大门敞开着。
>
> 不要回去睡了吧。

我很想知道，如何在艰难时光中保持清醒。人们在转变时期的举动让我佩服——我们会抵抗、投降，我们也会坚持和成长。离婚是我第一次破碎重生的经历，让我有机会看到处在同样境遇的人如何与痛苦较量，也让我自此成为一名观察者，继而成为这些人的知己。我记录下许多人的惨败和失误，这些惨败和失误仿佛是生而为人不可避免的。我看到有些人在困难中崩溃，失去勇气，永远未复原；我也见过有些人面对各种变化时极力抗拒，半生之后虽然稳妥安全，但从未真正成熟。

不过，我也看到有人用其他方式面对令人恐惧的变化或痛苦的失去。我称之为"凤凰涅槃"——这是以神话中的凤凰命名，它在火焰中保持清醒，从死亡的灰烬中复活，重生后拥有了最蓬勃、最清明的自己。我会在本书第二部分详细讲解"凤凰涅槃"，现在，我们只需要知道，除了"回去睡了"，我们还有其他选择。

这两种方法我都尝试过：为了抵抗变化的力量，我曾经"回去睡了"；我也曾保持清醒，获得重生。两种方法都很艰难，但后一种能给我带来值得一生珍视的礼物。如果能在人生的变化中保持清醒，那么我们便能探知其中的奥妙——关于自己，关于生活的本质，关于幸福与和平永不枯竭、历久弥新、常伴左右的源泉。

多年以来，我和其他不愿"回去睡了"的人一起坐在工作坊的教室里。他们对黎明的微风感到好奇，希望微风能吹鼓船帆，为小船注入勇气，为内心带来平和。不同的人会遭遇不同的困难，有些严重，有些则算缓和。有人深染疾病，甚至徘徊在死亡边缘，有人则只是在应对生命终结前的种种；有人察觉到内心的变化正在酝酿，却一直不敢留意逐渐在心中聚集的乌云；有些人清楚，此刻拥有的一切下一秒可能便会失去，但仍想享受人生，仿佛真的能做到云淡风轻。

在宽敞、安全的工作坊中，我会帮助大家解决以下问题：如何在痛苦中保持清醒？如何迎来黎明？为何我害怕放慢脚步认真倾听？如何才能让对清醒的渴望超越对改变的恐惧？我们一起解开自己，运用本书附录部分中实用的工具：为静心养性而冥想；为寻找勇敢而探索内心；为培养信仰而祈祷。这些工具如同铁铲，能让我们挖掘深埋在混乱生活土壤中的礼物。它们极大改变了我的人生。但这些工具中最重要的是简单的小事：我们如何向其他人讲述自己的故事——和旅行者围坐在火炉边，或和邻居共同倚靠着篱笆，或和家人朋友围坐在餐桌前。历史上，人们为了理解生命的本质，总会相聚在一起，有说有笑，有哭泣，有赞美。通过分享最人性化的故事，我们便会觉得自己不那么奇怪、不那么孤独，也不会那么悲观。让我们惊讶的是，每个人的故事里都有自己的神话，都藏着丰富的宝藏，那是力量与甜蜜无尽的源泉，这让每个旅行者拥有了闪闪发光的灵魂。

我希望这本书能帮助那些希望拥有"闪闪发光的灵魂"的人——愿意走入自我反省的森林，找回从未真正失去的东西的人。在自己的旅程中，我得到了很多帮助，如果我能在你的旅程中提供些许支持，那便是对曾为我照亮道路的向导和朋友的一些回报。无论你是处在巨大的动荡之中，还是在日常的小激流中，我可以告诉你，你并不孤单，无论是现在还是人生之旅的其他阶段，都有人伴你同行。20世纪伟大的神话学家约瑟夫·坎贝尔（Joseph Campbell）写过："我们必不是孤身犯险，早有英雄迈出了脚步。迷宫已完全解开。我们只需沿着英雄开辟的道路前行，凡憎恶之处必有神灵，凡杀害之人必会自伤。意欲挣脱逃离，我们终将回到自我存在的原点。原以为我们踽踽独行，却发现我们与整个世界相连。"

变化与转变永远不会结束，改变、成长、崩溃、突破的挑战时常会出现。以觉醒的名义所做的第一个重大改变可能具有破坏性，让我们受伤，但更宏大的事物总会眷顾我们。离婚的过程中，我为自己要面临的风险和承受的打击感到非常痛苦，完全不知道此刻的痛苦是否能带来好的结果。然而，多年之后的现在，经历过诸多变化后，我相信约瑟夫·坎贝尔所谓"英雄之路"的曲折。芸芸众生，有些人需要经历灾难性事件才能找到通往"自我存在的原点"的道路，但有些人则不必，他们会将诸多微小的变化凝聚成重要一课，由此找到回归原点的路。

关于故事、诗歌与寓言

我在本书中使用了不同的叙述方式。讲述自己的经历时，我使用第一人称。我的经历对当前主题只是起到抛砖引玉的作用，我将其他人面对挑战有所成长的故事纳入其中。所有成长故事主要集中在第二部分。我会分享人们面对重大疾病、失去子女、战争悲剧等难以忍受的痛苦时展现出的勇气。第三部分主要讲述我自己"凤凰涅槃"的经历。第四部分、第五部分和第六部分讲述的内容侧重于日常话题，主要是关于子女抚养、人际关系、随着年龄而增长的智慧以及如何面对死亡等。本书中的所有内容都在探讨：重大经历后，我们如何过好每一天的小日子。

从文学角度看，有些文章并非是真正的叙事，反而更像是古老传统的寓言传说。这些小寓言散落在整本书中，如小路沿途串起的微弱灯火。很多故事和寓言的开头都会有引语或诗歌，我知道，开篇引语通常会被视为"装饰品"，但我希望你能真正体会这种零散的诗句或引文，因为它们有些对后续叙事有提纲挈领的作用，有些则会带你穿梭在故事中，让你在自己的生活中领悟其中的哲理。

多年以来，我一直注意收藏诗歌和引文。有些人喜欢收集古董玩偶或棒球卡，我则会收集别人说过的话。我会把这些话钉在墙上，或寄给儿子、姐妹或朋友们，或用在工作坊里"诗歌市集"的部分。这种活动很像是精神休憩游戏，效果很好。在工作坊，我会在房间地板上随意放100多张纸，每张纸上都有某位睿智思想家的短诗或隽语——从诗人鲁米的诗句到美国喜剧演员乔治·卡林（George Carlin）的隽语都有。接着，我会请参加工作坊的人在房间里随意走动，看到自己喜欢的诗句就捡起来，寻找最能讲述内心秘密的诗句。我鼓励他们"货比三家"，多选择几张，比较不同风格的诗句。大家都选好诗句之后，我们会围成一个圈坐好，每个人要大声朗读自己选择的那一句。有些人会告诉大家这句话对自己的意义。他们会讲述自己的经历，让我们走进他们的生活。在这个过程中，我逐渐相信，精心挑选的箴言能表达我难以言明的或不愿吐露的内容，有些甚至是我没有意识到自己需要表达出来的内容——直到发现它被诗人的预言之手写在纸面上。

书里的每个故事可能也是你的故事，不过由别人讲述而已，这会让你更了解自己。几乎每篇故事之前都有诗文，不妨将它们作为路标，就像一袋面包屑，标记着各个时代穿过森林的道路。我们就从下面这几句诗开始吧，它依旧是出自诗人鲁米之手。你就把它当作同我一起旅行的邀请函，让书中的故事深入你的灵魂。

发自内心地去做一件事，

你会感受到一条河流在体内奔涌，

那是喜悦之河……

第一部分

灵魂的召唤

要向别人——甚至向自己——袒露心胸，揭露意识之下的内容，很多人都会觉得很不自然。每天早上，我们起床后，便开始继续昨日未完的事——面对生活，仿佛进行控制与生存的战争。与此同时，我们的内心深处都奔涌着一条拥有无尽的纯净能量的河流，它低沉地吟唱，声音饱满，暗示着喜悦、自由与和平。在生活中穿行的我们常会感受到这条河流的存在，会感受到与之相连的音乐渴望，但我们总是行色匆匆，或许是担心会打乱思想与感觉的既有状态。因为深潜到熟悉的事物之下，进入更神秘的灵魂领域，往往会令人不安。

我之所以选择"灵魂"这个词，是因为其他的词都不足以描述让我们充满活力的能量之河。有人说，这条河具有生命力，具有意识。但我更喜欢"灵魂"这个词，我喜欢它的发音，喜欢说出这个词时的口型。然而，这些原因并不能让所有人信服。

为了找到可以更让人信服的理由，我读了很多人的书，听了很多人的演讲。涉及的人很多，有些是物理学家，比如大卫·博姆（David Bohm）和弗里乔夫·卡普拉（Fritjof Capra）等；有些是医生，比如迪帕克·乔普拉（Deepak Chopra）和拉里·多西（Larry Dossey）等；有些是生物学家，比如坎迪斯·珀特（Candace Pert）和罗伯特·谢尔德雷克（Rupert Sheldrake）等。这些人都提出了值得深究的观点。

我最喜欢罗伯特·谢尔德雷克的研究，哪怕我几乎看不懂他的书。他曾就职于剑桥大学，是一名生物化学家和细胞生物学家，著有具开创性意义的书籍，比如《生命新科学：形态发生场假说》（*A New Science of Life*）和《被注视的感觉及扩展思维的其他方面》（*The Sense of Being Stared at and Other Aspects of the Extended Mind*）。他将灵魂描述为某种"形态场"①，或者说是所有生命活动赖以存在的无形之所。他在欧米茄学院进行的一次演讲中说："我们可以把人、动物或植物的遗体与史前活体的状态进行比较，这时，我们会发现，遗体中的物质质量与活体中的毫无差别。遗体的形态保持不变，其中的化学物质也是一样的，

---

① 形态起因假说认为，生物界有形态场，它由已经存在过的生物体生出。低级的形态原胚生出高一级形态的"虚形态"，再由后者生出高一级形态。被重复得越多的形态，其形态场越强，形态越稳定。由此可以解释现有的生物学理论解释不了的许多悬而未决的问题，如：生物体的形态发生问题，蛋白体的多重最小量问题，获得性遗传和再生问题。——译者注

至少离世之初如此。然而，某些东西已经有所改变。最明显的就是，有什么离开了身体，但由于身体重量没有变化，所以可以说离开身体的东西基本没有重量。那种无形的东西就可以被称为'灵魂'。"

或许我们并不知道身体停止运行后灵魂会变成何种形态，但我们可以思考鲁米的建议：发自内心地去做一件事，你会感受到一条河流在体内奔涌，那是喜悦之河……

本书第一部分的故事围绕如何倾听和回应灵魂的呼唤而展开。灵魂在持续不断地发送信号。如果你时常绘画、唱歌、写诗或聆听令人振奋的音乐，如果你冥想、祈祷，如果你在大自然中散步，如果你运动、起舞，你就会知道与灵魂沟通的感触："你会感受到一条河流在体内奔涌，那是喜悦之河。"此外，当你伸出援手帮助他人，当你坠入爱河，当你经过艰辛的努力，当你终于向痛苦的境遇低头——停下与恐惧和心痛的斗争，你就将控制权交给了更伟大的事物。当你厌倦了自我束缚，当你敞开心扉，迎接流动生命中出现的一切，那么你和你的灵魂就已经合二为一，此时的你"会感受到一条河流在体内奔涌，那是喜悦之河"。

然而，我们常会抗拒河流的推动力，屏蔽灵魂的呼唤，或许是担心灵魂会对我们的选择、业已形成的习惯以及做出的决定产生影响。或许如果我们静下心来，询问灵魂路在何方，就能做出巨大的改变。要知道，那条汹涌的能量之河，也许会带着对喜悦与自由的渴望，冲垮我们精心制定的计划、抱负，甚至我们的存在。我们为何要信任灵魂这种"看不到摸不着"的东西？想到这里，我们便会关上心门。我自己不只一次这样做，所以知道在这条河流上修筑大坝带来的后果。我明白行尸走肉的感觉，所以知道这条河流会改变流向，用其他东西突破——比如责备的想法、愤怒的情感、身体的疾病、不安的情绪或自我坠落的行为等。灵魂总在发声，但当我们阻碍它的流动，对生活三心二意时，灵魂发出的声音最为响亮。

但如果我们对灵魂的声音充耳不闻，它就会唱出怪异的曲调；如果我们不去探寻生命表象之下的东西，那灵魂就会找上门来。

爱因斯坦的智慧

一个问题无法被引起该问题的意识解决。

——爱因斯坦

沿着 25 号公路驶离新墨西哥州北部的山区，阿尔伯克基市就会如海市蜃楼一样突然出现——古老平坦的沙漠上，一条沿路而建的美国商业街反射着阳光。多年以来，我总会去新墨西哥看望朋友，但从没去过阿尔伯克基。往返机场的路上，我曾多次经过这里，但从没有找到理由开下高速过去看看。直到一天下午，圣达菲的一个朋友给了我一张疗愈师的名片。当时的我刚刚与相伴 14 年的丈夫分居，还没走出艰难时光。最初想帮我的朋友们都已无计可施，无法再跟着我在没有出口的迷宫中绕来绕去。离开朋友家的前一天，她给了我一张疗愈师的名片，说："什么都别问。去就行了。"

名片的正面写的是：

名称：灵魂代言人

地址：真理大道

名片的背面印着的三条规矩，貌似更有实际意义：

1. 仅接受现金。
2. 自备空白磁带。
3. 别指望我为你的生活负责。

按照名片上的地址，我驾车开过尘土飞扬的街道，道路两旁连一棵树都没有。经过几个仓库和卡车停车场后，我沿着离机场几英里的荒凉道路继续开，最后到了一个拖车停车场。这个地方看起来就像是蹩脚的电影里的场景——几辆旧拖车、破旧的外楼、废弃的汽车，还有一只被晾衣绳拴住的狗。在一条巷子尽头，我发现了停车场的最后一辆拖车。这辆车停在一棵粗糙的树下，树上挂着的圣诞节彩灯还在闪着光。反复核对地址后，我惊讶地发现，这条路确实是"真理大道"，正是"灵魂代言人"的所在之处。

等我走到拖车的台阶前，发现事情就更诡异了，疗愈师就在门口。她是我见过的头发最多的人——漂白后的金色头发乱糟糟地堆在头顶。她穿着红白格子的女士牛仔衬衫、白色紧身裤和高跟凉鞋。她的眼睛是湛蓝色的，很清澈。还有，她的指甲涂成了鲜红色，正好搭配耳朵上的心形耳坠。看到我，她一脸惊讶，好像我早上没打电话预约一样，好像她根本当不起疗愈师的名号。站在拖车台阶前，我说明来意后，她便请我进屋，还让我别介意里面的乱七八糟。我们迈过盒子、书籍、杂志、成袋的宠物食品还有薯片。沙发上坐着一个正在看电视的男人——或许是她的丈夫，他身边还有一只白色贵宾犬，犬毛上别着塑料发夹。她把我带进卧室时，那个男人和那只狗好像都没在意。

她在一张大床上坐下——那张床占据了房间的大部分。她示意我坐在角落里的折叠椅上。我侧身挤到最里面，坐在那把椅子上时还在想，现在走还来得及。可我还没说话，她就开口了，语气很严肃："你钱包里有要给我的东西。你丈夫给你的。一封信。"她的声音有些沙哑——像是个烟鬼——但她有口音，有点儿像得克萨斯州的梅·韦斯特（Mae West）。实际上，我看着她确实想到了梅·韦斯特，真不知道自己究竟怎么想的，居然在阿尔伯克基机场附近的一辆拖车里，向梅·韦斯特咨询生活的方向。

"所以，你钱包里到底有没有信？"疗愈师问。

"没有，没有。"我有点儿结结巴巴的，很是防备，"我一般不在钱包里放信。"

"肯定有什么，你丈夫给你的，就在钱包里。"她的声音柔和了一些。

突然之间，我想起来了，我钱包里确实有一封丈夫给我的信——这张纸上写着我们婚姻中可悲的混乱，写着应该维持婚姻或结束婚姻的所有理由。我之所以带着这张纸，是想给朋友看，看朋友是不是能更明确地"解释"给我听。但我完全忘了这封信，根本没拿给朋友看。事实上，我在圣达菲的所作所为，正是爱因斯坦提醒我们在遇到问题时千万不要做的。他曾经写过：一个问题无法被引起该问题的意识解决。换言之，不要使用当初让你落入困境的混乱思维来解决问题，否则，你只会在优柔寡断和恐惧的旋涡中打转。

很长时间以来，我一直对是否维持婚姻犹豫不决，所以失去了朝其他方向前进的力量。我一遍又一遍权衡维持婚姻或结束婚姻的利弊，就像对着一个永远不可能对等的公式纠结的爱因斯坦。有个声音告诉我，如果沿用之前的思路，我永远都走不出困境，可我不知道怎么才能找到新的道路。我好像被困在水下，在黑暗中游来游去，我上方是一片焦虑的海洋，一束光从某个新方向照进来，但我太过心烦意乱，根本没有注意到。问题如汹涌的波涛一般困扰着我：离婚会毁掉孩子们的生活吗？还是对他们来说，跟不幸福的父母生活更糟糕？我难道是空想家，想寻找的是现实生活中永远无法实现的缥缈幸福吗？还是说我们应该不惜打破规则，去体会活着的喜悦？问题如海水般潮起潮落，无休止地往复，整个过程没有答案，没有赢家，只有一个疲惫不堪的游泳者。

我如何才能打破恐惧的紧箍咒，找到新的思维方式？爱因斯坦怎么做到的？他怎么让脑海中那些责备、怀疑的声音——那些高声指出错误方向的声音——停下来，好让自己安静下来，倾听宇宙的低语？他如何超越自己，遵循光的方向找到更明确的答案？

我打开钱包，信就在里面。我弯腰把信递给疗愈师。只见她接过信，紧闭双眼，甚至连信封都没打开。过了一会儿，她问道："亲爱的，你想不想录音？"现在的她听起来不再像是梅·韦斯特了，更像是餐厅里和蔼可亲的女服务员。我从夹克口袋里拿出空白磁带，再次弯下腰递给她。她把磁带放进曾经也算高端的录音机里，按下录音键，就开始了咨询。一个小时的咨询时间里，疗愈师的描述中混合了奇怪的碎碎念——对我自己、我的丈夫、我的孩子，还有我整个混乱人生，她的描述精确到无法解释。她描述的内容总在不同时代跳跃：上辈子我和丈夫的生活、我小儿子的命运、我的下一任丈夫，还有地球"最后时期"来临时的样子。

坐在角落里的我觉得自己已经脱离了躯体，取而代之的是"灵魂代言人"。我只能以此解释她为何对我的生活了如指掌，不然，她怎么知道我钱包里有一封丈夫给我的信？怎么能仅仅拿着那封信就知道我的婚姻正在瓦解？她盘腿坐在床上，紧闭双眼，紧抓着信，喃喃自语："开始是他想离开，但现在改主意了。嗯。"她眨了眨眼，然后又紧闭上。"他很想回来，但现在是她想离开。她觉得内疚，他很生气。好了，好了。"她小声念叨完，睁开眼睛，开始研究信封的寄件信息。

不管她用什么样的看似不可信的方法确定了前世之事，但我心里明白，自己的确把权力都交给了丈夫，也知道我讨厌他对我们婚姻的掌控，更知道我很少信任自己内心的声音。

"这么说吧，现在该打破这种轮回了，对你对他都是，但这个必须是你来动手。你得拿回自己的权力，明白吗？"

"这个很复杂，"我想解释，"我没什么自信，但他有，所以这不是他的错。"

疗愈师严肃地盯着我。"写下来。"她说着扔给我一支钢笔和一叠边缘印着蓝色小鸟和花朵的纸。"有权力的人永远不会心甘情愿地让出控制权，明白吗？你丈夫永远不可能让你成为你应该成为的那种人，这个不在你的人生契约里，这并不是谁对谁错的问题。事实在于，为了找到你自己，你必须离开他，这是你的追寻。对你丈夫来说，为了找到他自己，他必须得失去你。你们都有要学的东西——这些东西比婚姻本身更重要。你来到这个世界，不是为了结婚，不是为了不离婚，也不是为了做这份或那份工作。你一直以来都问错问题了，你要问的不是要不要离婚，而是，"她凑近我，"你的内心想学到什么？明白吗？"

我想学到什么？我喜欢这个问题，我之前从没想过。就在那一刻，我觉得它为我指明了另一个方向，觉得它带领我朝着海水中透出来的那束光直上而去。

"好吧，我来告诉你。"疗愈师看我没反应，继续说，"你今生今世要学的是找到自己的声音，并且信任你宝贵的声音。你丈夫也有自己要学的东西。你们不能再以夫妻的身份在各自探索的路上相互扶持了。写下来。你离开了，他会伤心，是因为他害怕失去自己拥有的权力。那些时光对他来说已经结束了，所以他内心混乱。但如果你想帮他完成他对灵魂的追寻，你就得离开他。这才是你要做的，你神圣的契约，就是给他自由，也给自己自由。这句也写下来。"

我在小本子上潦草地记录她的惊人之语时，她就耐心坐着等我。我写完之后，她接着解释说，人类逐渐步入"末世"，这段时间可能会持续十年、一个世纪，或者更久，她自己也不知道。但事情在加速发展。人们最终会学到，只有爱自己，才会爱别人；只有拥有自己的声音，才能听到其他人真正的歌声。

"该你响应内心的召唤了，"疗愈师对我强调，"它在呼唤你，但你不敢听。你觉得自己知道什么重要什么不重要，但事实是你并不知道。你觉得重要的是一切安稳，但这些都无关紧要。生命中最重要的，就是学习内心想要学的功课。"

"亲爱的，"她现在非常温柔，"现在让人倍感痛苦的失去的东西，将来会变成更美好的事物。你无法逃脱命运，要是你想试试也可以，反正人们每天都这样——他们会封闭自己，然后源泉就干涸了。"

"好了，我有别的事跟你说。"她边说边把丈夫的信递给我。

"等一下，"我开口了，"我可以问个问题吗？"

"就一个。"她抬手看了看表。

"我的孩子们怎么办？我不想毁了他们的生活。难道孩子不应该有一个稳定的家和安全的——"

疗愈师一挥手打断了我，说："得了吧。你还没明白，你的孩子们都很好。如果你够坚强，他们就很安全；如果你很坚定，他们就能安稳。就这样。我们继续。"我本来还想问更多问题的，比如关于我的丈夫、我的孩子、我的恐惧、我的悲伤，但她好像已经不想继续说这些了。"你看看自己的笔记，"她说，"你知道这些就行了。你和你丈夫因为灵魂而结婚，你现在离开他也是为了灵魂。你在真理大道上，亲爱的。你把车往前开，但眼睛却盯着后视镜，这样开车非常危险。你也知道，一路开过来并不容易。如果你选择留在你丈夫身边，那你就会像行尸走肉一样活着，行尸走肉。如果离开，你就会获得重生。我妈妈说过：'事情变好之前都会变得更糟糕，但只有让它们变得更糟糕，它们才会变得更好。'"她笑了两声，闭上了眼睛。

"你认识的人里面有汤姆吗?"疗愈师又问我。

"我认识三个,"我笑起来,这是我们开始谈话以来我第一次笑。"但我之前真的没意识到他们都叫汤姆。"接着,我讲述了我和每个汤姆的关系。她点了点头,仿佛很了解这三个人的样子,等听够了就不耐烦地挥挥手。

"你跟第一个汤姆已经结束了,他就是你的情人,但你会一直亏欠他,生生世世。"她继续说,"他让你找到了你的身体、你的心和你的声音。明白吗?你找到他的时候,就找到了内心宝贵的声音,这就是你和他之间的契约。他和很多人也订立了同样的契约。他解放了你灵魂的歌声,带着火种,唤醒行尸走肉的人,但他同样会被那把火的热度灼伤。你不能跟他在一起,否则自己也难免会烧伤。我知道你爱这个人,那你就把这句话写下来:汤姆,生生世世,我感激你赐予我灵魂的声音。"

我写完了,刚想问:"但为什么他——"

她又挥手打断了我,继续说道:"别管这个人了,他也在学习灵魂要学的东西,他会找到灵魂正在寻找的平静。你已经给了他钥匙,你们完成了彼此之间的契约。"说完,她闭上眼睛,耳环轻轻碰撞的声音再次传来。"之后的这个汤姆也不属于你,"她摇了摇手指,"他属于别人,你知道这个就行了,之后别给他写信了。"她顿了顿,向后仰起头,就像晒日光浴那样。"这个新的汤姆——头顶上有光环——没错,就是他,名字在闪动的,汤姆。你会跟这个人结婚,他的光环会引领你。你们会相互扶持,帮助彼此成为真正的自己。"

说完,疗愈师握住我的手:"亲爱的,你跟你丈夫的纠葛已经结束了。你必须和平地离婚,因为你还要跟这个曾经是你丈夫的人共同工作。年轻的时候,结婚对你来说并没有什么损失,寻找第一个命中注定的伴侣,你是遵循灵魂的命运。现在,在之后更多的时光中,你要跟第二个命中注定的伴侣——汤姆——共同度过。所以你现在才会在真理之路上。别犹豫。希望友谊和友爱永存。"

录音的内容到此结束。我不记得自己怎么离开的,又是怎么沿着尘土飞扬的道路开车离去,接着搭飞机回纽约。真有意思,大脑会忘记这么多东西,但却会让你记得带着发夹的白色贵宾犬和眼睛湛蓝的疗愈师,还有疗愈师的心形耳环跟红宝石色的指甲很是相配。

差不20年过去了,我翻一堆旧书信和照片时,又翻到了这盒磁带。现在的我已经知道了故事的结局,所以我就给她写了张卡片,地址只能写名片上的"真理大道",收件人也只能写"灵魂代言人"。我跟她说我跟第一任丈夫离了婚,我们直到现在还在一起工作。我说我们共同把孩子养育得很好。还有,令人惊讶的是,我跟头顶上有光环的汤姆结了婚,而且如果我留心注意的话,就能感受到他的光环引领我们走向真正的自己。

但我的信没送到疗愈师那里,被邮局退了回来。信上多了条信息:已搬迁。无转寄地址。

谁是"灵魂代言人"?要问疗愈师教会了我什么,那便是不论是人还是事,都并非如我们想象的那样。有些部分更有意义,更值得关注——永恒的舞蹈经过精心编排,这只是其中一部分,我们要带着感激和谦逊深深地鞠躬致敬。在我看来,那个住在阿尔伯克基机场附近尘土飞扬的道路上的拖车里的古怪女人或许比教授、诗人、总统更清楚世界的运作。

哲学家尼采曾写道:"如果感官足够灵敏,我们就会察觉到,静止的悬崖其实也是跳动的混沌。"尼采想表达的就是字面意思:悬崖峭壁实际上就是舞动的原子,速度极快地旋转和震动着。你手里的这本书、你坐着的椅子、你自己的身体,其实都不是表面看上去的样子。书籍、椅子、身体,每种东西都在宇宙之舞中旋转,只是我们看着像是实体一样,然而如果我们的感官足够灵敏,那周围事物舞动的辉煌和优雅就足以让我们惊讶到合不拢嘴。我们能察觉到无处不在的神秘力量,我们能做的就是让头脑中的噪音安静下来,倾听更深层次的提示。

在爱因斯坦出版的日记中,讲述了一段在新泽西州普林斯顿生活时的经历,当时他仍在努力寻找物理学上统一说的伟大理论——同时代的人对他多有批评,研究也多年未见成果。"我把自己困锁在毫无希望的科学问题上,"他写道,"更何况,作为一个上了年纪的人,我很难融入这里的环境。"我可以想象爱因斯坦当时的心境,他困惑而孤独。走在普林斯顿朴素的街道上,他与自己进行着不可能有结果的对话,循环往复。他的脑海里充斥着各种声音:妈妈警告他别找麻烦,父亲担心他的实践能力，同事质疑他所做的决定，还有整个世界都想让他像个正常人一样思考。他感觉到，喧嚣之外的某处，他能找到自己灵魂的声音，这将带领他解开宇宙的奥秘。一个问题无法被引起该问题的意识解决。

但丁的智慧

> 人生的旅程中,
> 我发现自己身处黑暗的深林,
> 正途已无处可寻。
>
> ——但丁

我去耶路撒冷的那次,也就是遇到长发男人的那次,带着一丝神话的味道。跟金发疗愈师见面的经历也是如此。我自己的生活似乎也是正逐渐写就的神话。与人们耳熟能详的故事一样深奥:但丁的《神曲·地狱篇》、荷马的《奥德赛》中的故事,还有古希腊神话中的珀耳塞福涅(Persephone)①、苏美尔神话中的伊南娜(Inanna)②等人物,都使我们受到启迪。在《圣经》的《新约》或《旧约》中,在佛教和印度教古籍的寓言中,在从美洲到非洲土著人的萨满故事中,我们都能看到自己的影子。我们可以重构过去的经历,体验当下的生活,仿佛我们也是神明、英雄、战士或流浪者。

有一位参加工作坊的女士经历了多年的艰辛。她用但丁在《神曲·地狱篇》的经历描述自己之前几年的生活。"我走进了但丁描述的黑暗森林,"她说,"很短的时间里,我丈夫离我而去,孩子们上了大学,父亲离开人世。我生命中的角色——妻子、母亲、女儿,每个定义它的人都离开了。还有,我也失去了生育能力。我真正地一无所有。一片黑暗之中,我找到了连自己都已遗忘的品质,我找到了我的灵魂。我觉得这就是'灰烬中展翅'的经历。我好像重生了一样。"

---

① 古希腊神话中的冥后,主神宙斯和农业之神德墨忒尔的女儿,冥王哈迪斯的妻子。——译者注
② 巴比伦的自然与丰收女神,同时也是司爱情、生育及战争的女神。——译者注

哲学家威廉·詹姆斯说，世界上有两种人——出生的人和重生的人。出生的人不会偏离自己熟悉的领域，永远在他们的认知和他们以为的别人的期待中生活。如果命运推动这些人走进但丁的黑暗森林，"正途已无处可寻"，于是他们会转身离开。这些人并不想从生命较为黑暗的部分中去学习，反而要留在看似安全的地方，留在家庭和社会看似可以接受的地方，执着于自己已经了解但实际并不一定渴望的东西。出生的人终其一生可能都不知道森林那一边有什么——甚至根本没有意识到森林的存在。

或许出生的人在某个清晨醒来，感受到命运向自己招手，令人不安的问题一个接一个冒出来："这便是人生吗？我会永远这样吗？难道我不需要实现别的目标，给予更多善意，品尝更多内心的自由吗？"之后他起了床，穿戴整齐去上班，毫不理会内心灵魂的发问。第二天早上，以及接下来每一天的早上，他的生活都是一样。这种漫不经心让他变得困惑、麻木、悲伤或愤怒。

灵魂从麻木的生命层云中探出头时，重生的人会注意到它的存在。无论是主动的选择还是被动遭遇的灾难，重生的人都会走进森林，他也许会迷失方向、犯错、承受损失，但为了拥有更真实、更明媚的生活，他会勇敢地直面自己需要改变的内心。

不过，有一点我们要注意，绝对区分"出生的人"和"重生的人"往往具有误导性。如果你觉得自己一直是深陷困顿的"出生的人"，那这种区分会让你觉得自己是个失败者。出生的人会逃避、否认或痛苦地接受真实生活中不可预测的变化。或许，它会让你膨胀，你会把自己想象成白衣骑士，在无关紧要的日常生活中呈现一副神气的模样。重生的人走进改变和转型这片森林的旅程是自发的，外在的故事情节并不一定如肥皂剧一般夸张，因为真正的戏剧正在旅行者的内心上演。过着最平凡生活的，往往是最不平凡的心灵勇士——他们选择了少有人走的路，选择了自省的路。重生的人会以外在生活中的艰难改变为契机，进而实现更艰难的内在改变，他们会利用逆境觉醒。背叛、疾病、离婚、梦想的破灭、失业、亲人离世——所有这些，都可能成为步入更深邃生活的起点。

从出生到重生的旅程将我们带到了一个十字路口，曾经的行事方式已经失去作用，但更好的方式则需要到森林另一边去探索。我们不敢踏入那片森林，但更害怕回头，因为回头意味着一种死亡，前进则代表另一种死亡。于前一种死亡而言，结局就是变为灰烬，但第二种死亡则会引领你走向重生。对有些人来说，重生之日就是心甘情愿走入森林的那一天。一种要觉醒、要充满活力、要感觉某些东西的渴望刺激我们，让我们超越恐惧。有些人会拼命抵抗，直到命运带来危机。有些人会生病，但厌倦了依靠药物、酒精或食物填补内心的空虚，这时，他们才会转身面对真正的渴望：内心灵魂的渴望。

重生的人用已知的安全换取未知的力量。他们遵从召唤步入森林，正途已经消失不见，且没有回头的余地，只能向前穿越森林。这并不容易，因为这并不是虚构的童话故事，它真实存在，且异常艰难。面对自己的阴影——我们一生都在努力躲避内心的恶龙和巫婆——或许是我们毕生最艰难的旅程。但恰恰在这个过程中，在阴影中，我们才能找回隐藏的自己，更好地修炼，成为更有智慧、更为成熟的自己。通过我自己还有工作坊参与者的经历，我知道，黑暗之旅的艰辛最终会带来与之相称的奖赏。此外，我还知道，广阔天地中，每个人都会一次又一次地获得踏上这类旅程的机会，从出生之人的纯真，成长到拥有重生之人的智慧。

在耶路撒冷度过了命中注定的一天后，当长发男人让我勇敢地敞开心扉时，我便发现，最宽厚、最有生命力的人，莫过于因变化、失去或逆境而破碎重生的人。而且，这不仅仅是外在的重生，更是内心转型。如果问是什么改变了我的生活，那便是勇气——转身面对内心渴望改变的勇气。

上帝之手

> 困难之中自有友善的力量，
>
> 那正是出自上帝之手。
>
> ——里尔克

跟同时代的女生相比，我结婚的时候还很年轻。我 19 岁便遇到了第一任丈夫，几年之后就结了婚。23 岁时，我有了孩子。虽然我是 20 世纪 60 年代的不羁青年，也是典型的嬉皮士，但 20 多岁的我仍是婴儿潮一代最有道德意识的人之一。1975 年，我和丈夫跟随心灵导师，和另外上百名年轻人一起，从加利福尼亚搬到了东海岸。外人看来，我们只是一群中产阶级的孩子，想回归大地，组建一个前途黯淡的反文化公社而已。但我们对自己爱好和平的居所寄予厚望，觉得我们与别人不一样，我们将过上和谐、简单的生活，让人刮目相看。

从北卡罗来纳州到佛蒙特州，寻找了一番安身之所后，我们最终选择了纽约州北部某座山北侧的夏克尔村（Shaker Village），村子很大，但也破败。有个朋友的朋友从父母那里继承了房产，但负担不起保养费和税费。于是，我们集资买下了那个地方，还有数百英亩的树林和农田。我们准备亲自动手，自给自足——从接生孩子到修理建筑都是。要是有难以修复、找寻、耕种或榨取的东西，我们就认为没有那些也无所谓。

夏克尔村有十几栋巨大的建筑物——所有宏大的建筑都存在不同程度的受损。由于建于 18 世纪后期，整个村落——包括建筑物主体及其地下室、庭院、谷仓都弥漫着夏克尔人未散去的气息。他们都很严肃，辛勤工作，支持财产共享。我发现我跟夏克尔村人的灵魂的亲近感，甚至要多过跟同龄人的亲近感。毕竟，在全国各大城市里的同龄人，都在忙着积攒财富、推迟婚姻和生育。

我身处被遗忘的乡村，每天冥想、祈祷三次，研究夏克尔村的手工艺品和草药配方，让孩子们跟公社的其他孩子一起长大，于是对"真实世界"中逐渐兴起的雅皮士文化总带着一种轻蔑与不屑。实际上，我认为我们的公社生活就是对现代文化，对其冠之以进步之名的破坏性方式的最昭然的反抗。和世界其他人不一样，我们在地球上轻松地生活，跟随大自然的韵律。我丈夫的妈妈对公社持另一种态度：她指责我们"让文明倒退了五十年"。

我和丈夫一致认为，我们永远不会像很多其他朋友那样自由散漫、贪得无厌、缺乏道德。我们绝不会买洗碗机，绝不会住在郊区，也绝不会离婚，更不会用精神启蒙换取个人的满足，我们要建造更美好的世界。后来，天真傲慢的我低下了头，我偶然发现了通往更美好世界的道路。但这条道路不是在精神理论中，不是在理想主义的崇高境界中，而是在破碎之心的柔软中，在日常生活的不熄之火中。

这个"后来"比想象中来得更快，但还是用了很长时间。回望过往，我终于明白，经历了艰难的重生后，我比之前那个自以为是的年轻女人更有趣、更快乐、更勇敢，也更值得尊敬。如诗人里尔克所言：困难之中自有友善的力量，那正是出自上帝之手。在公社生活的七年之中，我结了婚，成了助产士，有了自己的孩子，以宽广的胸怀勤奋地学习，这个过程中，上帝之手对我发挥了潜移默化的作用。当我和丈夫偶有矛盾，当我作为年轻妈妈倍感沮丧，当公社生活每每出现令人困惑的冲突，那双手都会对我发挥作用。友善的力量逐渐汇聚，然而我只是模糊地意识到了它们的到来，因为当时的我正忙着创造更优越的文化、更美好的生活和更完满的自己。我认为，如果足够努力，就可以超然于世俗的污秽与悲伤。

后来，那股力量不负众望，对我进行了干预。我少经挫折的心破碎了。我认为确定无疑的东西——比如我的婚姻——变得不再确定；我认为无可指摘的人——比如我的心灵导师——展现出无法否认的人性特征；我认为与世界其他地方不同的一切——比如公社——其实并不特殊。我的坠落自此开始。在一路向下的过程中，我转身遇到了善意的力量，感受到转型的手在我身上发挥的作用。

当然，我感谢公社生活中那种不同寻常的聚合，感谢心灵导师的指导，感谢与我共享过一段生命时光的人给予我的深厚友谊，我绝不会用什么交换那段岁月。

然而，如果没有从理想的高峰跌落，没有因失去而拥有更谦虚的自我，没有因痛苦而敞开心扉，我就不会在最困难的时刻发现深藏在心底里等待挖掘的秘密宝藏。

生活中的每一次转变都得益于友善的力量，每一场灾难都能让我们意识到自己真正需要的东西。但如果正处于痛苦的转变中，你可能很难挖掘内心的力量。如果生活已经分崩离析，那么责怪他人、诘问命运或拒绝乘着改变之风而来的希望或许更为容易。有的时候，想帮忙的朋友会说"一切皆有原因"或"因祸得福"，但那时的你只想逃开，或只想说："是吗？要是真有福，那我现在为什么这么痛苦？"

请原谅，我还是要说，发生在我们身上的每件事其实都是一种福气——无论是幸福时，还是心碎、失去或悲伤的时刻。事实如此：日常生活的微小变化中其实都蕴藏着意义，心碎时刻的你会在碎片中发现智慧，灵魂暗夜的结束是新生活的开始。只是你痛苦的时候很难接受这个道理，而且听到并不处在痛苦中的人说这些，你只会觉得对方是"站着说话不腰疼"。

人生旅程中，每当我遇到颠簸，最能安慰我的就是其他旅行者克服磨难波折的经历。这提醒我，当友善的力量来敲门，每个人都同样迷惑，谁都想回去继续沉睡，逃避作出重大改变。从出生的纯真到重生的智慧，道阻且长，绝非易事。

公开的秘密

> 学习只有真心的人
> 才懂的魔法。
> 遇到诸多困难,
> 接受的那一刻,
> 门便会开启。
>
> ——鲁米

　　从出生的纯真到重生的睿智,这段旅程如何开始?哪里能获得作出重大改变的勇气?我们如何利用艰难时光中的力量努力成长?途径很多。但我们要踏出的第一步,就是认识到,在这条路上,我们并不孤单。人类行为中,最大的谜团就是我们会将自己从其他群体中孤立出来。我们以为他人的生命中没有类似的经历,以为自己的怪癖、失败和渴望独一无二。因此,我们会像其他人一样,表现得很快乐,若是跌倒了,还会觉得羞愧;遇到困难时,我们不轻易寻求帮助和安慰,唯恐他人不会理解,担心会受到严厉批评或被人利用。因此,我们便会躲起来,任由错误的戏码上演。

　　我们读小说、看电影、关注名人生活,是为了体验一种我们遥不可及或者说只是与现实不同的生活。我们成了旁观者,窥视灵魂渴望拥有的体验。可这种观察他人的生活,要清晰一点:书中、电影中和杂志中的故事可能并不真实,但我们自己的生活却是真实的。我们拥有机会,带着理想、激情去实现美满生活的机会。我们的内心之中有一颗属于自己的星星——比所有电影明星更明亮,那是每个人的北极星,是自己的灵魂。寻找灵魂是每个人与生俱来的权利——揭开遮盖灵魂的恐惧、耻辱、冷漠或嘲讽。鲁米所谓的"公开的秘密"是很好的起点，是我们常常会重温的内容。

即便是 8 个世纪后的现在，鲁米的诗读起来也总是发人深省。诗句中体现的智慧和幽默历久弥新：每当鲁米的诗让我有所领悟，我总会觉得自己与各个时代的人联系在了一起，因为他们也是借着鲁米的智语良言才走出了迷茫。

在几首诗作和评论中，鲁米谈到了公开的秘密。他说每个人都在努力隐藏一个秘密——不是什么大秘密，但非常微妙，无处不在。鲁米写诗的 13 世纪，伊斯坦布尔的街头就有这种秘密。我认为爱因斯坦会对普林斯顿邻居们隐瞒这个秘密，邻居们也会向他隐瞒。这是你我每天都在保守的秘密。比如，路上遇到熟人，他问："最近怎么样？"你说："挺好的！"他又问："孩子们怎么样？"你回答："也挺好的。""工作怎么样？""还行，干了五年了。"

接着，你问对方："你怎么样？"她回答："还行！"你又问："新房子怎么样？""特别合我心意。""新镇子呢？""算是适应了。"

这种对话非常常见，就是日常生活中的交流，每个人每天都会遇到类似的情况。但它并不能准确反映我们的实际生活。我们不想说哪个孩子在学校不及格，不想说自己常常觉得工作毫无意义，也不想说搬到新城镇简直就是大错特错。这种做法就好像表明，我们身上最人性化的特征反而让人最尴尬。我们告诉自己：没时间跟遇到的每个人讨论生活残酷的细节；我们还不够了解彼此；我们不想看上去那么悲伤、困惑、软弱或自私。所以最好还是把自己神经质或疯狂的一面（还有那些更阴暗的冲动和更可耻的欲望）隐藏起来。我们为什么要把日常生活中的弱点暴露出来？为何遇到的熟人只是问一句"怎么样"就把不光彩的事公之于众？

鲁米说，每个人隐藏秘密的时候，大家都想知道：她是怎么做到的？为什么她的婚姻、工作、居住的城镇还有家庭都顺心遂意？我怎么了？从这种日常的互动中，还有日积月累下来成百上千个类似互动中，我们总隐隐约约觉得自己被比下去了。如果不和别人分享内心深处隐秘的痛苦，那它就会变质。如果没有了陪伴，那么痛苦、恐惧和渴望就会变成疏离、嫉妒和较量。

隐藏人性阴暗面，讽刺之处就在于，我们的秘密实际上并不是真正的秘密。

如果每个人都在极力保守同一个秘密，那它怎么还可能是秘密？正因如此，鲁米才会将之称为"公开的秘密"。这基本上可以说是个笑话——我们不得不承认，每个人都有一个如影随形的"双胞胎"，他笨手笨脚、脾气暴躁。惊讶吧！和你一样，我有时候也会像个混蛋。我也会有不友善的举动，会懦弱，会怀有无情的想法，在应该积极行动的时候无精打采，消磨时光；和你一样，我也会怀疑生活是否有意义，会为自己无法控制的东西担忧烦恼，也经常感到挫败。尽管我也有自己的长处和天赋，但我同时也是个脆弱的且没有安全感的人，需要与别人沟通，需要获得安慰。这就是你我之间试图保守的秘密，但这样对我们每个人都是有害而无益的。

鲁米说，接受生命中出现的困难，门便会开启。这句话听上去容易、有吸引力，但实际知易行难。大多数人都想投机取巧，叩响通往自由和幸福的大门，唯独不肯使用真正有效的策略。如果你想敲开通往天堂的门，就要从打开自己秘密的心门开始。不妨看看，如果向别人袒露一丝真正的自己会怎样。慢慢来，不必行事夸张，每次分享一点点就好——你的胜利和失败、你的满足和遗憾。直面作为人的尴尬，你会发现一口充满激情和慈悲的深井。你公开的秘密是一股强大的力量，一个人的心若不设防，那么你遇见的每个人都可以放下负担，你们便可以一起走入那扇打开的大门。

巴士小丑

> 大家都是巴士小丑，
>
> 所以不妨放松坐好，
>
> 享受旅程。
>
> ——威维·格雷

威维·格雷是我钦佩的人之一。他是个小丑，也是社会活动家。1969年，他主持了伍德斯托克音乐节，自此名声大噪，家喻户晓。从那时起，他就不断参与社会活动，是善款筹集活动中重要的"欢乐"筹集人，是非官方的医院牧师，同时也是市中心儿童营地的创始人。每四年，他就会以"没有人"为名参选美国总统，在全国各地发表演讲，口号包括"没有人参选总统""没有人完美"，还有"没有人理应拥有那么大权力"等。认真地说，他是个很有趣的人，也乐于助人。"就像世界上最出色的小丑，"《乡村之声》的一名记者写道，"为了让你显得更聪明，威维·格雷会让自己出丑。他是世界上的好人之一。"

威维（他在欧米茄学院举办过小丑工作坊，所以我就对他直呼其名了）擅长单句箴言。他在伍德斯托克舞台上说的一句话很出名："我们打算把早餐送到40万人床边。"还有他说自己为什么想当小丑这句："这样就不用听一群恶霸说：'嘿，干脆我们去杀几个小丑好了。'"

但自始至终，威维的俏皮话里，我最喜欢的是本章开篇的那句："大家都是巴士小丑，所以不妨放松坐好，享受旅程。"每次对公众演讲，不管是在小丑工作坊，还是在儿童医院，他都会重复这句话。在工作坊，我会把这句话当成开场白，因为我觉得，与平日里呈现在别人面前的努力工作的自信形象相反，每个人都是巴士小丑。我们都是半成品，很容易犯错，而且没读过说明书，就来到了这个复杂的世界。没有谁是完美的典范：我们都背叛过别人，也被别人背叛过；我们都自负、不可依靠、懒散、吝啬；我们偶尔都会在半夜惊醒，担心各种事情——金钱、孩子、恐怖分子，还有皮肤上的皱纹和渐渐上移的发际线。换言之，每个人都是巴士上的小丑。

在我看来，这是值得庆祝的事。如果大家都是小丑，那么，每个人就都可以放下伪装。面对小丑会遇到的问题，我们完全不必担心通常会出现的尴尬和窘迫。带着一颗轻松、宽容的心去打磨自己，这样工作的效率会更高。试想，如果从更慈悲、更幽默的角度看待自己和他人，那该觉得多解脱啊——不必否认自己的缺陷，而是将之作为人的一部分加以接受。在地球这辆巴士上，每个人都会受伤，都会遭受失败。如果对自己的失败感到耻辱，那么伤害就会变成痛苦。由于感到耻辱，我们会觉得自己受到了其他人的排斥，就好像还有另一辆巴士正平稳行驶在宽阔的大道上，那辆巴士上，乘客都很苗条、健康、体面、受人欢迎，出身于和睦的家庭，拥有永不会让人厌烦或感到沉重的工作，从来不会行事卑鄙，像忘记车停在哪里、丢钱包或言辞不当这种蠢事永远不会发生在他们身上。我们每个人都想搭乘那辆巴士。

但我们乘坐的这辆巴士上却挂着"小丑"两个字，我们担心自己是车上唯一的乘客。这是很多人都有的错觉——我们觉得只有自己才有怪癖，才会逡巡犹疑，才会在公路上迷路。当然，有的时候，自我原谅的浪潮席卷而来，我们突然与人类同胞建立了联系，突然之间找到了归宿，突然发现还有其他小丑同行。

和其他小丑一起搭巴士的感觉实在太美妙了。用尽全力去理解，另一辆巴士上——在那辆光鲜亮丽的巴士上，乘客都是知道路在何方的高端人士——也有各种各样的小丑：男扮女装的小丑，带着秘密的小丑，这或许是迈向领悟的第一步。当我们清楚地看到每个人，无论有无名利、年龄多大、智力高低或是否美貌，都拥有同样的弱点，那么神奇的事情就会发生：我们振作起来，开始放松，变得像想象中那辆巴士上的人一样充满活力。我们沿着坑坑洼洼的道路颠簸前行，会穿过山谷，越过山丘，会一如既往地迷失方向，也会发现自己是和很多朋友一起。这样，我们就会放松地坐着，享受旅程。

敞开心扉

有一个周末我主持了一个工作坊,结束的时候,有位参加者想和我聊两句,等了很久都没有走。他样貌英俊,才思敏捷,有幽默感。那个周末的工作坊中,他总是开玩笑,有时也会落泪。参加工作坊的人中,总有至少一个人展现出某种性格类型。那个周末,这个人扮演的角色是典型的"压力过大精英人士"(还好他正在慢慢放松)。他是纽约一家大型教育医院的心脏外科医生,但他父亲刚离世不久,婚姻即将解体,所以备受打击。

"我想谢谢你,"他握了握我的手,"我每天的工作就是打开别人的心脏,但你才是真正地打开别人心扉的医生。"他接着跟我说,参加工作坊之前,他已经有很多年都没有掉过半滴眼泪,哪怕是父亲去世,哪怕妻子说自己要离开。"真好啊,我终于又能感觉到什么了。"他叹了口气,摸了摸自己的心口,"就算接下来几年我每天都要哭,也比这颗心一直僵着好。"

身为研究人员,我问他,是什么让他在这次工作坊上"解冻"了。他想了很久,似乎在寻找合适的表达。"我猜是因为看到房间里的每个人都在经历不同的事情,有些人的经历和我一样,但谁都不知道该怎么做,这让我知道我并不是独自一个人。这些都是可以和我产生共鸣的人,他们都和我一样。"

"是什么样的人?"我接着问。

"嗯,聪明人。一般来说,你也知道,人们会觉得在其他人面前掉眼泪的话,说明这个人多愁善感。比如看电影会哭,在婚礼上会哭等。但实际这些人很聪明,"他似乎对这个矛盾有些困惑,"他们很聪明,并不一定是愤世嫉俗,都是聪明的'巴士小丑'!"

"欢迎加入!"我说。

"但还是别告诉医院的同事了，"医生跟我开玩笑，"我可从来没承认过自己是个小丑，特此说明。外科医生应该是世界上最聪明的人。我们从来都不会犯错——永远都不会是我们的错。我同事才不相信什么'公开的秘密'，他们不觉得自己是'巴士小丑'，反倒觉得别人都是。"

"听着挺累的。"我笑起来。

"没错，"他很认真地回答，眼泪夺眶而出，"我得试着换种方式，太折磨人了。"他擦了擦脸上的泪水，不太自然地拥抱了我一下，转身要走。可他突然又转回来，脱口而出："还有件事，我有个想法，我看过你工作的样子，而你要不要到我的医院来看看我怎么做心脏手术？"

"哇，这种邀请可不常有。"我回答。还记得当助产士的时候，我参与的第一次剖腹产手术改变了我的生活——子宫在骨盆中那样完美，还有卵巢，像两棵开花的藤蔓一样向上卷曲。那次手术之后，我对自己的身体和婴儿的出生有了全新的见解。

"我会看到心脏跳动的样子吗？"我很想知道这次经历会如何改变我对自己的身体和生活本身的看法。

"没错，你会看到跳动的心脏，还会看到充满空气的肺部，还有在二者之间流动的血液。"

"太好了，那我很想看看。"我嘴上这么说，但完全不知道自己会面对什么，只是不停地想象打开一个人的胸腔，切开胸骨，让心脏暴露，止血以及心脏外科医生完成细致而神奇的工作时的感受。

一个月后，我穿上手术服，在早上7点的时候走进了心脏手术室，根本不知道自己到底怎么想的。手术室里很冷，已经有人在做准备了，病人躺在手术室中央。她赤身裸体，像一具尸体，苍白得没有一点血色。病人已经接受了全麻，做好了手术准备。护士们忙着为她的身体和左腿消毒——手术的时候，某位医生会切开她的左腿，取出一段静脉，将它缝合到心脏，代替被腐蚀的动脉。手术室里摆着不少不锈钢凳子、桌子和各种仪器，巨大的无影灯投下强烈的白光，照亮不同的区域。我退到某个昏暗的角落，身穿手术服，面戴口罩，浑身颤抖，觉得与这里格格不入，生怕自己碍事。

那位医生朋友和另外一名外科医生一起进来了。他们先仔细研究了病人的病历，小声交流了一番。"肥胖，60岁，女性，布鲁克林医院转来的……""饮食习惯不好：每天一包烟，40年……""之前有心梗。""瓣膜狭窄，动脉粥样硬化……"我没再听下去，把精力集中在手术台上毫无意识的女人身上。护士们给她蒙上白色床单时，我想尽力记住她的脸，以免忘记在一个活生生的人身上做手术是怎样的场景——这个人是母亲、祖母、妻子。她在布鲁克林某栋公寓楼门廊上坐着的样子浮现在我眼前，我看到她和朋友聊天，照顾孙子孙女，等丈夫回家。护士们为她盖上白色床单时，我抓紧时间为她和她的家人们祈祷了一番。

接着，又有两名穿着手术服的护士来了，开始准备托盘、一套套工具、手套和缝线等。另外一位外科医生已经切开了女人的腿，麻醉师像空中交通管制员一样，时刻警惕地盯着显示器。负责监看心肺机的护士也站起来警惕着。医生朋友让我站到他身边，我侧身挤到手术台和一台震颤着发出蜂鸣声的机器之间。这时，他下手切开了那个女人的胸腔，用开玩笑的口吻宣布："好了，一起把这个老婆婆修好。"

6个小时里，我俯身看着这位来自布鲁克林的老婆婆，盯着她的心脏，就像父母凝视新生儿的脸庞一样。当时，我心里只有敬畏——哪怕是在外科医生切开皮肤，锯穿胸骨，用巨大的金属架子撑开肋骨时也是。那六个小时里，我深刻体会到了爱因斯坦所说的对生命最好的回应就是"神圣的敬畏"。心脏在那里！它看起来那样小，那样柔弱，"砰砰"跳动着，节奏稳定，毫无偏差。还有，那是肺！它们看起来就像水下植物，随着空气的进入离开、再进入再离开而优雅地脉动。我看着肺部和心脏如演绎精心编排的舞蹈一般配合，让血液中充满氧气，之后输送到身体各个部位。

外科医生——在我敬畏的眼中如神话人物一般，是穿着绿色手术服的骑士——耐心地向我解释自己和同事们进行的每一个步骤。从削减肌肉层、脂肪层和不同组织，到关闭静脉，再到仔细检查心脏情况，整个团队一丝不苟地工作。自始至终，外科医生们讨论哪些动脉可以保留、哪些可以修复或哪片瓣膜必须更换时，美丽的心脏就按照自己的节律跳动，与同样非凡的肺部协同工作。每个器官都在奋力维持生命。

经过几个小时的研究，手术策略终于确定下来，外科医生们开始着手完成危险的任务：将病人与心肺机连接到一起。在接下来的手术过程中，这台机器会保证病人生命的延续。没有了血液的流动，葡萄柚大小的心脏一下瘪了，看起来那么小，微不足道，我甚至担心护士们为那位女士清洁、擦拭、更换垫片和盖布的时候会不小心弄丢它。但外科医生们把这颗小心脏拿出来放进冰块中，用放大镜和小手术刀切掉出现故障的动脉，再替换上之前从患者腿上切下的细小静脉。最后，他们取走出现问题的瓣膜，缝上新的金属瓣膜——这片新瓣膜会伴随病人的余生。

在需要勇气才能完成的整个手术中，外科医生们和护士们既有英雄的样子，也有小丑的样子。护士们一会儿像圣人一样，一会儿又变成了脾气暴躁、劳累过度的女性，每个人都有自己跳动的心脏和起伏波动的肺部。医生们一会儿是手法娴熟的专业人士，一会儿又变成一群毛头小子，抱怨各自的妻子和工作，拿病人的情况开无伤大雅的玩笑——她的肥胖、她的饮食、她的吸烟习惯等。"没错，过几天她就能去麦当劳了。"其中一个一边念叨，一边朝病人敞开的胸腔俯身，小心翼翼地缝了几百针，把新瓣膜固定好。

下午一点，我已经在同一个位置站了6个小时。手术过程跟医生们预料的不太一样，还需要几个小时才能完成。我朋友决定先让同事接手，于是我就跟着他走出了手术室。我茫然地同这位朋友道别，不知道怎么在医院的停车场找到了车，回家的路上，脑海里一直浮现着那颗被打开的心脏。那是个春天的下午，有毛毛细雨，我感觉大自然敞开了心扉，感受到生命的节奏和脆弱，还感受到了生命的尊严和意义。接下来的几天，我一直都处在另一种状态。我遇到的每个人，包括丈夫、朋友、路上的陌生人，他们都有心脏、都有肺，都在呼吸，都有脉搏。一段时间后，我渐渐恢复平静，周围的人似乎都松了口气，只是我之前一时难以接受罢了。

不过，有时候闭上眼睛，那个布鲁克林女人躺在手术台上向世界敞开胸腔的样子还是会浮现在眼前。我觉得她的灵魂徘徊在身体和另一个世界之间。我看到外科医生朋友尽己所能，挽救陌生人的生命。这种场景让我对巴士上的所有小丑都怀着满腹柔情。它让我想到人的双重本性：我们的灵魂，随着宇宙宏大的声音而跳动；我们的人形，依赖于心肺的坚持。我爱上了自己的心脏和肺部。我站在这里，有骨有肉，有器官有皮肤，我想好好照顾身体，这是天赐的礼物。我想好好养育它，让它优雅地行动，安稳地休息。我知道，既然有心脏和肺部，我就要对生命充满神圣的敬畏，即使心脏停止跳动，生命仍在起舞。和其他人待在一起时，我看到了他们最真实的样子，看到了他们所有的脆弱和威严。

心灵战士

我读过很多关于心理学的文字和书籍,也将各种诗歌、哲学和散文中的文字进行过比较,书中的有些话改变了我的生活。我清楚地记得自己读之前的感受,也记得第一次读到这些话的场景,更记得它们如何在我心里清理出一条小路,让我之后的旅程更顺畅。

那是1981年,我29岁。当时我和丈夫刚离开公社不久,做了一件从未做过的事:度假。我们一家人去了加勒比海某个风景如画的小岛。我坐在沙滩巾上,两个儿子在波光粼粼的大海边打闹。我当时在看书,和其他母亲一样,看两眼孩子们,再看两眼书。我手里捧着的书覆着一层薄薄的沙子,还有防晒霜和孩子们的苹果汁留下的痕迹。书名是《香巴拉:勇士神圣之道》(*Shambhala:The Sacred Path of the Warrior*),作者是丘扬创巴(Chogyam Trungpa)。丘扬创巴是我最早的禅修导师之一。我19岁还在纽约念大学时就认识了他——和遇到我男朋友是同一年。后来,男朋友成了我的丈夫,成了我孩子的父亲,也成了我在沙滩上看书时要关注的人。

在结婚生子之前,念大学的我,很喜欢和男朋友大声朗读丘扬创巴早期出版的书。在纽约坐公交车的时候会读,前往村子里豪华顶层房间的路上也会读。在顶层房间里,我们按照丘扬创巴令人困惑也令人兴奋的指导,一起静坐冥想。

我知道丘扬创巴才华横溢,是很有影响力的导师。但他身上有些东西会失控,让我有些害怕。那时候我还年轻,想要的是一位导师。我想通过练习,让自己不要被情绪的海洋淹没。自始至终,我都觉得自己过于敏感,追求浪漫,所以我需要给梦幻的世界注入一丝理性。我想,也许冥想或瑜伽能引导我走出迷雾,远离风暴,进入应许之地,达到宁静平和的状态。

但丘扬创巴对精神的追求与我不同。他引领的方向直指内心，对渴望、恐惧、愤怒、不安以及纠结一击即中。他教习的冥想让你可以在海洋中勇敢无畏地游泳。至于作为逃避的修行，他从来不感兴趣。他的目标是训练人们成为"神圣的战士"——不是那种可以与所有人战斗的战士，而是培养人们的勇气，使之能在世上保持善良、快乐并真实生活的勇气。他曾这样说："只有安藏于内心的无畏，才是通往自由之路。"

19岁的我还没有做好踏上那条路的准备，也没能坚持足够长的时间看到那条路指向何方。后来，我不再跟随丘扬创巴练习，但还是会阅读他出版的每一本书。直到我成了坐在加勒比海滩上的那个我，成了结婚多年作为母亲的那个我，才终于对丘扬创巴谈论的内容有所理解。那时我年近30，生活并不是非常顺心。虽然当时我还没有意识到，但我已经快要被未知的大海所吞没，我经常会觉得害怕和困惑。如果不再思考自己的焦虑，那我就会觉得有股暗流将我往下拽，仿佛有某个来自深海的怪物要把我拖到水面之下，但我不愿意面对水下的一切。要是我犯了大错该怎么办？要是我发现自己有问题或者对生活的安排出了问题该怎么办？如果我想做出重大改变该怎么办？要是我哭起来没完呢？我接受这些想法，但没有从中得出任何结论。照顾两个儿子需要太多精力，工作也很忙，婚姻更是让我不安。可是，很多事情在慢慢发酵，我总能感受到一股力量在把我往下拉。

我双脚埋进沙子，孩子们在远处清澈湛蓝的海水中游泳时，我读到了丘扬创巴写的这段话：

超越恐惧始于直面恐惧——我们的焦虑、紧张、担忧和不安让人恐惧。如果审视自身的恐惧，如果要揭开面纱，就会发现紧张之下，首先出现的是悲伤。神经紧绷着，不停颤抖。当我们放慢脚步，当我们和恐惧一起放松，就会发现悲伤实际上是平静而温和的。悲伤直达内心时，身体就会产生眼泪。但放声大哭之前，你的心里会涌出一种感觉，此时，眼泪才会夺眶而出。你的眼睛会下雨，甚至会如瀑布一般，你会觉得悲伤、孤独，甚至还带着些许浪漫。这是无畏的第一个提示，也是成为真正勇士的第一丝迹象。或许你会这样觉得：体验这种无畏的感觉，就如同听到贝多芬《第五交响曲》的开场,或如同看到晴空霹雳,但事实并非如此。要发现勇气,就要探寻人类内心的温柔源泉。

我坐在沙滩上,脑中回荡着这几句话。看到这些文字,我如同看着镜子,第一次发现自己的脸也很美。"你会觉得悲伤、孤独,甚至还带着些许浪漫,"丘扬创巴这样写道,"这是无畏的第一个提示,也是成为真正勇士的第一丝迹象。"他的意思是说,我一直以来寻找的平静和清明已经在我心中,就在我情感丰富如金子般珍贵的内心等待着?我一直以来都在压抑可以解放自己的部分?太有颠覆性了!

我对于生活真相的认识全部蕴含在这一段话中。多少次,我感觉到自己那颗小小的、柔软的心与宇宙浩瀚博大的精神之间有神秘的联系;多少次,悲伤真诚的泪水让我觉得异常勇敢和鲜活;多少次,在美与关爱的怀抱中,我从沉闷和自我怀疑中醒来?丘扬创巴告诉我的是相信自己已经知道的一切,尊重人类内心的渴望,尊重浪漫、不切实际的本性。他的意思是,地球上的人类生活不应该被净化或合理化,也不该被转变成"应该如此"的局面。生活本就是多样的,充满活力,多变且凌乱。心灵之道——内在的本能,会通过各种各样的手段将我们带入混乱的生活,同时,这条路也会带领我们走出困惑、焦虑和痛苦。

"某些时刻"就像一扇门,带你从"生活"的这个房间走向另一个。那一刻,坐在加勒比海滩上,我咀嚼着丘扬创巴的话。我迈出了最初几步,想成为另外的人。门突然打开,我看到了前面的长长的道路。丘扬创巴的教导说服了我,让我以内心为旅途中的指南针。或许这个指南针会带我走进未知的世界,或许我必须作出重大改变。那时的我仍然害怕,但现在的我已经知道勇气在哪里了。

又经历了很多年,我才把读到的内容与生活融合在一起。不过,我现在至少找到了原因:为何在生活或工作中,我不能做出重大有利的决定?这是因为我一直让我可怜的大脑承担了生活全部的重量。现在,是该把某些工作转移给内心了。我为什么如此害怕窥探心灵深处?或许是因为理智在西方社会备受推崇,而情感却被斥为体验真实生活的不可信赖的方式,或许是因为我成长的文化和家庭环境让我更注重思考和行动，胜过情感和爱。但丘扬创巴出现了，这位才华横溢的思想家，这位理念先进的学者，这位勇往直前的战士，就像精神上的丘比特一样在我耳旁低语："跟着那个渴望爱情的温柔女孩，她认识路。不要害怕。"

"身为战士，"丘扬创巴说，"悲伤的经历和温柔的内心会生出勇敢无畏。大家一直以为，勇敢无畏意味着不害怕，或是挨打时敢于回击，但实际上，我们所说的并不是街头斗殴的那种勇敢，真正的勇敢源自温柔。"

学会放松

最初开始主持工作坊时，我对自己作为导师的角色不太自信。没过多久，我就有些气馁，不确定自己是否合格，也不确定我知道的是否值得分享。每个工作坊都有一两个人因为觉得"公开的秘密"这一理论太过压抑而有所怨言，拒绝丘扬创巴"战士的悲伤之心"的理念，不喜欢被定义为"巴士上的另一个小丑"。他们并不是不能接受所有人都有自己的缺点和弱点，只是不明白为什么要关注这些方面？为什么不能积极正面一些？为什么不是超越问题反而沉溺其中？为什么团队活动不是让人们变得更开心有趣，而是让他们接受悲伤？这是多么忧郁的生活方式啊！耐心听完这些人的看法，我也思考自己是不是深陷沉重之中，我是不是应该放松一些？

回顾20多年在个人成长工作坊授课以及引领冥想静修的经历，我发现，学会放松是自身成长的一部分。尽管有些人来到这个世界要学习的是驯服内心的放纵恣意，但我要学习的是偶尔娱乐，偶尔悠闲，减轻自身的沉重。这些年来，我变得像个在浅水湾附近长大的快乐小孩，更擅长"水中嬉戏"了。

但从多年的教学中，我也学到了其他东西。我现在知道，很多人都害怕面对自己本性中更深层次的部分。如果某个工作坊的学生在我谈到"战士的悲伤之心"时心不在焉，或者大声拒绝成为"巴士上的小丑"，我也不会觉得受伤。我会在他们呆滞的眼神中寻找光芒，也会在他们不断的抱怨中听到有人有所领悟地说："原来如此！"我知道这些人，比起其他坐在那里点头赞同的人，他们更渴望与心灵勇士建立联系，与其他人的内心建立联系。

我会和工作坊的部分学生保持联系——送圣诞贺卡、接受婚礼邀请、电邮问候等。他们后来再遇到困难，或需要支持，还是会来向我求助。让我惊讶的是，最初极力抵制"悲伤和痛苦为人之本性"的，恰恰是最依赖我的学生。这些"反小丑人士"，总会在遇到困难时给我打电话，明显表现出"小丑行为"。有些事我帮不上忙，但有些我可以。

我第一次见到凯伦的时候，她年近三十，研究生刚毕业。她是个运动员，果断坚毅、开朗活泼，拥有令人羡慕的活力和明媚迷人的微笑。她曾多次获得攀岩比赛的大奖，当时是摇摆舞的教练。仅仅是站在她身边，我都会觉得自己太邋遢。

或许是受到什么吸引，她才来参加我的工作坊。不过，我说到为了获得持久的快乐而经历痛苦时，她也是目光呆滞的学员之一。"直到现在，我一直在跳着躲开痛苦，"她在某次课上说，"我打算一直这么跳下去。"然而，凯伦总会按时出席，我能做的就是看着她持续抵抗，温和地指出她面临着失败的人际关系、对家人复杂的感情，且工作中有种种不愉快，只有不再极力躲开痛苦，情况才会有所改善。

有一年，我听一个共同的朋友说，凯伦得了某种甲状腺疾病，可能会发展到非常严重的程度。如果能尽早就医，接受药物治疗，这种病完全可以治好。但这个朋友担心凯伦会因为知道自己患病而感到羞耻，继而讳疾忌医，最终害了自己，所以她请求我联系她。我和凯伦已经多年未见，给她打电话的时候，她坚持认为自己积极的态度和舞步能帮她度过这场危机，但她的处境危及生命。有一天，她给我打了个电话，语气中透着惊慌。挂断电话后，我很担心她会做什么傻事，便不顾她的意愿，直接叫了救护车。后来，医生告诉我，要是再晚几个小时，凯伦就会没命。我从未见过有谁会像她一样极力隐瞒所谓的人生秘密，竟要付出生命的代价，才肯放下对完美的追求。现在，凯伦每到圣诞节都会给我寄贺卡，感谢我救了她的命，也感谢我陪着她，直到她能安心加入"巴士小丑"的行列。

有时候，我也要承认，对某些人的情况我确实无能为力。去年，我收到了一个坏消息：有个学生自杀了。表面上看，艾米朝气蓬勃，透着明亮而热情的自然力量，总是面带微笑。她是最早参与工作坊的学员之一。我们围坐在一起自我介绍时，艾米宣称自己是个舞蹈家，同时也练习武术，参加工作坊是为了学习如何主持工作坊。那一周里，艾米总是坐在前排，做了很多笔记，冥想的时候也非常认真。可到了小组互动时间，她就会离开房间。休息的时候，别人都在放松地聊天，只有她会围着房间自顾自地跳舞。工作坊中,她最喜欢的就是静下心来冥想和运动。艾米私下里告诉我,她没兴趣跟别人分享,但精神上的练习能让她战胜所有消极、负面和不幸福的感觉。

随着艾米年龄的增长,事情变得没那么简单了——经济、事业、婚姻等问题交织在一起。她来欧米茄学院教武术的时候,我们偶尔会碰面。我发现,她的笑容背后似乎隐藏着痛苦,仿佛脸上戴着的不舒服的面具弄疼了她。几年前,她和丈夫发生不愉快的时候来找过我。她很难堪,承认一切不如曾经那样美好。我安慰她,说世界上99%的人都会遇到和她一样的问题等,但这并没能让她轻松一些。我问她怎么应对抑郁的情况,她则反驳我说自己没有抑郁,而是生自己的气,还因为忘记了怎样才能幸福快乐而感到羞愧。"别人好像都记得,"她脸上的笑容很僵硬,"我可真是个懦夫。"

时间渐渐流逝,艾米患上了广场恐惧症,不敢离开家,也不愿意向世界展示真正的自己。她给我写过几封信,将自己与他人进行比较,言语消极,还因为让我失望而道歉。我鼓励她去找心理医生。有段时间,她接受了药物治疗后,情况确实有所好转。可随后我就得到了她自杀的消息。我的工作室墙上贴着一张艾米的照片,所以我一直记得她。照片上的艾米穿着白色的武术服,在大峡谷(Grand Canyon)悬崖边起舞,夕阳余晖正好。"悬崖边起舞",这个比喻比我想象的更贴切。

之前,遇到类似艾米或凯伦这类学生,我会怀疑自己是不是会错了意。或许一个人可以轻视困难,一生轻松,不会遇到重大的磨难挫折。所以发现有人在深渊边缘时,我会祈祷她能绕过去。但现在我祈祷的内容发生了变化:我祈祷每个人跌倒时都能保持清醒;我祈祷坠入深渊是每个人心甘情愿的选择;我祈祷信仰可以缓冲坠落的冲击力——相信我们掉落到谷底时能被接住,能得到教诲,进而能面向光明;我祈祷我们不会因犯错而浪费宝贵的时间、精力去羞耻,也不因不完美而窘迫。教学多年,我确定无疑的事情只有几件,其中之一是:人类有坚硬的外壳,需要被敲开。错误和失败就是心灵盔甲上的缝隙,我们身上真正的光彩,透过这些裂缝散发出来。

我们都会犯错

> 我们注定会犯错，
> 人的本性如此。
> ——刘易斯·托马斯

我曾经受邀在某次会议上发言。那次会议主要是探讨科学与宗教的交集，与会者中很多都是科学家，大多数发言人也是。我也不太理解为什么主办方会邀请我进行主旨演讲，但我决定谈谈科学探索与精神启迪二者共有的天赋起源。

我引用了刘易斯·托马斯的话作为开场白。托马斯是我所处时代最伟大的医生和科学作家之一，他通过对细胞生物学的研究，解释了物种如何不断进化繁衍，物种进化的过程说明一个道理：犯错，之后从错误中学习。他写过，自己犯下的错误是最好的老师。"那么，问题在于，"看着聚在纽约某家酒店宴会厅里的科学家们，我反问，"如果犯错存在于人类生物学编码中，我们为什么还要花费大量精力营造自己从不犯错、无所不知的假象？"坐在折叠椅上的科学家们不自在地换了个姿势。我继续演讲。我告诉他们，禅宗大师铃木俊隆（Shunryu Suzuki）要求弟子们每次禅修时都带着初学者的心态——即使有些弟子已经练习了25年。铃木俊隆称："初学者的心中蕴藏着无限可能，但专家心中留给潜力的空间十分有限。"在科学和精神这两个学科上做出最大贡献的人通常都会抱有初学者的心态。他们开始工作时会像孩子们一样，根本不怕向自己、向世界承认自己的无知——不怕承认自己是初学者。他们是全知全能的反面教材，不怕承认自己并非无所不知。他们不怕显得愚蠢，也不怕犯错，所以才能够探索别人不曾涉足的领域，尝试其他人不会尝试的事物，而那里正是新发现潜藏的地方。

"这么说,"我再次发问,"如果错误为发现和进化提供了绝佳的机会,我们为什么还要逡巡往返,打造自己永远自信的样子?"我请这些理智的思想家们放下手中的笔记本和论文,参加一个小互动。这时,房间里的恐慌指数瞬间上升。"不用担心,"我说,"没什么大不了的。"为了让他们安心,我问:"会议室里,认识另外五个人的请举手?"几个人迟疑着举起手,试探性地看了看周围。"认识另外两个人的呢?"又有几个人举起手。"有谁是一个人来的?谁都不认识?"这次,会议厅中的大多数人都举起了手。"看到了吧?"我安慰他们,"你们可能也就见这一次,所以显得愚蠢一些也没关系。勇敢点儿,毕竟难得愚蠢。"

"好了,找个房间里你不认识的人,先做自我介绍,跟对方说说你来参会的原因。"发现这个互动没什么恶意之后,大家就两两分组,小声聊起来,会议厅里不时出现大笑声。几分钟之后,我打断了他们:"现在,请两个人来回答这个问题:你来参会的真正原因是什么?这是个关于修行的会议,真正吸引你的是什么?你内心中正在经历什么,能让你腾出时间,此时此刻和这群人一起?你来到这里的真正原因是什么?记住,说你想说的,你一直想对陌生人说但又害怕承认的。还有,"我对科学家们说,"这个互动不会影响你的工作。内心柔软,不代表头脑不清醒。"

大家再次两两分组。这次,两个人之间凑得更近,说话声音更小了。我给了大家更多时间,让他们更深入内心,更深入灵魂。接着,我让大家坐好。结束的时候,我总结说,所谓科学与宗教交汇之处,就是灵魂所在。

"灵魂是什么?"听众中有个人问。

"灵魂,"我回答,"就是刚刚回答'你来参会的真正原因是什么'的东西,它是自我中智慧、完整和勇敢的部分。灵魂是对真理永恒的渴望,它让科学家们走进实验室,让追寻者们踏上精神之路。"

这就是我演讲的结尾。

几周之后,一位名叫玛丽莲·桑德伯格的女士给我寄来了一封信。信中的内容如下:

您在大会上进行的演讲，您鼓励大家进行真实对话的做法让我深感震撼。我跟旁边那位女士聊了几分钟后，竟然觉得跟一些朋友相比，我更了解她。希望我们能把您做的一切带入日常生活，鼓励这种坦诚，世界肯定因此更美好！受那次谈话的启发，我写了一首小诗《他们颠覆了鸡尾酒会》：

"你好，你怕什么？"

"死亡。"

"我也是。"

"听马勒的交响曲的时候？"

"不，半夜醒来的时候。"

"我也是。"

"很高兴认识你。"

"我也是。"

内心深处的呼唤

是谁在深夜不停敲门？
是来伤害我们的人。
不，不是，是三个陌生的天使。
请他们进来，进来吧。
——D. H. 劳伦斯

如果你长期执着于迷茫、困惑、愤怒、恐惧等，就会在夜里听到敲门声。你或许已经听到过那种声音，体会过那种感觉。那种声音听起来，不像是谁来拜访，更像是不速之客登门；那种声音，就像 D. H. 劳伦斯所说的，是想伤害我们的人来了。但劳伦斯也恳请我们留心，或许你拒绝的是天使，也或许是危险的欲望。生活在地下室中的沉睡的巨人是真正的天使，将你从渐渐褪色的梦境和自我怀疑的焦虑中拯救出来。

灵魂半夜敲门的方式有很多种，可能是深切的渴望：不是那种要去商场或打开冰箱的渴望，而是那种向深处走，触碰隐隐作痛的心灵的渴望。这种渴望让你想知道："我的人生就是如此了吗？这就是我应该做的、感受的、给予的、获得的吗？"这种渴望让人觉得受到了威胁，所以你会一次又一次压制它"隆隆"的声音，直到它强烈要求被听到的一刻——直到它变成其他的模样：危机、疾病、瘾，或其他陌生的样子。

前来敲门的可能是令人不安的梦，也可能是你祈祷自己永远不要实践的秘密计划：离职或离婚、终于让母亲放手、将真相公之于世等。这是不好的想法吗？还是沉睡的巨人和陌生的天使？也许对这些问题置之不理比较好，也许还是先离开巨人沉睡的地下世界，任凭天使敲门而充耳不闻比较好吧。

但灵魂想让你深潜向下，引领你走向更深的层次："不要忽视这些迹象。跟随你的渴望向深层次走。去到烦恼思绪、不良情绪、重复错误的表面之下，深入表面问题之下，探索更深层次的道理。"灵魂会这样问："是什么让你望而却步？为什么你内心里那个声音在说'不要'？你愿意审视自己吗？愿意为自己的人生负责吗？愿意让某些事物死去进而培养新的事物吗？什么必须死去？又是什么想要生存？"灵魂告诉你，要在黑暗中探寻问题背后深刻的人生道理，进而引领你从黑暗走向光明。

若你长久以来都觉得迷茫、困顿、愤怒或恐惧，那么你可以确定，沉睡的巨人正在你内心深处吵闹。他们渴望醒来。很快，他们就会来敲门。你可以将他们拒之门外，可以用一生的时光对其视而不见，一再沉迷于梦中。但你也可以打开门，请他们进来。沉睡的巨人和陌生的天使可能会建议你冒险，若你采纳，那你的人生或许会有所改变，不，肯定会有所改变；如果你充耳不闻，那一切都会维持原状。一切的决定权由你掌控。

生命自始至终都有巨人在我们心中沉睡。很多人多年以来一直忙忙碌碌，要花很多年才会注意到内心深处的渴望。巨人渐渐醒来，这些人听到召唤时或许已经40、50或者60岁了。或许有些人会早一些听到召唤。为什么会出现这种差别？我也不知道。但这并不重要，毕竟这不是比赛。重要的是，听到了灵魂的召唤——沉睡的巨人或陌生的天使在深夜敲门——你一定要留意。

诗人兼作家罗伯特·布莱（Robert Bly）写道："一直以来，我们忙着考大学，忙着工作，忙着渴望纯粹，但一股神秘的力量正在入侵这片国度。20多岁的男男女女常常会突然察觉到危险的来临，一个神秘的声音说：'孩子，再不改变就来不及了。'……几个世纪以来，细心观察的人都已经注意到，改变的努力会让心灵升温，这股热量本身就会吸引恶魔、沉睡的情结还有折磨精神的东西——比如某种麻烦。"布莱将这种麻烦称为"蛇蝎美人阶段"（the Hideous Damsel time）。处在这个阶段的我们会在丛林中遇到蛇蝎美人，直面心中想要改变的一切。布莱说："在我们安静的时光中，大家都认为要避开'蛇蝎美人'，将之作为应予治愈的病症。"但他提醒我们："将蛇蝎美人放逐在黑暗之中，就是抹杀一个人成长的机会。"

蛇蝎美人、沉睡的巨人和陌生的天使似乎只存在于童话故事中，但童话故事实际上源于我们的生活——这些故事让我们冒险探寻更深刻的领域。这也是孩子们喜欢童话故事的原因。孩子们在灵魂的国度中自由自在地徜徉，能触及生命中让人害怕或让人赞美的本质。他们学习、改变和进化，每天都在成长。回头看看你小时候喜欢的童话故事和神话，从成年人的角度重读一遍，你就会发现邪恶的女巫和惹人讨厌的侏儒总会出现。在整个过程中，孩子们会有所改变，能更聪明地面对世界。翻开《圣经》，不妨再读一读"但以理在狮穴""与天使摔跤的雅各布"的故事，或《旧约》《新约》中为发现光明勇敢探索黑暗的其他英雄故事。

我们遇到的很多困难危机，都是想要引起我们注意的天使。疾病、失去或心碎通常都是想要帮助我们成长的蛇蝎美人、沉睡的巨人或陌生的天使。如果我们紧闭心门抵抗陌生的天使，我们就会变得越来越麻木，止步不前；如果我们欢迎天使进门，那我们就能敞开心胸，迎接改变和进化。

凝视阴影才能遇见光明

> 有人说,我们追寻的是人生的意义。
> 但我觉得这并不是人们真正追求的。
> 我觉得,每个人追寻的
> 是活着的体验……
> 这样才能真正感受生之欢悦。
>
> ——约瑟夫·坎贝尔

约瑟夫·坎贝尔花了半个多世纪的时间挖掘宗教、神话和艺术中的智慧宝藏。在坎贝尔漫长的职业生涯即将结束时,比尔·莫耶斯(Bill Moyers)[①]问他生命的意义。坎贝尔的回答令莫耶斯意外:人们终其一生追寻的并非意义,而是其所谓的"生之欢悦"。多年以来,坎贝尔不仅做研究,还参加一些宗教活动,他相信每个人——无论是古希腊人、非洲部落的人还是现代美国人——真正渴望的并不是某种特殊的使命,也不是拯救地球的艰巨任务,或在学术方面有所建树,其实,我们真正想要的是充满活力、充实丰盈的生活体验。但如果我们本身是一口没有源泉的枯井,那么就算想去爱、去领导、去工作或去祈祷,也只会给周围的人带来苦涩,永远无法真正活出自己的风采。

看着电视上的布道者因激动而满脸通红,看着成群结队的激进分子满腔怒火地游行,我只想把他们带到一旁,按摩他们的肩膀,抚平他们眉间的皱纹,带他们吃美食,逗他们大笑。我想说:"你不必这样紧张、这样激烈,也不用这么刻

[①] 比尔·莫耶斯曾经是一位新闻记者,美国第36届总统林登·贝恩斯·约翰逊的新闻秘书。从1989至1992年,他制作了《观念世界》系列节目的前两部,由此奠定了他在电视界的地位。——译者注

薄严厉。你可以缓解社会的弊病，同时爱上这个世界的美丽与忧伤；你可以侍奉上帝，但不必为此焦躁。你可以感受简单的生之欢悦，让这种欢悦成为你的北极星。你可以被另一种安然愉悦所引导。"

纵享生之欢悦似乎是精英们才会做的事，或者是享乐主义者哗众取宠的说法。但实则不然。欢悦不是一种自私的情绪，它是纯粹的感恩，在身体、心灵和灵魂之间自由流动。为何感恩？为每一次呼吸、每一种色彩、每一首乐曲，为友谊、幽默、天气、睡眠和觉知。它是一种自觉自愿投入混乱生活的奇迹。有的人有心行善，但本身并不快乐，而是倍感压抑；有的人则满足于自己拥有的一切，与后者相比，前者对世界的伤害更大。

归根究底，唯有对自身感到自在的人——热爱这个世界的美好与缺憾的人——才能够在听到召唤时移山倒海，与世界融为一体。伟大宗教的创始人都是如此。他们治愈大众、唤醒大众的能力首先就源于自己破碎重生的体验。每个伟大的英雄——无论过去的还是现在的——都经历过一段艰难的自我意识之旅。佛陀独自隐居深林数年，与痛苦作激烈斗争，最终他的启蒙为数百万人照亮了道路。耶稣打破传统，离开家庭和族群，像之前的希伯来先知一样，进入沙漠四十昼夜。无论是在森林还是在沙漠，他们都勇敢地直面心中的恶魔，由此找到了自己。改变世界之前，他们首先改变了自己的内心，由此收获了谦卑与真实。他们步入黑暗深处，接纳并改正自己的过失，最终获得新生，欣喜若狂。

拒绝痛苦只会带来更多痛苦，多么奇怪啊！但如果我们接受自己的内心——如果我们勇敢地凝视阴影——就能遇见光明。"有一次，我们讨论了受苦这个话题，"比尔·莫耶斯谈到自己和坎贝尔的某次对话，"他同时提到了詹姆斯·乔伊斯（James Joyce）和依格加卡加克（Igjugarjuk）。我问：'依格加卡加克是谁？'我很难读出这个词。'他啊，'坎贝尔回答，'就是加拿大北部一个爱斯基摩驯鹿部落的萨满。他告诉欧洲游客，真正的智慧都在远离人类的地方，在极端的孤独中，只有经历过苦难才能获得。'"

极端的孤独——如同毛毛虫忍受过的孤独：将自己裹在丝滑的蝶蛹中，历经从蝶蛹到蝴蝶的漫长蜕变。似乎每个人都必须熬过这样的时期，似乎有更伟大的力量在召唤我们改变——正如毛毛虫已经察觉某些东西渐渐起了变化，但又不确定自己未来的模样。我们只是知道，虽然我们必须独自前行，甚至知道痛苦是唯一的陪伴，但我们依然相信自己很快就会化茧成蝶，品尝到生之欢悦。

一位女士站在打开的冰箱前，满足地说："太棒了！这次取出的也是完美的冰块。"这就是我所说的那种简单的欢悦。但有人会问："如果完美的冰块、傍晚的天空，或收音机中播放的老歌最近都没能让我心动，那是为什么呢？是什么让我没能感受到那种欢悦？"我保证，你很快就会在光亮之处找到答案。

第二部分

凤凰涅槃

转变之旅有很多不同的名字：奥德修斯返乡、寻我圣杯、死亡重生、背水一战、灵魂暗夜、英雄之旅等。虽然名字不同，但都描述了向困境投降，让痛苦打开我们的心扉继而重生的过程，自此我们变得更强大、更智慧、更善良。每种宗教在其教义中都会提到沉沦与重生的故事。从"鲸鱼腹中的约拿"到"十字架上的耶稣"，从战场上的印度英雄阿周那到悉达多王子失去一切成为释迦牟尼佛，伟大的圣人早已先于我们踏上这段旅程。比尔·莫耶斯问约瑟夫·坎贝尔所谓英雄之旅时，坎贝尔回答："传奇英雄通常是伟大事业的创始者——新时代的开创者、新宗教的奠基者、新城市的建造者、新生活方式的发现者。"

对此，莫耶斯又问："但这样不会让我们这些凡人难以企及吗？"

"世界上没有凡人，"坎贝尔回答，"人们用凡人这个词，我总觉得不合适，因为我从没遇到过什么凡人，无论男女，无论老幼……你可以说生命的缔造者同样来自某种追寻——你的生活或我的生活。前提只有一个：我们活出了自己的样子，而不是模仿其他人的生活。"

我也给这种追寻起了个名字——凤凰涅槃，以此致敬流传千古的神话中那只披着金色羽毛的鸟。埃及人将这种鸟称为凤凰，相信每五百年，凤凰都会再次踏上寻找真正自我的征程。凤凰知道，只有积习、防御和信仰消亡之后，新的我才会诞生。于是，凤凰将肉桂和没药堆在一起，稳坐火焰之中，任由自己被燃烧。之后，它从灰烬中飞升，成为新的存在——将过去的自己与新生的自己融合在一起。它成了一只新的鸟，但更有自己的风骨；它有所改变，但同时也是永恒的凤凰。古罗马诗人奥维德曾这样描述凤凰："大多数生物脱胎于其他个体，但只有凤凰能自我重塑。"

你我都是凤凰，可以重塑困难时期破碎的自己。每当面对变化——包括内心的变化和周围环境的变化，生活便会让我们死去，继而重生。当一路沉沦至深渊，我们不妨带着开放的心态耐心安顿下来，在黑暗和痛苦中找到生活的甜蜜和内心成长的欣喜。一无所有的时候，我们就能发现真正的自我——完整的、丰满的自我，无须他人定义、填补的自我，除了旅程中彼此相伴，别无他求的自我。

这样度过的人生才有意义，才会充满希望，最终你会拥有真正幸福和内心平静的生活。这就是凤凰涅槃。

点燃一团火，火花必不可少。一旦点燃火，你就需要另一种热量将逆境的火焰转换为凤凰涅槃的智慧。人的一生，难免要经历改变和失去，有的是如地震那样的大事件，有的则是不易察觉的日常事件。将危机和压力作为转变的动力需要付出努力。本书第二部分中，所有故事讲述的都是他人凤凰涅槃的艰辛历程，第三部分讲述的是我自己凤凰涅槃的过程。我离婚之后也像变了个人。虽然我并不认为破碎的心和破碎的家庭是转型的很好的催化剂，但我仍然感激一路走来的收获。

凤凰涅槃是在未知领域的跋涉，它的过程因人而异，这一个人的旅程和另一个人的旅程并无好坏之分，没有谁更深刻或谁更重要。重大事件，如失去孩子，患上严重疾病或遭遇灾难，确实会改变一个人的生活，但创伤较小的事件同样也会。一切都在于我们如何应对生活中的变化，在于无论遇到什么我们都有能说"是"的勇气，在于我们对火焰中信息的聆听，在于对灰烬中宝藏的挖掘。

每个人，无论处于何种境遇，都可以在灰烬中寻到相同的宝藏。我们寻找的是最真实、最有活力、最慷慨和最智慧的自我。阻碍这个自我和当下自我的，就是在大火中燃烧的东西——我们的幻想、严苛、恐惧、责备，还有不自信以及疏离感。所有这一切——虽然强度和组合不同——都必须消亡，才能让位于更真实的自我。要想将痛苦的经历转化为凤凰涅槃的过程，我们不得不找出内心需要燃烧的东西。我观察到，参加工作坊的人在定义自己凤凰涅槃的特定元素时，会提到各种亟待解决的问题。有些人认为自己要燃烧掉的是恐惧——对自己力量的恐惧，对变化、失去和对他人的恐惧等；还有些人则说是麻木、过分愤世嫉俗、羞耻感、愤怒的态度等。

我发现，很多女性凤凰涅槃之旅的起点，是承认自己厌倦了仅为取悦他人而行事。她们发现，自己并没有尊重自身的需要和想法。在危机的火焰中，她们突然找到了必须要燃烧的东西。浴火重生之后，她们都说自己获得了积极的力量，更加了解并信任自己。男性之所以会经历这个过程，通常是因为变得麻木，或因为无法感受到爱与激情，如行尸走肉一般。他们的宝箱中蕴藏的是无尽的欢乐与悲伤，只待火焰燃着的温度来释放。重生之后，他们变得更坦然，更有同理心，也拥有了更丰厚的人生经验。

  当然，一个人的独特经验不取决于性别，而更多取决于性格、成长环境、时机和需求。我们每一次沉沦和重生，都像自己的相貌一样独一无二。一生之中，随着改变和成长，我们会将阻碍真实自我发现的部分抛入火焰之中，然后带着新的感悟走出来。

  尽管我明白，每个人经历的过程不同，但自己经历艰难的过渡或痛苦的改变时，我总能从其他经历过凤凰涅槃的人身上汲取到巨大的力量和莫大的安慰。这些人因似乎无法忍受的经历而破碎重生，让我备受鼓舞，因此，我想为大家讲述这些故事。

打开心中的包袱

> 人最终的自由
> 在于面对不同的境遇，
> 能够选择自身的态度。
> ——维克多·弗兰克

我最好的朋友的父母是纳粹大屠杀的幸存者，但除了性命，几乎别无他物。我朋友的母亲叫露丝，是她家里唯一的幸存者。刚到加拿大时，她十九岁，认识了朱利叶斯，也就是她的丈夫和我朋友的父亲。朱利叶斯身材高大，很有幽默感，颇有气质。他比露丝年长很多，他的父母和兄弟姐妹都没能活着离开集中营，前妻和五岁的孩子也是。不过，这些都是我朋友在父亲年事已高、行将就木时才知道的。

大多数为了逃离纳粹的魔掌而来到美国的人都带着各自的悲伤与回忆。他们将这段回忆紧紧束在麻袋里，塞在某个地方，以便融入欣欣向荣的20世纪50年代。朱利叶斯将自己的回忆束之高阁，之后便全心为生存奔忙。他赚了不少钱，交友广泛，在美国生活得很快乐。他竭尽全力带领家人奔向前方，远离过去的阴影。

露丝则努力将自己的回忆深埋心底。她娇小美丽、五官精致、皮肤透亮。她出生于波兰一个教养良好的犹太家庭，是家里最小的孩子。后来纳粹开始围捕犹太人，将他们转移到华沙的犹太人聚居区时，露丝的父亲想出了一个让一家人生存下来的方案。他买通了一个天主教徒，在那个人家里建造了一间地下室。露丝和父母还有兄弟姐妹会挨个逃离聚居区，在地下室藏身，由天主教男人和他的妻子负责照顾。

露丝是第一个被送到地下室庇护所的人。她的母亲将钻石缝在了她外套的下摆，给了她伪造的文件，上面是露丝的新名字和天主教徒的身份。父亲告诉她要勇敢，家里其他人随后就到，然后就带她来到聚居区边缘，由一名抵抗军战士悄悄护送过去了。

露丝在地下室待了几个星期，等待着家人，但家人并没有出现，来的是另一个人。一天早上，那名抵抗军战士来了，拿走了露丝外套里的钻石。他对天主教男人和他的妻子说，如果露丝不把钻石交出来，就向党卫军警卫举报。收留她的两个人吓坏了，把露丝赶了出来。华沙轰炸开始后，露丝只能藏身街头，父亲、母亲、姐妹和兄弟都死在了聚居区或集中营。

最终，纳粹还是找到了露丝，把她送到了天主教孤儿们工作的劳动营。关于劳动营里的一切，露丝对我朋友说得不多，只说自己在农场劳动。战争结束后，她在难民营暂时安身，直到有个远亲资助她前往加拿大。在加拿大，露丝遇到了朱利叶斯，两个人结了婚。朱利叶斯带着露丝来到纽约，帮她将过去的一切收拾妥当。露丝说，那些回忆放在了"它们应该待的地方"。

露丝过去跟女儿讲过一个有趣的小故事，那是露丝童年时代听过的笑话，跟一个男人和一件行李有关。多年以来，我和朋友总是提到这个笑话。我们不知道自己理解得对不对，也不知道我们理解的和露丝理解的是不是一样。露丝去世前几年，我和朋友曾让她再讲一遍那个笑话。

"哎呀，那又没有多好笑。"露丝并不想讲，"就是有个人，在拥挤的列车上对旁边的乘客发了脾气，因为那个乘客不肯把行李从座位上拿开。真不知道你们俩为什么这么喜欢这个笑话。"露丝说着挥了挥手，好像要把这个故事赶走一样。

"对我们来说有更深的意义。"我解释说。

"更深的意义？笑话能有什么意义？"

"再讲一遍，我们就告诉你。"我朋友回答。

"好吧，有个人上了火车，"露丝开始讲，"火车上人很多，那个人让旁边的人把行李从座位上拿走。好像是波兰的笑话吧……也有可能是俄罗斯的……也有可能是其他地方的……我忘了，时间太久了。反正之前人们说的这个笑话就是关于'包袱'的。'麻烦您把包袱拿走好吗？'这个人对旁边的人说。但旁边那个人没理他。后来，火车上的人更多了。于是那个人又礼貌地要求旁边的人把包袱拿到一边,但旁边的人还是没理他。最后,这个人干脆大喊起来:'把你的包袱拿走!拿走!'对方还是没反应。终于,那个人忍无可忍,抓起包袱一把扔出去了,心满意足地扭头看着旁边那个人说:'看你现在怎么办!''不怎么办,'对方终于肯开口了,'反正不是我的包袱。'"

露丝笑起来:"明白了吧?不是人家的行李!所以人家才没动。那个人扔的是别人的行李。就是个小笑话,挺有意思的。行了,你们说这能有什么更深层次的意义?"

我告诉露丝,说我们给这个笑话附加了另外一层含义,所以这就不只是个笑话了。"你知道吗?每个来到世界上的人都有自己的包袱,也就是各自从过去背来的行囊。"

"比如?"露丝并不喜欢对话延伸的方向。

"比如童年的行李,"我回答,"小时候的不幸。或者,如果童年还算顺利,那就是生活中的行李,或者是生了重病,或者是失去了孩子,或者是离婚等。这些都是一个人特殊的包袱。每个人都有自己要背负的重担,没人可以替我们,因为那是我们自己的包袱。"

"笑话要说的不是这个,"露丝回答,"你们俩对每件事想得都太多了。"虽然很想接受露丝的解读,我和朋友(还包括我们的丈夫和孩子在内的越来越多的人)都没有办法忘掉这个笑话。没有哪个笑话更能描述每个人生命中都背负着的沉重行囊,里面装着的是我们人生中最重要的功课。

有些人自始至终都要拖着沉重的行囊,比如被虐待、重大意外中的幸存、父母失去孩子等痛苦经历。这些人背负的行囊比其他人更重,因而会被压到难以起身,或者变得刻薄阴郁。而有些人,比如露丝,则会吞下过去,戴上勇敢的面具,潜移默化地将悲伤传递给下一代,如同装着哀伤信息的瓶子。被压抑的痛苦永远不会消失。它会藏在心里,藏在身体里,甚至藏在基因中,如同深埋于地表之下的石油一样。没有经过剖析和表达的回忆会变成燃料,成为女儿、儿子甚至孙辈凤凰涅槃的原料。一些人的父母是纳粹集中营的幸存者,对于这些人来说,探索内心的功课是必需的,这也是他们伤心欲绝的父母无力做到的。

不过，还有一些了不起的人，不仅经受住了恐怖的集中营，还带着对人性的希望负重前行，并且告诉大家，我们也可以摆脱绝望。维克多·弗兰克就是这些人之一。作为才华横溢的奥地利精神病学家，他熬过了纳粹集中营，还撰写了20世纪最卓越的作品之一——《活出生命的意义》（*Man's Search for Meaning*）。在这本书中，弗兰克提出了革命性的心理学思想——意义疗法。简而言之，这种疗法就是寻找每个人打开心中包袱的意义——弗兰克本人对此深有体会。大屠杀期间，弗兰克失去了心爱的妻子和所有的家人。他在四个集中营里待过，经历过三年的饥饿、折磨和心碎。集中营解放后，他回到了奥地利，再次结婚，还打开了自己的包袱，向全世界展示。

在他漫长而不平凡的一生中，弗兰克曾任维也纳一家医院的精神病部门负责人，是哈佛大学和斯坦福大学等几所美国院校的教授，获得过29个大学的荣誉博士学位，还完成了32本作品。此外，他非常热爱登山，67岁时获得了飞行员驾照，还在维也纳大学执教至高龄。92岁那年，他去世了。在《纽约时报》的讣告中，他所在城市的市长这样说："维也纳以及全世界都失去了维克多·弗兰克。他不仅是本世纪最重要的科学家之一，也是一座精神和心灵的丰碑。"

弗兰克为何能让世界动容？为何《活出生命的意义》能畅销上千万册？从弗兰克的话中可知道答案，弗兰克说，这本书是"通过具体的例子告诉读者，无论身处何种境遇，哪怕是最悲惨的情况，生命都有某种意义。我认为，若是在集中营这种极端的环境下都能体现这样的道理，那我的书或许会被人接受。因此，我觉得自己有责任写下这些经历，希望对容易陷入绝望的人有所帮助"。

容易陷入绝望的人，可能是我们所有人。如果弗兰克能够将死亡集中营带来的绝望转化为对生命意义的追寻，那我们也可以做到。即使在最黑暗的时刻，即使疾病缠身、备受困扰或忧虑侵袭，我们也可以追寻生命的意义。弗兰克发现："我们对生活的期望并不重要，重要的是生活对我们的期望。我们不应再追问生活的意义，而是应思索生命让我们思考的问题——每时每刻。由此，重点不在于通常所说的生命的意义，而是一个人在特定时刻生命所具有的具体意义。"

在这个特定时刻，你面对的就是弗兰克在奥斯维辛集中营所面对的，他拥有任何纳粹党卫军都无法从他身上夺走的东西。你有自己的灵魂，也就是弗兰克所说的"人最终的自由，在于面对不同的境遇，能够选择自身的态度"。当你选择从生活的重压中学习成长时，就是在用灵魂掌控生活。你选择的不是更渺小、更懦弱的态度，而是你灵魂的态度——充满希望、辽阔广袤且亘久永恒。你是为痛苦环境中更深层次的真理而活——灵魂要学习的功课就在自己的包袱中。

恐惧之始，奇迹之源

> 此为沉沦之书，
> 此为圣杯之书，
> 此为恐惧之始，
> 此为奇迹之源。
> ——《圣杯传说》

短短几年中，我的朋友朱迪积攒了一件人生的"包袱"，里面装着的创伤和痛苦比大多数人一生中要承受的还多。我问过朱迪，接受这样沉重的"包袱"，她巨大的勇气从何而来。"我也不知道怎么做到的，"朱迪回答，"我甚至不知道世界上是不是真的有什么应对方法。我只能相信，得到这些肯定有原因。而且我们不需要知道原因，也不用问：'为什么是我？'我之所以可以坚持到现在，只是觉得痛苦会带来更伟大的东西，我一直在寻找这个更伟大的东西，永远都会追寻下去。"

我认识朱迪是因为我们俩的孩子年龄相仿。我们共享现代人仅有的几种部落联系之一，通过孩子这种古老的方式而结识。最初，我们每天早上都会在校车车站碰面；后来孩子们到了十几岁，我们就在夏令营结束时去营区接他们。还有，我们会在镇上偶尔遇到，也会像去年一样，在一年一度的新年派对上见面寒暄。肩并肩过了20年之后，我和朱迪才第一次有了上文那种深入的对话，我们超越了普通的关系，建立了更深厚的友谊。后来，我跟朱迪相处的时间更多了，我听她讲述不平凡的故事，接着提问，做笔记。我发现，这么多年以来，我们周围都有如圣人一样的人——提醒大家，你周围也有圣人。日常生活匆匆忙忙，如果你能留意，你或许会发现很多与众不同的人。

和众人一样,朱迪的故事也是一张挂毯,由代表着家庭、婚姻等的棉线织就。拉动一根线,你就会发现一切都连在一起。只讲述人生故事的一部分,仿佛是对其他部分的忽略和遗漏,但其实所有故事都没有缺席,隐藏在一个人的性格之中。我对朱迪早年的生活了解不多:她的父亲在她出生前十一天因车祸过世;她很早就成了舞者和音乐家;她十几岁时遇到了理查德——后来的丈夫——两个人共同追求舞蹈、戏剧和音乐事业。后来,他们成了我们这个社区成功的心理治疗师,在树林里建了一栋房子,还建造了一个谷仓,饲养各种动物,然后迎接了第一个孩子的出生。我最初遇见这对夫妇的时候,觉得他们似乎拥有一切:美满的婚姻、美丽的家、有意义的工作。

但生命无常且错综复杂,棉线在朱迪的生命挂毯中交织,有些织出困境,有些织出奇迹。"此为恐惧之始,此为奇迹之源",这是中世纪作品《圣杯传说》某个译本的开篇之语。《圣杯传说》讲述了年轻的帕西法尔王子(prince Parsifal)的故事。他追寻生命意义的渴望促使他走出安稳的生活,忍受多重考验,直到成为后来的样子。对这个故事的解读有上百种,但大多数圣杯学者都认同约瑟夫·坎贝尔的观点,也就是圣杯神话的核心意义在于"追寻永不枯竭的泉水,那是一个人的生命之源,哪怕这种追寻会让我们经历最可怕的苦难。实际上,正如圣杯教导我们的,苦难本身是为了让我们做好迎接奇迹的准备"。

朱迪夫妇的第二个孩子出生时,他们的世界崩塌了。由于生产时缺氧,这个孩子差点没能熬过出生后的第一周。医生的诊断结果不是很明确,除了确认小玛丽安大脑受损,患有可能致命的癫痫,只知道她会遭受痛苦的"无法治愈的慢性病"。

有好几周,朱迪和理查德都待在医院里,小女儿挣扎求生,夫妻两个则尽心照顾她。医院最终确定玛丽安可以活下来后,他们将孩子带回家,尽力让一切恢复之前的样子——理所当然应该有的样子。朱迪会卧床休息,仿佛孩子刚刚出生。她想如第一个女儿出生时那样,沉浸在幸福中。但这次情况不同,家里的每个人,包括半吃醋半害怕的四岁半的大女儿,都能嗅到空气中弥漫的恐怖气息。

理查德和朱迪下定决心让生活恢复正常。理查德回到工作中,朱迪则留在家里，照顾玛丽安的身体，希望让整个家恢复最初的平静。开始几个月，他们几乎就要实现这个目标了。然而，世事难料。

某天早上，朱迪醒来之后觉得有条腿有些麻，而且全身疲惫无力，毕竟她已经接连忙碌了好几周。此外，那几天她觉得眼睛可视范围变小，还预约了眼科医生，但最终也没能赴约。诊所接待人员认同朱迪的看法，觉得她这些症状只是"新手妈妈疲劳"所引起的。但时间一天天过去，朱迪的下背部也出现了痛感，麻木的感觉已经逐渐蔓延到整条腿，她想或许是她背着玛丽安清理马厩时扭到了神经吧。可随后另一条腿也出现了麻木的情况。

朱迪知道另一个让她心里不踏实的事实：母亲患有多发性硬化症。于是，她约见了一位专家医生，医生乐观地保证她只是太过劳累而已，所以朱迪松了口气。但麻木感不肯消退。朱迪闭着眼睛躺在床上，身体的感觉只停留在肚脐以上。终于，她去见了母亲的神经科医生。经过一系列检查和测试，医生向她宣布了坏消息："MS，也就是多发性硬化症。"

确诊后，麻木和恐惧在朱迪的身体里越扎越深，最后，她感觉两条腿就像两根木头硬生生地接在身体上。朱迪甚至很难爬上楼梯，也不敢抱孩子。她尽量入睡，但醒来的时候总是觉得没精神。她的身体里仿佛有个洞，生命一点点地从中溜走。当然，家人和朋友们给予了极大的帮助，但每个人毕竟都有各自的生活。让朱迪难过的不只是这种病，还包括它带来的无力感。之后会怎样？症状何时会出现？她还能照顾家人以及继续工作吗？还是她会完全变成个瘸子，只能依靠轮椅？她会死吗？对这些问题医生没有给出答案，他们只说多发性硬化症完全不可预测，病程可能是缓慢而不易察觉的，也可能是迅速而致人瘫痪的。初次发病的症状可能会神秘消失，但复发也一样会神秘出现，而且，每次重新发作都会造成大面积的神经损伤。

接下来的几年里，朱迪努力应对自己不断变化的病症。她站立或行走的时间很难超过15分钟，她的平衡感逐渐失调，免疫系统也受到损害。她会突然精力充沛，也会突然异常疲惫。当朱迪学习控制自己的疾病，努力保持乐观积极的心态时，她也目睹了母亲健康状况恶化，直到生命临终的样子。那段时间，玛丽安长成为一个小女孩。随着年龄的增长，玛丽安的癫痫情况愈发恶化，通常表现为严重的抽搐，且发作频繁。医生给她开了很多药，但服药后，癫痫每天还会发作。目睹玛丽安的癫痫发作，看着她翻白眼，身体在地板上卷曲扭动，家里的每个人都备受折磨。清醒后的玛丽安时常会觉得头痛剧烈甚至筋疲力尽，有时候她的眼泪会滚落下来，她的样子让人感到心酸。

医生坚持认为玛丽安的精神疾病并不是药物引起的。他们告诉朱迪和理查德，要接受自己有个脑部受损的孩子。有一次，玛丽安在神经科医生的候诊室里猛烈发作，医生要求朱迪夫妇马上把孩子送到精神病医院。然而，住院期间，精神科专家团队证实了朱迪和理查德的怀疑：玛丽安并没有精神疾病，癫痫发作全部都是药物导致的。

朱迪对医疗界的应对措施丧失了信心，所以她决定自己掌控一切。她先让玛丽安停药，还为她安排了颇有争议的生酮饮食疗法——这种疗法当时已在约翰·霍普金斯医院和医学院获得了成功。严格的饮食意味着玛丽安摄入的每一口食物和每一滴水都要严格定量，严格监控。几个月后，玛丽安癫痫发作的频率和强度有所减少，最终，她痊愈了。

谈到玛丽安刚出生的那几年，谈到自己患上多发性硬化症，谈到母亲最终死亡时，朱迪用了我们所有人都会用的表达——那段时间充满了巨大的压力，让人看不到光亮，是一场漫长的噩梦。不要盲目乐观，朱迪说自己也曾对一切怒火冲天，恐惧就像心怀恶意的不速之客，走进她的心里，掌控了她的家庭和家人。但她也讲到了其他内容，这些内容将心怀恶意的不速之客变成了奇迹，将噩梦转变为凤凰涅槃的过程。大多数人都不会像朱迪一样经受那样的挫折，但遇到困难挫折时，我们可以从她面对挫折的信念和见解中汲取力量。我不只一次这样做过。我害怕、生病或信念动摇时，就会想起在朱迪家的那个早上，听她讲述"在灰烬中挖掘灵魂"的故事。

从她出生到我多发性硬化症发作，玛丽安和我就走上了同一条路。尽管有疾病带来的障碍，但我们仍然共同努力，积极面对生活。玛丽安从癫痫中奇迹般康复，对我来说是一种鼓舞。所以我也希望面对自己无法治愈的慢性病时,她也能受到鼓舞。回想之前那些艰难的日子,我有两个收获,第一个收获是:每个人都注定要有所牺牲;如果没有畏惧退缩,那每个人都会创造奇迹。

我们现在仍要面对生活中不时出现的"弹片",但与我想象中最糟糕的情况相比,我自己的健康问题好像也不是什么大事。磨难让我们的余生变得更加宝贵。最重要的一课如高山一样古老:"这,也会过去。"一切都会过去,一切都会变化,一切都可能变成你从未想象过的样子——只要你愿意。我发现,质问生活"这一切都不应该发生在我的身上"时,我会感到更加剧烈的痛苦。

我还有第二个收获:不要纠结一件事是否应该发生在我身上。之前我只顾着纠结自己患有终生不可治愈的疾病和女儿终生要与疾病作斗争这件事。在这个过程中,我发现唯一的希望就是放下曾经的生活,腾出空间,迎接当下的新生活,我称之为"无可选择的选择"。我一次又一次接受现实,放下过去,这是我修行的关键所在。我的心灵不断成长,因为我自己的生活和孩子的生活都取决于此。

我所说的"心灵成长",并不是某种与此后人生不同的方式,而是一种发生在情感、智力和身体上的变化过程。这个过程很真实,同时也冷酷无情,充满了死亡的挑战。我所说的这个过程就是,每天早上醒来,用耐心、豁达和开放的态度接受我不断变化的身体,帮助女儿应对她的身体状况。我只知道,要学会承认,宇宙中有种力量,远比我在地球上经历的一切更宏大、更包容。

面对疾病和灾难,人们的第一反应通常是否认。我也花了很长时间才放下,才不再极度渴望"如往常一样"的生活。尽管家人和朋友反对,但我最开始拒绝屈服,不想说"我坚持不下去了"。我与自己的身体抗争,想一边治疗一边照顾我的母亲、孩子、动物、房屋等。我认为自己对"正常"的坚持很合理,认为这是积极的态度,尽管这种态度正在摧毁我已经千疮百孔的生活。然而,我渐渐发现,我需要别人的帮助。因为我无法向他人寻求帮助,所以全家都受到了影响。

最后,多发性硬化症给了我出口,让我请求他人的帮助。尽管一开始我觉得不舒服,但后来我发现,我们所有人对自身弱点的承认,还有对自己需要帮助的承认,其实需要非常强大的勇气。

学着接受疾病的初期，我会走进房间休息，仿佛要独自面对整个行刑队。我不想日复一日地感受让自己失望的疲惫，不想面对自己的绝望。所以我设计了小小的仪式，让自己能更平缓地从"我必须继续前进"过渡到"我必须休息和康复"，这同时也是让自己的精神信仰和实践经受考验。

面对疾病和灾难，人们的第二个常见反应是愤怒。每天独自待在房间中休息、思考和祈祷，我发现自己对玛丽安的出生、疾病、母亲的死以及在这个家庭中承受的所有灾难都有难以遏制的怒火。我不想为自己的治疗负责，不想从玛丽安的痛苦中学习成长，我只想回到曾经的样子。我环顾四周，总想归罪于谁，但那个人肯定不会是我。后来，我意识到这种幼稚感觉的来源：长久以来，我对父亲有一种隐秘的内疚。只要还怀有之前那种愧疚，只要还坚持自童年时主导我世界观的责备心态，那么我就会陷在痛苦和不幸中无法自拔。

于是，我越来越深入地检视自己，配合各种治疗，与很多导师和助手合作，也配合我的英雄丈夫，直到疾病自然而然地成为我的老师。当我学会平和地看待疾病，将它放在更清晰的意识中，就开始感受到爱意倾泻而来。只要不责备他人，那我独自待在房间，就能直面自己的悲伤、困惑、每天与生活的较量。经历过嘶吼、哭喊、平静地祈祷后，我终于向疲劳感投降了。此后，我感受到一种轻松，安稳的睡眠也随之而来。

这样，我将自己的多发性硬化症和玛丽安的身体状况，以及我所有的失去、恐惧、责备和愧疚都付诸现实的火焰，让火焰将它们烧尽。在灰烬中，我开始挖掘自己的灵魂。我发现，灵魂所需要的内化时间，比我们平常在紧凑日程中所给予的更多。多发性硬化症出现之前，我总会压制某个小声的邀请：让我与当下"共处"。我逐渐意识到，我们琐事缠身，其实就是在逃避灵魂深沉而轻柔的声音。当然，并不是说我过去所做的一切——我的工作、对女儿的养育、家庭生活、舞蹈和戏剧——都是逃避，相反，正是这些让我的康复之旅变得迷人。在坚强的日子里，我会非常仔细地思考哪些是我应该继续努力的，哪些是我应该放下的。

现在，我珍视每一丝绝望和每一缕喜悦，这是我此前从未感受过的。我仍然会迷失方向，会因为金钱、个人冲突、孩子或自己的健康而进入焦虑的小巷，但大部分情况下，我对尚未铺展开来的生活心满意足。我已经遇到了最可怕的恐惧，由此我变得更仁慈、更谦逊、更耐心，我也希望自己变成能给予他人更多关爱的人。每天早上醒来时，无论是否能拖着冰冷麻木的双腿跌跌撞撞地走进浴室，我都会感恩遇到的一切。我无法想象另一种生活的样子，如同我无法想象失去丈夫或女儿们的生活。

我在学习如何看待健康与疾病、软弱与力量，甚至是生活与死亡——这些都是一枚硬币的两面。对立的两面自始至终都不是非此即彼的，而是兼而有之，甚至相得益彰。我正在学习欣赏人类的境遇，满怀激情地接受生活的全部，每天与之合作，主动选择，全然爱它本来的模样。

不久前，朱迪和理查德带着玛丽安来参加我们的新年派对。玛丽安去了为有特殊需要的孩子们开设的寄宿学校后，我已经好几年没见过她了。刚开始，我差点儿没认出来。16岁的她和所有放假回家的女生一样没什么区别，美丽、苗条。我拥抱她时，她看向我的双眼一如从前，还是她小时候让我倾心的样子——那双眼睛中蕴含着野猫一样的勇敢。没说什么客套话，玛丽安便拉起我的手，带我走到房子后门。

"你想看月亮吗？今天是满月，而且会有月食，非常少见呢。"她语调夸张。

"当然了。"我说着，跟她走出拥挤的房子。

"那就得去没有灯光的地方。"玛丽安说完，带着我走上小山丘，走进冰冷的夜晚。风吹过，借着月光，天空多了些生气。细密的云朵因月光而带上光环，从光秃秃的树枝上飘过。玛丽安在夜色中显得轻松自在、无所畏惧。她野猫般的双眼如月亮一样明亮。

"你看！"她指着天空。月亮的边缘逐渐出现一道细细的阴影，她开心地笑起来。房间里，客人们聚在壁炉旁，有的在喝酒，有的在享用美食。但我在山丘上，在寒冷的夜晚对着月亮大笑。我和一个小女孩在一起，这个女孩亲身体验到了生命中黑暗部分的恐怖，现在却能在夜晚中自由徜徉。她的存在让我感受到什么叫勇敢。我们又笑了一会儿，玛丽安才拉起我的手，带我一起跑回了温暖的房间。

放下自我，你没那么特殊

20世纪60年代，一位年轻的心理学教授因行为不端失去了在哈佛的教职。这位教授名叫理查德·阿尔珀特（Richard Alpert）[1]，出身富裕之家，是波士顿铁路大亨的儿子，也是杰出的学者和老师。他是20世纪第一位被哈佛大学解雇的教授。他和蒂莫西·利里（Timothy Leary）一起进行了激进研究，将致幻剂用于心理治疗和意识扩展，所以他无法继续留在哈佛大学。

后来，阿尔珀特成了拉姆·达斯。这是一位印度大师给他取的名，因为觉得他不会辜负这个名字的含义——"上帝的仆人"。阿尔珀特确实也没辜负，成了一代灵魂追寻者的向导。1971年，他出版了开创性著作《此时此地》（*Be Here Now*）。这本英文畅销书的销量甚至超过了斯波克医生（Dr. Spock）的《婴儿及儿童护理》（*Baby and Child Care*）。拉姆·达斯将东方古老的精神智慧和实践转化为浅显的西方语言，在这方面，他堪称翘楚——甲壳虫乐队都比不上。

我很早以前就认识了拉姆·达斯：先是20世纪70年代早期，他刚从印度回来，我成了他的学生；之后我们是同事，他加入了欧米茄学院，领导静修会，也任职董事；后来，我们是朋友，他引导我走出了离婚的阴霾。后来，拉姆·达斯需要帮助。对他来说，这是全新的角色——他成为一个需要帮助的人，而不是给予帮助的人。他首先承认，自己正处于凤凰涅槃的过程中，他在学习适应无助的情况。

很多人知道拉姆·达斯，是因为读过他的书，或参加会议、静修时远远见过他。他们眼中的拉姆·达斯聪明智慧、富有同情心、风采飞扬。我也认识这样的他，

---

[1] 后来名为拉姆·达斯（Ram Dass），美国籍心灵导师、心理学家，最知名的著作为《此时此地》（*Be Here Now*），在20世纪70年代启发了美国人对东方身心灵哲学和瑜伽的兴趣。——译者注

但同时，我还认识另一个他：这个人不喜欢依赖别人，会逃开太过亲密的人际关系，习惯掌控全局。我认识两个拉姆·达斯，第一个拉姆·达斯只会说经过字斟句酌的话，能将阳光瞬间洒满我内心阴暗的角落。这个拉姆·达斯在我经历凤凰涅槃时给予了莫大帮助。我踏入火焰前，他是我的试金石，让我知道即使一切到了痛苦难抑的程度，他也会陪着。当我从灰烬中走出，他帮我回到正轨，让我在想责备他人时回归诚实。他一次又一次让我面对真相——当下的真相，以及关于宇宙的真相。

另一个拉姆·达斯则总会激怒我。他会在董事会上和我争执，他拒绝我进行组织管理方面的种种尝试，我会在静修会上怒不可遏。他指责我太过强势，我则说他对精明能干的女人有偏见，喜欢扮演野孩子的角色，把我想象成他霸道的母亲。多年来，我们一直在相互欣赏和保持距离之间徘徊。有一次，他在千人会议上说："人类的互动反映出爱与恐惧的平衡。"这句话准确描述了我和他之间的关系。

后来发生的一些事改变了拉姆·达斯，也改变了我和他的关系。一切始于1997年的一个晚上。当时的他躺在加利福尼亚的家中，思考如何给手头一本关于衰老的书结尾。"躺在黑暗之中，"他在《活在当下》（*Stil Here*）中写道，"我在思考为什么我写下的句子总是不够完整，不够丰满，不够扎实，不够完美。我试着想象自己很老的时候会怎样——不是65岁还能活动那种，不是还能作为教师和演讲者不停地环游世界，参与公共活动那种，而是到了90岁，视力衰退、四肢无力的那种……我想感受自己渐渐老去的过程。"沉浸在构思中时，电话响了。拉姆·达斯起身接电话，但双腿无力，一下摔倒在地板上。他伸手够到电话，费了不少力气才拿起听筒，却发现自己说不出来话。打来电话的朋友察觉出情况有异，便问拉姆·达斯是否需要帮助，可没有得到回答。"如果需要帮助，就敲一下电话，"朋友说，"不需要的话就敲两下。"拉姆·达斯一直在敲"不需要"。但朋友还是打了求助电话。

救援人员到达时，拉姆·达斯还躺在地板上。"我还在那儿，"拉姆·达斯写道，"仰面躺着，沉浸在对那个老人的'梦中'。那个腿脚不听使唤的老人倒下了……

接着,我就记得一群消防员出现,如电影场景中一样突然,他们盯着那个老人的脸,我本人则靠着门框,仿佛是整件事的旁观者。"接下来的几个小时,他被紧急送往医院,由医生和护士照顾,治疗严重的脑溢血——整个过程中,拉姆·达斯感觉自己就站在一边,看着中风的自己,迷惑不解。

后来,逐渐感受到健康状况带来的痛苦时,拉姆·达斯才意识到事情的严重性。经历这种中风的人,只有10%能幸存。像他这样练习过祈祷和正念艺术、多年来教导人们将苦难作为"磨坊谷物"①的人,并没有觉得自己的幸存理所当然。他活着肯定还有别的原因,想到这些,他便决定找到那个原因。

拉姆·达斯写道:

三家医院,数百个小时的康复治疗,我逐渐适应了中风后的新生活,适应了轮椅、偏瘫、需要全天护理的生活。这样需要别人关注的生活总让我觉得有些不舒服。我这一生,都扮演着"拯救者"的角色,甚至跟人合著了一本书,叫《与慈悲的宇宙联结》(How Can I Help: Stories and Reflections on Service)。可现在我却发现自己需要接受别人的帮助……疾病粉碎了我的形象,为我翻开了人生的新篇章……中风这件事就像一把武士刀,将我的生命切成两段。它是两个阶段的分界线。从某种意义上看,这就像两种化身合二为一:这是我,那是"他"。

我好多年都没见过这个之前的"他",甚至没跟他说过话。我跟拉姆·达斯的最后一次交流还是通过某次董事会会议后寄出的一封信。我在信中埋怨他开会时说的话,说他没顾及我的感受。他没回信。后来,他再来欧米茄学院的时候,我恰好不在。接着,他从欧米茄学院董事会辞职,我也就更没有理由见到他了。再接着,就是收到他中风的消息。

拉姆·达斯康复期间,朋友们总会告诉我他遇到的挫折和进步。开始他得吸氧,无法说话,无法吞咽,右侧身体完全瘫痪。医生不知道他是否还能再走路或

---

① 此处为英语谚语"Grist for the mill",表示"有用的东西、利器"。——译者注

再开口讲话。朋友们经常去看他，但我因为忙着其他事情所以没去。拉姆·达斯中风前一周，我的父亲——85岁高龄但身体比我还好的父亲——去滑雪了。他经常去滑雪，这次滑雪之后也如往常一样回家、吃晚餐、在我母亲身旁入睡，只是再也没醒来。晴天霹雳一样，我的父亲去世了。他就是那90%未能从严重中风中幸免于难的人之一。

那几个月，我心里根本容不下其他事，只有突然失去父亲的巨大悲痛。我甚至不敢想拉姆·达斯受困于轮椅上的样子，不敢想他要重新学习说话，应对身体上的痛苦和内心的落差。但我非常想见到这位老朋友，希望他能原谅我此前的缺席。

拉姆·达斯中风一年后，我去了加利福尼亚，见到了"新"的拉姆·达斯。穿过金门大桥，我回想起住在旧金山时第一次见到拉姆·达斯的情景。我仔细回忆了今日之我的诸多经历，才意识到拉姆·达斯几乎从未缺席。在很多方面，他都能让我想到我的父亲——他迈着有节奏的步伐走在小路上，清理灌木，从不回头，认为其他来徒步的人都能跟得上，也应该能独立完成整段路程。4岁那年，我父亲带我来到滑雪道的顶端，让我的滑雪板朝下，然后说："跟上！"后来，19岁的我读到了《此时此地》。现在，我又来到了山顶，向导招手让我跟上，也是头都不回。

我父亲离开了，拉姆·达斯坐上了轮椅，现在的我只能靠自己。我走在马林县通往他所住小屋的小路，加州明亮的阳光透过橡树枝条的空隙洒下来。拉姆·达斯坐在门廊上，斜靠着轮椅，颤抖的右臂绑在轮椅扶手上，一头白发乱糟糟的，颇有爱因斯坦的气度。他抬头看看我，抬起功能正常的胳膊朝我挥挥手。"伊丽莎白！"他很是高兴。我屏住呼吸，眼泪一下涌出眼眶。那一刻，我的心被打开了，觉得自己像被放逐已久终于回家的人。

"我回来了，亲爱的！"我开玩笑说。

"没错，你回来了。"拉姆·达斯非常真诚，"欢迎回家。"

之后发生的一切我一直铭记于心。这是生命中难得的时刻，终于可以休息一下——放下努力奋斗的负担，幸福安详的感觉如蜜糖一样流淌在意识的每一个角落。无处可往，无事可做，无人可期——只有当下，只有宝贵的今天，和另一个朋友同在。那天下午，我学到的东西让我受益终生。在我与拉姆·达斯的关系中，我一直能看到这个人的两面性——慷慨激昂的导师拉姆·达斯和令人崩溃的朋友拉姆·达斯。但现在跟我在一起的是第三个拉姆·达斯，这个人比另外两个更单纯、更宽宏。但这并不是这个人的另一面，而是他的灵魂、他的内核、他真正的自我。另外两个拉姆·达斯恭谨地退到一旁，仿佛只是表面的幻影，仿佛"好"的拉姆·达斯是暂时存在的幽灵，由遗传的天赋和命运的奖赏塑造；"不好"的拉姆·达斯则是由后天的防备、应对机制和陈年旧伤塑造。但这个"新的"拉姆·达斯，吸纳了另外两个，三者融合为一个带着光环的整体。他身上发生的事不仅仅让他的灵魂闪耀出光芒，也引起了我内心的变化。所以我的灵魂向他的灵魂致意，我们都"回到了家中"。

很多年来，我和拉姆·达斯对抗彼此的个性，但坐在门廊上，坐在温暖斑驳的阳光下，我们两个却心意相通，灵魂与灵魂相连——不是片刻，而是好几个小时。我们两个坐在那里，像学生时代的朋友一样握着彼此的手。

拉姆·达斯很难说出完整流畅的句子。他说话很慢，单词之间彼此分离，如孤零零的思绪，孤零零地站在舞台上。没有了语言的外衣，赤裸裸的思想在聚光灯下瑟瑟发抖。大部分时间，拉姆·达斯都在挣扎着为思想寻找合适的语言外衣，但偶尔也会完整地说出一个他的箴言名句。刚开始，拉姆·达斯找不到合适的单词时，我会为他补充空白。一次这样尴尬的交流后，他转头看着我，不无幽默地说："我现在说话很慢，所以人们能补充我要说的话，回答自己想问的问题。"

我问了他中风的情况和影响，他回答了几个问题，如果找不到合适的词表达，我就会替他表达。这个过程中，我也回答了很多自己想问的问题——为杰出的演说家遣词造句果真很有意思。我觉得自己像个骗子，窃取了他的想法，将之转化为语言。他也问了我一些问题，如关于我的生活、孩子们和丈夫。他还称赞了我刚刚出版的一本书——之前的他可不会这样。此外，他提到了我寄给他的一张照片，是我和家人们在爱尔兰过圣诞时照的，说想听听我们玩得怎么样。

"你看起来像个喝醉的猴子。"他笑了，"看着特别开心。"

我说:"拉姆·达斯,我觉得中风之后的你更有人情味了,更像是个真正的人,与此同时,也拥有了永恒的灵魂。"

他的眼里充满泪水,捏了捏我的手。"恩典,"他说,"中风是沉重的恩典,激烈的恩典。"

我们坐着,有一会儿没说话,各自消化这几个词。

"之前……中风之前,"拉姆·达斯断断续续地说,"之前,幸福的恩典……爱的恩典……好事接二连三地发生在我身上。之后,中风……失去的东西……也是恩典……激烈的恩典。"

"我明白,"我说,"你失去了什么?激烈的恩典带走了什么?"

"自我。"拉姆·达斯一边说,一边做了个割喉的手势,"自我,没了。没什么可失去的了。自我打破了,你就能看到真正的自己。"

或许我是在完成他的思想,而不仅仅是句子,但看着拉姆·达斯的眼睛,我对他想说的一切了然于心。他想说的是:"这就是真正的我。请一定记住,在我所有人类行为的背后,在最好的我、最坏的我的背后,在挣扎求生的自我背后,是我的灵魂,渴望与你的灵魂相融合。"他告诉我,每个人习得的行为和奇怪的癖好背后都潜藏着一个灵魂,如果能将它从自我的缝隙中唤出来,就会知道它早已做好了接触外界的准备。或许,不需要太过激烈的恩典,我们也能破碎重生。

后来,我在拉姆·达斯的书中读到了对"激烈的恩典"更有条理的描述:

我认为,将中风当作恩典,需要认知的转变。这种转变让我从以自我为出发点转变为以灵魂为出发点。之前,我很怕中风这种事,但我发现,对中风的害怕,比中风本身更糟糕……我现在对恩典有了更全面的理解。中风改变的是我对自我的依赖。自我无法承受中风,所以将我推向了灵魂的层次,因为"承受了无法承受的",你内在的某些东西就会死去。我的身份翻转过去,所以我说:"这就是我——我是一个灵魂!"我最终发现,从灵魂的层次出发,我看到的是自己普通平凡的日常状态。这就是恩典,这几乎就是对恩典的定义。正因如此,从自我的角度看,中风并不是什么好事;但从灵魂的角度看,中风却是很好的学习机会。如果能在灵魂中安住，那还有什么好害怕的？中风之后，我可以用前所未有的确定告诉你，信念和爱比所有变化更强大，比衰老更强大。此外，我非常确定，它比死亡更强大。

"自我，自我，"拉姆·达斯说，"就像这个轮椅。是……这个是好看的轮椅。使用、享受它！别觉得它是你……别觉得你自己那么……那么……特别。"

我们都笑了，之后在斜阳下静静坐着，直到我该离开的时候。

"怎么办？"我问拉姆·达斯，我想着的是我们之间的友谊，还有他的生活，"接下来怎么办？"

"这就够了，"拉姆·达斯说，"这就是之后。这就够了。"他又握了握我的手，眼泪从脸颊滑落。泪水所表达的，比他中风之前表达得更多。泪水诉说了原谅、爱与期待。一切都说完了。我站起来，亲了亲他的脸颊，拥抱了他，然后拍了拍轮椅。"这是个好轮椅。"我说。

沿着小路走出去，拉姆·达斯叫了我一声。我转身看着他。"伊丽莎白，再见。"他声音很大，还像个傻瓜一样跟我挥手，"早点儿回家！"

生命令人敬畏的旅程

即使在睡梦之中，无法忘却的痛苦

也会一点一滴落在心上，

直到，绝望之中，不经意间

上帝令人敬畏的恩典赐予了我们智慧。

——埃斯库罗斯

我进行过一次关于死亡和悲伤的演讲。演讲结束后，一个男人和他的妻子留下来找我说话。演讲的听众有几百人，但我的注意力一直被这两个人吸引，因为他们全神贯注。

我们还没开始说，那个男人就递给我一张塑封卡片。卡片正面是天蓝色背景，有个年轻人被天使抱住；卡片背面是他们儿子的讣告。"他当时21岁。"我看卡片的时候，那个男人开口了。我倒吸了一口气，前几天，我其中一个儿子刚刚过完21岁生日。突然之间，演讲了一下午的我，竟变得哑口无言。我只好把手搭在那个男人和他妻子的肩上。我们三个站在那里，相互看着，点点头，仿佛在用某种沉默的神秘语言沟通。

我和格伦、康妮一直有联系。格伦听说我要完成一本关于因改变而破碎重生的书时，便问我能不能把他自己的经历寄给我。很多人都这样做了，每一个故事都让我深受触动，其中很多故事都出现在这本书里。但格伦的故事我必须完整地分享给大家。这是一个人从灰烬中重生的过程，他经历了他人生中最艰难的凤凰涅槃。格伦将自己和家人的经历分为两段："之前"和"此后"。

之前

埃里克和同卵双胞胎兄弟瑞恩出生于新年前夜。我和太太康妮手忙脚乱,但也特别开心。五年之后,我们的小女儿凯蒂出生了,这是我们的最后一个孩子。当时,我们的生活非常圆满,诸事顺利。我有一份高薪工作,所以康妮可以留在家里照顾孩子们,处理一个大家庭无休无止的繁杂事务:体育运动、童子军活动、学校活动和课余时光。我们过着充实且幸福的生活。

随着时间的流逝,孩子们的表现也愈发出色。他们是体育运动的州冠军,学业方面表现不斐,音乐方面也颇有造诣。我们拥有太多福气,很容易将一切视作理所当然。埃里克和瑞恩上了大学,一个学习机械工程,另一个学习电气工程。暑假时,他们会为了第二年的大学学费努力打工,但我们也总能找到时间彼此陪伴,在湖边和海边享受缅因州的夏日时光。

由于学习勤奋,成绩良好,埃里克获得了到国外大学就读一学期的机会,他最终被澳大利亚墨尔本大学录取。一个美丽的夏日早上,他踏上了冒险之旅。在接下来的五个月中,我们经常联系,他不断地分享各种不同的经历。他获选进入了大学橄榄球队,组织了爵士乐队,负责演奏架子鼓和萨克斯。他去布里斯班攀岩,在阿德莱德牧羊,在内陆地区骑摩托车越野。埃里克喜欢和不同的人交往,结交了来自世界各地的好朋友。他写了一本日记——后来,在"此后"的部分——这本日记成了全家苦乐参半的依托。学期是十一月结束,埃里克花了三周到新西兰旅行。他像其他学生一样背着背包旅行,睡在青年旅社,陶醉在年轻的自由和地球的美丽景色中。他来信频繁,为新西兰的南阿尔卑斯山和蓝色冰川的宏伟壮观而深深折服。

就在回家之前,埃里克和两个同学体验了世界上最高的蹦极。两周之后,我们在他的随身物品中找到了一盘录像带,记录了他蹦极的过程。他环抱着朋友的肩膀,面对镜头。他晒得黝黑,肌肉结实,笑容满面。第二天,他骑着租来的摩托车返回基督城,准备搭飞机飞回美国,回家与我们团聚。

去车祸现场的警察说:"他骑车来到库克山附近,路面干燥笔直,前方是雪峰壮丽的景色。我们认为,最有可能的推测是,他只注意了远处的景象,所以分心开到了沟里。"等有人看到发生车祸赶过去帮忙时,埃里克已经昏迷了。之后,他就永远留在了那个美丽的国度。

此后

接下来几天,痛苦直击我的内心,我从来没想过自己会遇到这样的黑暗。我自己还有家人朋友们一起跌入了绝望的深渊,我紧紧依靠着他们。不得不亲自将埃里克去世的消息告诉妻子和孩子们,这成为我余生中永远不会消失的痛苦。

日子从悲伤中开始,以悲伤结束,周而复始。我睡眠不安,断断续续之间填满了之前难以想象的各种工作——安排埃里克的遗体,从地球的另一端运送回国;购买棺材和墓地;准备寿衣、计划葬礼;接电话,会见来访者,接受鲜花、书籍和卡片。我如同行走在可怕的梦中,祈祷能从中醒来。那几周、那几个月,我们因恐惧而退缩、屈服。

后来,我们醒了,每个人都在不同的时间醒来。

现在看来,我"之前"的人生主题都是关于数量和速度——更重要的工作、更大的房子、更多的物品……快一些、早一些、立刻马上。我说服自己,自己的生活目标就是让家人们都过上更好的日子。这种生活有它的代价,但我愿意为之付出。随着家庭成员的增加,我放弃了之前环境生物学的职业道路,在造纸厂找到了一份薪酬更高的工作——当时,特别是在那十年中,造纸业在运营方面还有很大的提升空间。我告诉自己,这不是"背叛",而是着手从内部进行改变。当然这是有些道理的。

然而,随之而来的是攀登优渥职业阶梯的机会。我先是在技术部门两年,之后在产品部门待了五年,后来在销售部门待了两年,还拿到了麻省理工大学的硕士学位。38岁时,我已经获得了成功,甚至准备好迈出下一步,登上顶峰。尽管已经逐渐对自己的工作感到厌倦,但我还是疯狂工作,接受费力不讨好的任务(当然还有大笔酬劳)。我的思维模式通常是"倒数式"的:"再干十年,如果股票市场还不错,我就能找回自己想要的生活了。"我和家人们讨论过我的不满,他们也都支持我改变方向。但我没有采取行动。我以为自己掌控了一切,为家人带来了安全和富足。如果牺牲自己的价值观和幸福是必须付出的代价，那我就牺牲好了。在埃里克去世的那个夏天，芝加哥的一家制造工厂邀请我出任总裁兼首席执行官。

埃里克离开的那一天，我掌控一切的妄想被彻底摧毁，家庭分崩离析。泡沫破灭之前，谁都不会意识到自己一直生活在泡沫里。上高二的凯蒂才华横溢，原本快乐幸福，但却很难回到正常的生活中。瑞恩中断了大学学业。之前一直活跃在学校、教堂和社区中的康妮，也开始大门不出。我当时最大的痛苦就是无法"修复"一家人的绝望。

同事们都极度希望我将过去抛诸脑后，"重上马鞍"。对于他们之中的大多数人来说，面对我的痛苦，他们很不自在。还有一些人只是关心我的工作能力和公司的盈利水平。我特别生气，总有人企图把我硬塞回过去的模具中。我感到愤怒，世界改变了我们一家人，却没有通过同样的方式改变其他人。我深感震惊，那些人竟将利润和公司现状看得比我家庭的伤痛还重要。

我开始贪婪地阅读。我发现，书店和公共图书馆中都有一整排书架摆放着与伤痛有关的书籍。伸手寻求帮助的那一刻，我们逐渐明白，并非只有我们遭受过这样的痛苦，很多人之前已经走过了这条可怕的路。明智而清醒的理解涌上我的心头。埃里克去世之前，我的生活中并没有遭受过重大损失。我曾经认为自己掌控了生活，但现在看来事实绝非如此。

我们试着从书中学习，书籍确实也提供了帮助。但我们发现，关于悲伤的课程，就如同音乐、医学、艺术、育儿或婚姻的课程，要想充分理解，就必须亲身经历。就这样，我们踏上了"上帝的敬畏恩典"的旅程。

曾几何时，人类认为世界是一张平坦的桌子，冒险靠近桌子边缘的人会落入可怕的世界，等着他们的是各种凶猛的海怪，或摔在石头上粉身碎骨。他们说得没错。埃里克的死将我们从日常生活抛到了黑暗之中，让我们触礁而破碎。那几周、那几个月，我们辗转反侧，沉浸在痛苦之中，看不到光，也不知道该何去何从。我们挣扎着，彼此依靠，却没有发现生活抛来的救生索，甚至是有意忽略了它。每个人都在祈祷，倒不如溺水而亡。如果不是亲朋好友支持破碎的我们，让我们不至于溺毙于深海，或许我们就会被悲伤淹没。

那个绝望和恐惧之地真实存在,并不是什么精妙的寓言。有些人始终不会离开那个地方,永远碎裂在岩石上,不复完整;有些人则会停止反抗,不再挣扎,滑入深渊。我们逐渐明白,即使自己无法掌控一切,但至少还有选择。上帝也好、神祇也好、造物者也好,随便什么都好,他们希望我们潜到深水区,同时也希望我们能再次浮上来,拥抱光明。我们是自由的,生来如此,这便是伟大的天赋。我们可以选择黑暗、恐惧、一蹶不振和绝望,也可以选择光明、希望、充实丰满和喜悦。

我选择生活,另辟蹊径。我想象自己从黑暗的大海中浮上来,回到了日常生活的桌子旁。这样确实有所帮助,我一边向妻子、儿子和女儿表达最深沉的爱,一边着手绘制自己的桌子。我将四条桌子腿分别命名为:信念、勇气、成长和爱。信念是这张桌子最脆弱的部分,时至今日依然是我前进路上需要努力的。我每天的口头禅是"向神秘投降,进而放松享受"。埃里克去世之前,我对现实的认知就是自己对过去、现在和未来发生的一切负责。但他离开之后,我发现这根本不可能。即使我穷尽一生,拼尽全力确保家人的幸福,但其实根本做不到。因此,无论发生什么,我都要对生活充满信心。我尝试回到桌边的想法通常会遭到蔑视。尤其是我的儿子瑞恩,他失去了同胞兄弟,这是我们所有人都无法真正理解的伤痛。但不管怎么说,我的观念和草图让我有了安置内心想法的空间。

有一次,我跟朋友聊天的时候,在餐厅的餐巾纸上画了一张桌子。我没留意朋友在离开餐厅的时候把那张纸放进了口袋。过了一周,他来我家,送给我一幅水彩画,就是我随手画的那张"桌子"。我写下这些的同时,正抬头看着电脑上方的那幅画。那幅画上有文字,还有很多剪贴上去的图片,那是我灵魂的碎片,被拼成一幅没有完成的拼图:有丢失的部分、截断的部分、永远无法替代的部分,还有粗糙的、破败的部分,但这些都会被珍惜,不是因为它的艺术之美,而是因为其中的内涵——它象征着我们的信念、勇气、成长和爱,代表我们还存在。

埃里克去世半年后,和家人们进行了漫长的讨论后,我从工作了23年的公司辞职了。这并不是什么勇气之举。我的家庭摇摇欲坠,所以我选择家庭,而非事业。我感觉这是正确的选择。多年以来,我一直根据逻辑、认知作决定,这样追随直觉和内心竟带给我一种不可思议的开心。

那个夏天,我们在湖边租了一间小屋。正如英国音乐家埃里克·克莱普顿(Eric Clapton)在儿子早逝后所说的:"有一段时间,我仿佛走到了世界的边缘。"有的时候,我们担心悲伤会让人扭曲,难以自愈,于是我们一起读书、划船、休息、健康饮食、散步、在月光下泛舟,一起放肆地流泪。

九月,我们做好了再次出发的准备。凯蒂回到了学校,为橄榄球新赛季积极准备。瑞恩在缅因大学又读了一个学期的机械工程。康妮参加了一个临终关怀志愿者的集训项目,还在小学兼职授课。我们买了两只可爱的小狗。我还重刷了房子。

我开始思考余生做什么。准备好之后,我接受了一家小型非盈利组织副总裁的职位。这家公司离家只有15英里。这份工作很有意义,我对公司的使命充满热情。多年以来,我很害怕新一周的工作,现在却很期待周一早上。此外,我还接受了两个当地社区组织董事的职位——一个是临终关怀志愿者的组织,另一个是为精神病患者提供社会服务和过渡性就业机会的机构。我似乎拥有这些团队组织重视的技能,我也很高兴能有所贡献。

现在,瑞恩即将进入大学的最后一年,目前在一支少年联盟球队执教,学生都是十到十二岁的少年。他一有机会就会吹萨克斯,听到他的乐声,你便能感受到他美丽的心灵。去年夏天凯蒂去了玻利维亚,帮助无家可归的儿童和穷人。她已经被波士顿学院的护理专业录取了,兴奋到无以复加。

康妮现在是临终关怀志愿者讲师,刚刚完成了一个为期16周的教学课程,帮助新的志愿者做好准备,服务临终病人和病人家属。五六岁的学生们和其他老师们都很喜欢她,我们也都崇拜她。

埃里克始终在我们身边。大多数时候,我们能感受到他的存在。大自然里到处都是他的身影:鸟儿、蝴蝶、彩虹、日落中都有。我们每个人都是精神斗士,没有什么能打破我们缔结的圈子。

破碎之心中蕴藏着生机

耶胡达·法恩(Yehudah Fine)住在我附近,是一名拉比,也是一名家庭治疗师。他的第一本书《时代广场拉比:在迷途孩童的生活中寻找希望》(*Times Square Rabbi: Finding Hope in Lost Kids´ Lives*)是康复领域的经典之作。书中,法恩描写了年轻人与各种瘾症作斗争,他们又是如何将痛苦转化为向上的阶梯的故事。他想要传达的信息是,即使身处痛苦与绝望的黑暗深渊,抗争可以逃离深渊。写完这本书后,法恩进行了全国巡回演说,在不同的学校和心理健康机构讲学。这之后,法恩发现,自己反而是受益者。他这样写道:

去年,我差点在卡茨基尔山脉乡村公路的一个偏僻路段死掉。当时是清晨,我开车去办事,这时,对面开过来一辆车,以每小时七十二三千米的速度突然冲进我的车道,迎面撞上了我,我的人生自此彻底改变。正是在那条路上,我学会了如何应对日常剧烈的疼痛,也学会了如何从柏油路上的碎玻璃和扭曲的金属中重拾生活。在这条路上,我把心灵的智慧从书架上取下,放到自己的生活中。要问我什么时候找到了自己的内核,大概就是当时吧。

我先是被送到了当地医院的急诊室,之后被直升机送到一家大型医疗中心,当时的一切历历在目。那张照片并不好看,消防员用"救生颚"把我从车里救了出来。我的脸上、嘴里还有唇上都是血,是撞车后气囊弹开造成的——但气囊救了我一命。我的裤腿撕裂了,膝盖处有深深的伤口,伤口上有土,还有不断冒出来的血。碰撞的力量让我的股骨脱臼,骨盆碎成九块。我整个人都被折断了。当时我还没吃止痛片,被旁人难以想象的痛苦折磨着。我祈祷自己能昏死过去,就像小时候看的西部片里被枪击中的人那样。但这不是电影。

被送到医疗中心之前,急诊医生告诉我,要把我送走,他们得先把我的股骨移回原位。我当时紧咬牙关:"医生,我会疼死吗?要是塞不回去怎么办?"医生只说了一句:"要想活着,就得现在塞回去。"医生毫无预兆地跳上我的轮床,抓住我的腿,一把将股骨推进残破的骨盆。疼痛实在太剧烈了,我尖叫起来,但股骨还没回去。叫喊和呻吟之间,我小声哭着说:"医生,我以为你动手之前会先给我止痛片。"

医生惊讶地看着我说:"你还没吃止痛片?"他们马上给我用了止痛片,之后又重复了之前的操作。这次,我的腿在"砰"的一声之后回到了原位。那一刻,我对医生的麻木不仁深感愤怒,但同时也感激他无畏的技巧,完成了我重获新生的第一步。我握住医生的手说:"我想告诉你,感谢你的医术和勇气。不过,千万别这样对别的病人了。"

就在那时,在那个急诊室中,我决定,无论之后要经历怎样的痛苦,我都要感谢每一个照顾过支离破碎的我的人。我要用发自内心的话语纪念每一个善举。手术之前,我告诉妻子和孩子们,我深爱着他们,还请妻子和孩子们原谅我没有做到的一切。我们互相道别,但我并不清楚自己还能不能活下来。医生跟我说:"当了这么多年外科医生,就没见过比你伤得还重的。我觉得你能活下来,但得马上行动才行。"

我告诉妻子我深爱着她。从我们相遇的那一刻起,我就知道她是塔木德[①]所说的"zivug rishon",也就是我的灵魂伴侣。要是我没法活着下手术台,我希望用最后几句话肯定我们的爱。9个小时后,我从手术室里出来了,她一直等着我,等着握住我的手。

在接下来的几周中,我处于完全无助的状态,痛苦不堪。由于失血过多,我看起来就像是吸血鬼德古拉伯爵夜间来访过一样。23英寸的伤口从臀部一直延伸到大腿,已经缝合好,身体里也打了钉。底部有个大排水孔,直接从肉里延伸出来,大开着,不断渗血。骨盆里有9个3英寸的螺丝钉。我整个人靠金属板连接在一

---

① 塔木德是《塔木德》(*Talmud*)的作者。《塔木德》是流传三千三百多年的羊皮卷,是犹太人至死研读的典籍。这部典籍是犹太教口传律法的汇编,地位仅次于《圣经》。——译者注

起。接下来的七个月中，我只能躺在床上。吗啡滴注让我始终迷迷糊糊的。此外，由于插着导管，我根本无法转身。要是没有别人帮助，我完全没办法坐起来，也没办法自己洗澡。要想移动我，给我洗澡，需要四个人帮忙。总之，无论做什么，我根本离不开别人的帮助。在整个过程中，我一直在和剧痛作斗争。最可怕的是，我不知道自己还能不能再次站起来走路。

完全无助的境地让我偶尔能看到精神幻象。我知道，从古至今，面临巨大挑战的人中，总有些会坚持不懈，永不放弃，这带给我莫大的安慰。但我不想骗你，我经常听到绝望的声音。它会小声说太痛苦了，我很难继续承受，也承受不住。于是，我下定决心，倾听其他声音的低语。古老的教义有了新的意义。我越是活在当下，担忧就越少，眼泪也就越少。我对两位圣人的箴言体会最深，约查南拉比（Rabbi Yochanan）和埃利泽拉比（Rabbi Eleazer）说："即使刀剑在颈，不要停下祈祷，要拥有同情和仁慈。"在最痛苦的时候，对仁慈和同情的呼唤让我感到安慰。禁锢在痛苦的监牢中，我很少觉得自己是孤身一人。

有的时候，我发现当前的困境会让我不由自主地惊叹。多年以来，我一直就这类问题为他人提供建议，现在我要做的是思考自己是否可以从之前的建议中获益。这种角色转换感觉不错。我不再是关怀的施予者，而是需要得到照顾的人。

术后康复室是重伤员的第一站。那里成了我的新世界，那里的人成了我的社区好友。我的同伴中有很多都被截肢了；还有一些人是被开膛破肚后再被缝补起来的，伤疤比我的还大；还有一些和我一样，遭受了头部外伤和四肢骨折。我的新老师是痛苦和苦难。接下来，我要郑重其事地说，面对巨大的痛苦，"超凡脱俗"根本不存在。如果谁的想法不一样，那肯定是在开玩笑。痛苦相当真实，恐惧是它的搭档。恐惧是个狡猾的小偷，偷走生命中的宝贵时刻。我大部分时间都在思考，好让自己更有效地应对恐惧。经过几周的努力，我终于把恐惧甩到了一边：秘诀就是不要抵抗痛苦，而是接纳它。做到这一点的同时，我也逐渐找到了自己的力量。

要是将所有关于苦难的鸿篇巨制提炼成几句话，我想就是：苦难和危机会改变我们，让我们谦卑，并揭示出生命中最重要的东西。撞车事故带我进入了一个有意义的世界。这种获得祝福的方式带来了巨大的刺激，可话说回来，就是因为艰难，这些事才会被称为"意外"，毕竟思维正常的人不会希求通过这种方式获得祝福和意义。《塔木德》中有言，我们祝福良善，也应该祝福凶恶。我一直觉得这句话很深刻。但直到现在，我才真正明白，向生命中各种祝福——"良善的"还有"凶恶的"屈服的意义。发生的事情都不应该被忽视。一切都需要我们关注、留心。从困难的挑战中，我们可以找到恢复精神的宝石。或者说，正如哈西德派大师多弗·贝尔拉比（Rabbi Dov Ber）所说："有时，我们要在灰烬中寻找一丝火花。"

太奇妙了，如此残忍的事，竟然会给我的生活带来这么多深刻的变化。当然，神秘之手正在发挥作用。"灵魂清算"①似乎澄清了这一点："如不接受自己的痛苦，就会感受到更加剧烈难忍的痛苦。"自一开始，我就努力接受自己的现状，知道这是我注定要承受的。这种想法解放了我的思想，让我积极寻求治疗。它为我打开了通往精神领域的大门，为沉思和冥想打开了新大门。破碎与灵魂之间存在深厚的联系。

躺在病床上时，我之前习惯的一切都消失了。没有计划，没有梦想，没有我之后要做什么、会成为什么样的愿景。我本来是一个很积极主动的人，所以这一切的缺席让我意外。为了治疗，我知道，我必须活在当下，放下我曾经自以为是的一切，放下我之前对人生的一切规划。放手令人悲伤，但并不令人沮丧。西纽尔·扎尔曼拉比（Rabbi Scnhuer Zalman）②写下的文字让这一点甚为分明："破碎之心不等于悲伤，相反，破碎的心中蕴藏着难以置信的生机。"在痛苦中，我找到了这颗珍贵的宝石。同时，我也收获了这个世界上的爱与美。的确，我不得不面对破碎的身体和受伤的心灵，但我也收获了无尽的关爱和同情，它们倾注在我身上，流动在我身体中，环绕在我周围。

医院的人总是问我，为什么大部分时候看起来都很开心。他们说："看看你自己，怎么还能笑得出来？"实际上，这个问题并不是针对我提出，而是针对他

---

① 犹太教徒迎接新年的方式。——译者注
② 犹太教哈西德派支派慧智学派创始人。——译者注

们自己。他们实际问的是:"如果我是耶胡达,我会快乐吗?"我想大家都会有这样的疑惑,都想知道自己如何应对毁灭性的危机,想知道危机是否会让自己崩溃。我们该如何面对痛苦?除此之外,我们还想知道,若真的被命运扼住咽喉,我们是否能亡羊补牢,让生活有所好转?

面对危机,我们需要克服三个主要障碍:面对痛苦;端正态度;将危机作为警钟或提醒。

痛苦

对医院,以及对所有患有慢性病或致人虚弱的病症的人来说,痛苦都很难处理。若未能得到妥善处理,痛苦就很难痊愈,我们就很难保持理智。然而,这不意味着能管控痛苦,生活就能恢复如常,这种说法违背事实。可悲的是,在我们生活中,人们害怕痛苦,却对焦虑和痛苦的信息麻木。我受伤之后,在医院病房看到很多人,拿完药就跑回去,等待疼痛消失。实际上痛苦分为两种:生理上的和心理上的。二者不可混淆,也不要认为身体上的疼痛消失,就能让心理上的伤痛痊愈。逃避生活的时间越长,麻烦就会越多。问题不及时处理,会变成朝我们大声咆哮的怪兽。

态度

无论生活中发生了什么,你都有能力选择你想成为的样子。让自己内心的价值成为引领,带着优雅、尊严、温暖、善良与悲悯,开启活在当下的心灵祝福。我不希望大家认为态度等同于完美、超脱或其他通常被归为精神层面的感性内容。要知道,身处苦难之中,一个人真的会崩溃。我自己有过这样崩溃的时刻,但我并不羞于讲出来。毕竟,我也并不完美。

清醒与重整

经过这次痛苦后,我回到现实生活,让在内心完成的改变,成为修炼灵魂的课程。要真正改变,很多人会感到恐惧。陷入生活的"电锯大屠杀"后,你就要面对一些重要问题：于我而言，生活中最重要的是什么？为了学习、改变以及由内而外的转变，我究竟需要做什么？要想找到方向和动力，我应该向谁寻求帮助或如何得到指引？

就我而言，我有意识地决定坚守内心，让内心的光成为灯塔。最重要的是，孩子们是我莫大的动力。我想让他们看到，在艰难困苦之中，会产生某些有价值的东西。我想让孩子们知道，他们的父亲，即使身处地狱般的境况，也不放弃生命中最宝贵的部分。现在，我每天都在清理自己的心房——给予和接受爱，与自己和他人活在当下，不再逃避，不再担忧，也不再拖延。或许我做得还不够好，但我会根据自己内心的价值观勇敢行事。

不要自欺欺人，认为神明位于他处，存在于其他超凡的经历中，存在于令人癫狂的幻想中。当我们关爱他人，将爱给予他人，那种充满内心的喜悦，就是生命中最深邃的体验。不妨问问正在与重疾大病作斗争的人，或者问问我在重症病房认识的朋友们，他们会告诉你，他们活着就是为了慢慢伸手拥抱他人，或说出祝福的话语。这大概是最讽刺的事情——生命中的危机爆发后，最好的我由此诞生。我发现了自己真正的力量，也发现了真正的自己。

魂断"9·11"

我住的地方有一家美丽的酒店,自称是"美国最古老的旅馆"。据说乔治·华盛顿早期曾入住此地。你可以想象他在这里用晚餐的场景:和朋友们坐在里面的房间,天花板很低,所以就连身材不那么高大的人进来时也要低头。2001年9月中旬的一个晚上,就在两架被劫持的飞机撞毁世贸中心的双子塔后的几天,我去那里吃了晚餐。从纽约向北,不到90英里就是这家小酒店,紧邻哈德逊河。在那个转折性的一天,从波士顿起飞的飞机很有可能就曾从美国最古老的旅馆上空飞过,正是大约250年前乔治·华盛顿住过的那一家。

在动身去吃晚餐前,我那一天基本上都是独自度过的:坐在户外,享受着9月甜美的阳光,内心五味杂陈。看着黄色蜜蜂成群飞向晚开的紫苑,我总是禁不住想到那两架飞机和飞机上的人。爱与悲痛煮成一杯奇怪的酒,在我破碎的心上来来回回流过,与我的泪水混在一起。虽然一人独处,我仍有与数百万美国人同在的感觉:仿佛那天我们整天都在一起,同杯共饮;仿佛我们一起参加了为三千人举办的葬礼,同时埋葬了这个国家的天真。下午过去了,斜阳照在秋叶透出的第一丝金色上,我已经哭到沉默。

跟丈夫到了酒店,我和一起吃晚餐的朋友们碰面时已经精疲力竭,不得不恢复到与人疏离的样子。或许是生完孩子之后,也或许是父亲去世之后,我就变得这样疏离。在这种状态,我最不想做的就是和一群健谈的人一起用餐,但毕竟聚会是提前几周就计划好的,况且还有外地的朋友赶来。

我们围坐在旅馆低矮房间的一张大旧桌子旁。我坐在丈夫旁边,自从9月11日之后,他就成了我的守护天使。更确切地说,是我赋予了他这样的角色。或许,我终于注意到他在这方面的作用。实际上,自从9月11日那天起,我就痛苦地意识到,自己对大多数人都缺乏了解:我很少允许别人触碰我的内心深处;我总是很武断地减损他人的人性。无论是我的丈夫、朋友还是美国总统,我一直忽略了他们真实的样子。我自己一直在和其他梦游者一起梦游。在日常生活中,我们都沉睡着,几乎被麻醉了,对每个人美好的梦想和善意默然无语。我们能否清醒一些?

那天,我为所有人祈祷——我之前从不会这样做。晚间新闻于我而言不过和体育赛事一样,我就像看台上情绪激动的球迷支持某支球队一样,看着他们摸索前进或丢掉比赛。但现在,忠诚逐渐膨胀。我不希望谁会丢球。我这次支持的是所有球队——马丁·路德·金所谓的"双赢"。我不希望自己的浅薄占据上风。如果我的理解有浅薄之处,我希望被比我了解更多的人征服。在我自己的智慧可及之处,我希望找到一种有效的沟通方式。突然之间,我意识到,倔强固执是对一个人精力和创造力的巨大浪费,承认自己过度自信和无能则体现了一个人的勇气。

我的祷告如下:

愿我不再厌恶那些持有不同意见或拥有不同信仰的人,希望我们所有人朝着胜利的目标前进。在这场胜利中,愿我们都能拓宽视野,找到持久的解决方案。请让我们不再关注改变彼此,而是看到彼此,继而帮助彼此。

我环顾来用餐的其他人,首先是我的守护天使,也就是我的丈夫。每次我有所抱怨或有所要求时,总会忽视他保护我的初衷。我丈夫另一边坐着的是一位知名作家,她正在和周围的人聊天,看起来像是迷茫的少女。我对面坐着的是两位忠诚的老友,他们在很多事情上都支持我的看法:政治上、艺术上、文化上。他们都是作家,也是文化专家——深邃的思考者,毕生致力于政治事业。两位朋友旁边坐着的是工作上的同事,在聚会时他们通常会大声讲话,非常幽默。但那天晚上,他们的心中仿佛也充满悲伤。我觉得,每个人似乎都穷于应对,希望在无助的海洋中找到自己的定海神针。

等晚餐的时候，冲向五角大楼的飞机上的人总是出现在我的脑海——仿佛情绪化的模式已经潜入了旅馆最里面的房间。我借口说去洗手间，但其实是坐在隔间里哭了一场。飞机上的人肯定知道，自己是恐怖分子实现阴谋的棋子——哪怕是在飞机冲向目标之时。飞机坠毁前，有些人会给家人打电话。一边是迫在眉睫的死亡，一边是极其严重的后果，同时意识到这两点是怎样的感觉？

坐在洗手间的隔间里，我仿佛伸手触碰到穿越时空隔开灵魂的奥秘。为此，我感谢飞机上的乘客。我不知道自己具体要感谢什么——或许是他们的尊严，或许我感觉到了他们离开时的勇敢和对彼此的温柔。他们搭乘那班飞机的原因我们永远无从得知，但他们完成了自己的使命，如同我们也会完成自己的。我现在能做的就只是见证，坚定信念，相信每个人都是故事的一部分——这是一部神话，情节复杂，潜藏着生与死、救赎与成长。

回到席间，两位作家朋友正说到保守派评论员芭芭拉·奥尔森（Barbara Olson）。她的丈夫是西奥多·奥尔森（Theodore Olson），在 2000 年颇有争议的总统选举期间，他曾在最高法庭上为乔治·W. 布什辩论。芭芭拉·奥尔森就在那架撞向五角大楼的飞机上。她用手机给丈夫打了电话，问他该怎么办，跟他道别，表达自己对他的爱。芭芭拉的命运尤其令我心痛——她为了给丈夫庆生，特意将航班推迟了一天。

"你不觉得最高法院大法官克拉伦斯·托马斯（Clarence Thomas）今天在芭芭拉·奥尔森追悼会上说得特别不妥吗？"一个朋友问。

"没错，我都气死了，"另一个说。虽然对政治不甚了解，但我知道托马斯大法官是芭芭拉·奥尔森一家人的密友。我之所以知道，是因为密切关注过 2000 年的总统选举。我那时每天看两份报纸，想尽可能多了解"敌人"一些。托马斯大法官出席葬礼应该是最高法院在总统选举方面沆瀣一气的有力证明。但在那一刻，我相信他只是作为西奥多·奥尔森的朋友出现，他是西奥多·奥尔森需要依靠的人。掀开蒙在心头的面纱后，我也摘下了角斗士的手套。

晚餐时的谈话却向着另一个方向发展。阵营在此建立，可以预见的责备随时出现。我忽然觉得疲惫,这很危险。我就像一根带电的导线,在暴风雨中折断,裸露在地面,只能祈祷没人碰到我,否则肯定会释放出强大的电流,让任何踩到我的人灰飞烟灭。为了调整谈话的方向,我问那位朋友:"难道今天不能把他们当成普通人吗?就一天也不行吗?一个星期也不行吗?他们已经失去了这么多,就不能把他们当成正常人吗?"

"不,对不起,我做不到。"我朋友回答,仿佛我对政党政治的突然变节让他感到了背叛,"尤其是在他们玩弄这种卑鄙的伎俩之后,尤其是在那次选举之后。他们太虚伪了,简直是罪犯。"餐桌上的人也认同这种观点。随着用餐的进行,谈话仿佛回到了9月11日之前的那些年月,我们坚持着自己的执念。但现在,禁锢的思维令我恼火。这种死板、僵化跟恐怖分子固执的自以为是有什么区别?我站起来,这一举动甚至让自己感到惊讶。

"我不知道自己怎么了,"我开口了,"我只知道,今天很多人都非常难过,无论是共和党人还是民主党人,无论是穆斯林还是基督徒,无论是男人还是女人,这都无所谓。要是我们现在都不能同情别人,什么时候才能?难道你们不明白现在将别人视为人有多重要吗?不明白把彼此放在心上会发生什么吗?都不明白吗?"这个时候,我已经开始啜泣,这种情况很少见。

这时,女侍应走过来。她一直在安静地听,忙着收拾隔壁桌。她也哭了,过来抱住我。"我这个星期都在'世界之窗'帮忙,"她说的是世贸中心顶层的餐厅,"周二那天,我失去了50个在那边帮忙供应早餐的朋友。"大家都陷入了沉默,如雨水落在干燥的田野和大地。"今天晚上,你们唯一应该谈论的是生命的宝贵,能活着是多么幸运,相互关爱是多么重要。"她站着抱住我。"你们多么幸运啊。"她小声重复道,泪水从脸上滑落。接着,她用围裙擦了擦眼泪,开始干净利落地收拾桌子。

用餐快结束时,我们像小朋友一样,把碟子递给服务员,谁都没有说话。一种安静的悲伤——可以说带着某种神圣——降临在大桌子上——在美国最古老的旅馆的小房间里。同一个房间中,不同的美国人在这里用过餐,争执过讨论过,经历了250多年的战争与和平。我们是下一批接受考验的人。我们是否能帮助自己的国家以及所处的世界将恐惧转化为理解，将仇恨转化为同情，将失去转化为改变？我们能否挖掘彼此最好的一面，而非将同胞逼入被动防守的角落？

我们坐着，陷入沉思，直到有个朋友说："我认错。我被一个疯狂的女人和一个女服务员给纠正过来了。"大家都笑了，连女侍应也不例外。晚餐结束，我们准备起身回家。

温暖的九月晚上，回家路上的我，发现自己又想到了飞机上的那群人，想到他们加速穿过天空走向死亡的场景。我放松了对生活的控制，直到和那些人一起分享当时的恐惧。最终，我明白了一个秘密——每个临近死亡的人都知道的秘密：我们终究会发现自己心中有无数的爱，对孩子们、对伙伴们、对家人们、对朋友们、对我们认识的每个人、对这个无比可爱的世界上遇到的每个人。重要的是我们做过什么善事，而非期望别人做什么善事。

中国智者老子就说过：贵大患若身。这仍是我们现在真正要做的：每个人都应该用心底的美好接受世界上的不美好。我们都应该发挥主观能动性，积极摆脱陈规旧习和迂腐的忠诚，代之以更大更广阔的胸怀。现在，我会让更多人进入我家庭和团队的小圈子：世界上因战争而变得坚强的穷人，目光短浅、吞噬世界资源的企业家，心胸狭窄、坚持以简单的答案应对神秘宇宙的宗教狂热分子等。在扩大圈子的同时，我仍旧会坚持自己的信念。

坐在没开灯的车里，我的守护天使开车穿行在黑夜中，我觉得上帝之手改变了我对一切的看法。我感觉上帝就如同女侍应，而我就是被擦拭的红酒杯。上帝抓住杯脚，将我转来转去，清洗杯子上的污渍，让我有一天能像她一样看清这个世界。

重塑内心，关爱他人

在欧米茄学院主持最初几期工作坊时，我认识了莎伦。尽管她说得不多，但让我很受触动。后来，她给我写过一封信，我一下就想起了她。虽然她比我大，而且是一位成功的家庭治疗师，但仍发自内心地信任我。接下来的几年中，我们经常通信。最近的一封信中，我请她总结了一下自从第一次见面到现在所经历的一切。信的内容如下：

当时我正处在迷茫的45岁。外人看来，我是一名医生的妻子，两个男孩的母亲，一位受人尊敬的专业人士。但我内心深处却觉得婚姻很糟糕，工作似乎失去了意义，孩子们也都已经长大。我感觉自己躺在一潭死水中，不知道如何继续。

这时，我们接到了电话。我在意大利留学的儿子——20岁的杰夫，永远留在了罗马，倒在台伯河边。没人知道究竟发生了什么，一切永远是个谜，最可能的情况是哮喘发作。他坐在墙头，在夜晚跌落，所以没人听到他的叫喊。那些人说，杰夫手里抓着一根树枝。我不敢想这个细节，但在接下来的一年中，杰夫跌倒、挣扎、抓住树枝、掉落、痛苦的场景反复出现在我的脑海，那绝对是想象中最黑暗的画面。我当时很想一死了之，因为活着特别痛苦。我从未想过，自己深爱的两个孩子中会有哪个先我而去。我对杰夫的爱溢于言表，我需要他。我当时并不知道这一点，我当时什么都不知道。这是生活下一阶段的开始。

杰夫的去世使莎伦的内心世界崩塌。这是她的转折点，自此，她在婚姻、工作和最深刻的自我意识方面发生了重大转变。有一段时间，莎伦深陷悲痛之中，要面对丧子的悲伤、婚姻的痛苦以及对生活本身的恐惧。她总觉得自己似乎无法从杰夫去世的痛苦中抽身。"他的死成了反射我自身痛苦的镜子，"莎伦这样写，"从某种角度看，别的事情都不至于如此。痛苦的镜子映照出更多的痛苦——就像是哈哈镜，扭曲一切，放大一切，让所有的东西显得更可怕。"

从某种意义上说，杰夫的死就是莎伦的死，也是她的重生。这件事把莎伦带入了阴影，让她找回了重新开始生活所需要的东西。有些人只需要几个月或几年的时间就能恢复，但有些人则需要更长的时间。对于坚持通过这个过程获得治愈和完整的人，我深表敬意。孩子去世、婚姻结束或职业生涯断裂等都是人生巨大的损失，可社会却期望我们可以迅速重新出发。我钦佩那些违背这种期望的人，如果没有经历磨难就走到终点，就会发现磨难正等在那里。它不会凭空消失。反之，磨难会愈演愈烈，我们会以意想不到的形式体验到它带来的痛苦。

有一段时间，莎伦离开了丈夫，尝试没有对方的生活。这段勇敢的旅程花费了很多年，将她带到了自己从未探索过的领域，最终不仅让她挽回了婚姻，还让她更强烈地意识到自己是谁，自己钟爱什么，以及自己能为世界作出怎样的贡献。现在的莎伦是一位屡获殊荣的诗人，是监狱中年轻女性的导师，是心怀感激的妻子，也是为另一个儿子的孩子而感到骄傲的慈爱祖母。她这样写道：

> 坦白说，我还在挣扎之中，但回报很丰厚：我就在当下，能感知自己的内在，知道自己的生活正经历什么。由于不再隐藏，所以我可以有所选择，不必再次进入黑暗而重生。我选择与丈夫保持婚姻关系——我全身心投入，这些我此前根本做不到。我一心一意地爱着我丈夫的一切。明天是杰夫的34岁生日，这么多年过去，我不再像之前那样渴望杰夫还活着的样子。我对自己失去杰夫、失去青春、失去机会而深感悲伤。但更重要的是，我认识到这是我要走的路，苦难就是我的老师。我想我要说的是，经历过"灵魂"死亡之后，我可以更好地应对生命的无常，因为我真的活在了当下。

我记得另一位来参加工作坊的女士。她无法将同样巨大的失去作为推动内心改变的巨大动力。她的丈夫不久前去世了,只留下她和丈夫上一段婚姻中已经成年的孩子。工作坊中,这位女士痛哭流涕,告诉大家她永远无法原谅自己,因为在他们的婚姻中她并没有全心全意地对待丈夫。丈夫一直想让她接纳自己上一段婚姻中的孩子,但这位女士始终没能做到,因为那件事太难了。可现在丈夫离去,一切为时已晚。这位女士觉得自己让丈夫失望了。我告诉她,她现在仍然有机会补偿:接受继子,关爱他们。可她说自己做不到——孩子们会跟她要钱,让她的生活变得更艰难。然而,工作坊期间,每当回忆起自己对待丈夫和丈夫家人的方式,她就会泪流不止。

失去会揭示关于自己内心的某些真相,如果不愿意面对失去,我们就相当于浪费了一个宝贵的改变机会。悲伤虽然深刻,但也可能成为情感的出口,让我们避开整个旅程最有意义的部分。如果我们历经过凤凰涅槃的艰难,那么失去挚爱时,就会发现自己将收获更多的爱,哪怕我们从不曾发觉它们的存在。在《漫步夜色中》(*As I Walked Out One Evening*)这首优美的小诗中,W. H. 奥登[①]揭示了凤凰涅槃的本质。

> 噢!站在窗边
> 任滚烫的泪水滑落;
> 你要爱你驼背的邻居,
> 用你扭曲的心。

一颗因失去和改变而扭曲的心,正是一颗可以关爱世界和世界上不甚完美的人的心。1995年,俄克拉荷马城默拉联邦大楼被轰炸时,有个人失去了自己的哥哥。之后,那个人写道:"太可怕了,但现在我经历了另一种生活。这种生活更深刻,让我在更深的层面与人们建立了联系。"莎伦肯定会认同这一点。

[①] W. H. 奥登(1907—1973),现代诗坛名家,被公认为艾略特之后最重要的英语诗人,1968年获得诺贝尔文学奖提名。——译者注

第三部分

萨满情人

从大屠杀中幸存、忍受失去孩子的痛苦、与无法治愈的疾病共生、目睹恐怖事件或亲身经历创伤——这些都是凤凰涅槃中最极端的痛苦。带着开放的心经历过其中一个，你就能为我们照亮穿过森林的小路。

我自己经历的凤凰涅槃之旅可能没有那么痛苦。然而，迄今为止，相比之下，婚姻的结束和家庭的解体带给我的改变远超其他人。我将亲密关系视为个人成长和转变的强大催化剂，相信很多人都有同感。尽管工作的辛苦和生活的艰难已经将我的身心打碎，但家庭破碎带来的痛苦最能唤醒我。没有什么能比婚姻解体后那段独处的时光给予我更多力量；没有什么更能激发我对生活的热情，更能让我意识到女性身份的觉醒。有史以来，最伟大的故事都是从焦土中找到一条小路。

于很多人而言，失败的婚姻最能影响他们的凤凰涅槃之旅。这种经历很原始——甚至是危险的。激情、性以及婚外情的阴暗面都会点燃枯萎的心，将生命烧成灰烬。同时，爱神厄洛斯搅动了人们的身体和心灵，使灵魂之水再次灵动起来，为人们重生提供滋养。这是古已有之的过程：死亡中孕育着生机。

我自己凤凰涅槃的过程是婚姻的结束以及新生的开始。但我也认识很多夫妻，他们能一起熬过来，开启新生活，因为他们的婚姻经受住了这个过程的考验。在凤凰涅槃的过程中，燃烧的、死亡的不一定是婚姻关系本身，也有未经考验的理念、未能表达的真相以及爱人之间受到压抑的能量。此外，从灰烬中重生的是更有活力、更加成熟的个体——他们学会了如何给予并接受爱。

我不知道是否有捷径，能让人从亲密关系带来的痛苦中破碎重生。心痛令人手忙脚乱，通常会牵扯全家所有人。夫妻双方或一方想要保留的部分可能会引发冲突，继而会引起家庭内部的混乱，但很多人仍会选择继续，哪怕婚姻关系正逐渐萎靡。有时候，人们会转移注意力——关注工作、孩子或艺术——寻找自己渴望的活力。我对此不作评价，只讲述自己的经历：这个经历中的女人曾经将自己的心包裹，直到它终于破碎进而绽放。

离开父亲的家

> 有一种吻，
>
> 我们冀求终生。
>
> ——鲁米

我有三个姐妹，我生了三个儿子。我在女性占大多数的家庭中长大，却打造了一个男性占大多数的家庭。无论在家里还是在办公室，我面对的主要是男性。然而，还是个孩子时，我的世界基本上都是围绕着女性运转。家里多是女性——妈妈、姐妹们、我们的女生朋友、我奶奶，还有一位老阿姨。对了，家里确实有一个男人：我的父亲。虽然数量上不占优势，但父亲仍旧是这个小星系的太阳，与众人保持着距离。父亲的意志主导着家庭，但经过了女性的过滤，我们的服从中夹杂着尊重与怨念的危险组合。

父亲是个特立独行的人。他崇尚自然，喜欢阅读，争论政事，收集旧物，也会以各种富有想象力且鲁莽轻率的方式修理房屋。如果有的选，他会成为一匹离群的狼。但现实生活中，他作为丈夫、父亲、纽约某家广告公司的创意总监，总是容忍家庭的不便，在社交场合大展风采魅力。控制就是他管理人际关系的方式。

母亲告诉我们，父亲是家里的独生子，所以才会有那种咄咄逼人、以自我为中心的行为，仿佛这一事实足以让人宽恕他那种"高高在上"的做派。父亲在家时，我们只有两种选择：要么按他说的做，要么干脆什么都做不成。比如，谁都不能赖床，下午不能闲着，打电话时不能随意瞎聊，用餐时不准谈论"女生的事"。周末，我们就都成了他那支军团的士兵，他自己是将军。要是他想去新罕布什尔州爬山，那就会给妻子和四个女儿布置任务，接着开车五个小时，带着我们在怀特山爬上爬下好几天。没人问我们是否愿意去，因为这个家里默认的模式是，父亲做什么，我们做什么，不许多问，不许抱怨。就算是我们感冒了，如果有作业要做或需要参加社交活动，父亲的要求依然是：只要他要去，我们就得一起去。

我就这样度过了童年，有时候，除了爬山、滑雪或远足，我们也会帮助父亲打理花园和菜园，或者在沙丘中跋涉几英里，在大西洋海岸找一个四下荒无人烟的地方待着。我们这些女孩（他这样称呼这支部队）几乎每个周末都会向母亲抱怨，说周末总要出门，所以错过了朋友的生日聚会、学校的戏剧表演，而且无论什么季节，都得暴露在恶劣的天气中。然而，我们仍然钦佩父亲无所畏惧的怪癖，我们也逐渐喜欢上了户外活动。只是，说到对父亲抱有何种感情，我们自己心里也不清楚。

我对家里女性成员的感情更确定一些。从那个时代来看，我母亲是个不同寻常的女人。她操持着家里家外的大小事宜。首先，她为女儿们打造了一个丰富多彩且兼收并蓄的世界，教我们如何布置一个家，教我们唱歌、绘画和写作，教我们如何在照顾家庭的同时兼顾事业。后来，她还重回学校，在养育四个女儿及教授高中英语的同时，获得了硕士学位。她在我们镇上积极参与政治和社交活动，拓展了我们看待世界的视野，鼓励我们心怀好奇。然而，父亲的喜好仍占据上风，妈妈会放下自己的计划配合父亲，克制自己的需要，首先满足父亲。

从姐姐妹妹那里，我学会了如何与女生相处——如何和女生一起嬉笑、哭闹、拌嘴，跟她们开玩笑，在她们沮丧时施以援手，并因她们的幸福而快乐。从奶奶还有老阿姨那里，我学会了一些古老的技能：烹饪、缝补、八卦。但没有人教我如何与男性相处。由于父亲总是高高在上，与我们感情疏离，所以我并没有将男人视为地球人，相反，我将男人都归入神秘的太阳系，渴望与之进行有意义的接触。

离开父亲的引力后，我对异性一无所知。回想起来，从父亲的世界，离开进入其他男人的世界，这个过程像不会跳舞的人在跳一支舞，我尴尬到有些难以自容。我发现，令人痛苦的跌倒会被惊艳的跳跃所平衡。我迈着舞步离开家时，似乎并没有练习好舞步。从懵懂无知的女孩到成熟的女性，我在整个过程中并没有表现出优雅的样子。不过，与其他人生体验相比，我与男性之间毫无优雅可言的关系使我破碎得更彻底，也令我改变、转型得更彻底。

鲁米说，有一种吻，我们冀求终生。离开了父亲的家之后，我就开始寻找那个吻。至于究竟该如何判断它的出现、存在，对我来说仍是个谜。妈妈告诉我们这些女孩子，爱是浪漫的幻想，值得信赖的是理性的生活。父亲对爱这个话题按下了静音键，如同对待其他所谓"女生的事"。但我内心生来就有一种渴望，我想要那个吻——那种与另一个人在身体和灵魂上都融合的感觉，无论对方是伴侣、朋友还是上帝。我想要那个吻，但我羞于终生渴望它。我漫不经心地追寻着它，同时觉得这样非常愚蠢。我会偷偷写诗、读小说，殷切地向这个家里不受欢迎的神灵祈祷。我父母认为信仰宗教是人类智力低级的表现形式。虽然妈妈确实给我们读过《圣经》中的章节，不过她很明确地说，这些是神话故事，读它们是为了思考背后的意义，进而获得智慧。但我没这样看待这些故事，我为耶稣着了迷，我想去教堂。

有一段时间，我会和最好的朋友一家人一起参加天主教的弥撒。这是为了寻找那个吻，或许它就在祭坛的红酒和薄饼里，或许就在忏悔室的黑色幕布后面。我还梦想着成为修女，嫁与耶稣，将生命献给上帝。圣灰星期三①那天，从教堂回家后，我额头上的黑色污迹差点没让姐妹们笑死。

有一天，我和朋友坐在校车上，她悄悄地对我说，就算我余生每个周日都去做弥撒，也还是会下地狱，因为我不是天主教女孩。自那之后，我再也不去教堂了，转而在自己的卧室，对着约翰·肯尼迪遇刺后我挂在墙上的照片祈祷。

在教堂找不到那个吻的我，便转而从书籍中寻找，之后也在派对、政治和大麻中寻找过。上了大学之后，我会参加反战游行，通宵参加摇滚音乐会。有一段时间，一个人在纽约上大学的兴奋，暂时缓解了我的渴望。我对那个时代所有的领域都倾注了激情，只有一方面除外。尽管我有过一两个男朋友，但我羞于承认。尽管我已不是处子之身，但我从未失去本心。性，自始至终都不是我终生冀求的那个吻。

和后来成为我第一任丈夫的男人开启人生新旅程时，我的随身行囊中装满了

---

① 圣灰星期三是基督徒的忏悔日，源于为纪念耶稣之死在信徒前额放置圣灰。——译者注

渴望。我别的行李都没带——没有经验、没有培训、没有明智的建议、没有磨炼出的直觉，在亲密关系的丛林中，我还是个新手。在我需要他、他也需要我时，那个魅力四射的年轻男人就这样来到了我的生命中。命运安排我们这两个刚离开童年之船的难民相遇相伴。我们都还没有在各自的感官肉体中定居，对异性知之甚少，甚至不知道如何将男女之间的紧张转化为激情，也不知道如何通过交流跨越分歧的鸿沟。相反，我们点燃了彼此的相似之处——探索的精神、开放的思想和初生牛犊一般的气质。我们就像兄弟和姐妹，携手走进广阔的世界。我们两个的很大部分都藏在地下，隐藏了很多年后，终于都准备通过自己的方式冀求终生想要的那个吻。

婚姻的数学题

未被意识到的部分，

将会成为我们的命运。

——荣格

我和第一任丈夫做过很多年轻夫妻都会做的事情，不知不觉重复了父母的婚姻，在彼此身上发现了看似能带来安全感的特质，因为这种感觉很熟悉，所以我们陷入了潜移默化地从父母那里习得的模式。尽管和妈妈一样，我也知道女人和男人一样能干，但在另一方面我也很像我的妈妈——我潜意识中认为女性并不如男性那样有价值。我并不尊重自己的声音，甚至不去倾听自己的声音。我只知道，有时我的价值观与丈夫的不同，是自己的价值观不如他的那般可信。作为夫妻一方，以及之后作为家庭的一部分，我认为自己的需求次等重要、次等优先、次等真实，而丈夫的价值观则似乎非常真实可靠，如同他父亲的和我父亲的。

刚结婚的时候，我很不自信。如果我们对某件事——从政治到私人问题——有不同意见，在我听从丈夫的想法时，总会感到愤怒中混杂着悲伤的情绪。妇女运动不是教过我吗，女性与男性同样聪明、同等优秀、同样平等，那么为什么我会不由自主地怀疑自己？在我想说话而他想沉默的时候，我总觉得是自己做得不妥；如果我喜欢某个地方、某个人、某场电影或某种食物，而他不喜欢，那我总会下意识地认为他是对的。

我是很聪明，但对夫妻关系和人生计划中非常重要的内容，我还是无法清晰地表达自己的意见。我屈服于他，不仅是因为他强势且有说服力，也因为我没有相信自己的直觉和内心的感受。我的女性之心在身体中沉睡。那些朴实、肥沃、感性、激烈、柔情、温和的部分，就是某些人所说的"女性本源"，被困在文化和童年的层层封锁之下。我需要这部分的自己,我的婚姻也需要。我生怕总有一天,对这部分的无知,会像荣格所说的那样成为我的命运。

随着时光的流逝,我将自己失去女性价值的愤怒和悲伤深埋起来,将注意力转向事业。毕竟,我们要做的很多。一开始,我和丈夫就是"远大前程"二人组,有理想,有规划。在一起的短短几年中,我们就成了某位精神导师最虔诚的学生,成了导师所在社区的领头人,共同创办了欧米伽学院,而且同时承担着医生和助产士的角色。打个比方,我们之间仿佛总有第三人——导师、工作、同事,之后还有孩子们。我们自己会确保第三人一直存在,因为两个人共处一定会暴露彼此的不安,毕竟我们都不知道该如何培养亲密关系。我们继续着忙碌的生活,仿佛两个人是汉堡坯,余生是三明治的夹层。隔开我们的夹层越来越多,我们两个之间的距离也越来越远。

30岁时的我已经结婚10年,有两个年幼的孩子,一栋漂亮的房子,从事有意义的工作,但在我内心深处,始终有一个黑洞,里面塞满了我还没有意识到但注定存在的渴望。我爱自己的儿子,那种母爱独立于其他感情而存在,仿佛母亲都有两颗心和两个身体——一颗心关爱孩子们,另一颗心关心世界;一个身体哺育孩子们,另一个身体在时空中穿梭。在母爱的世界里,我生活得很好。这个身体帮我打理好这个家,做晚餐,为孩子们擤鼻涕,还能与他们相依相偎;而这颗心让我为孩子们讲睡前故事,被5岁孩子的笑话逗笑,被小男生的甜蜜征服。然而,在另一个世界里,我的心非常沉重。我的身体呢?好吧,我的身体还没成熟。

每天早上醒来,我都在思考,这是不是就是生活的样子?我会在脑海中一遍又一遍地进行情感的数学运算,最后总会得出相同的答案。我会构建这样的等式,A表示孩子、工作或朋友,B表示婚姻,C表示我的生活。在方程中,A部分,我感觉很好,有时甚至活得多姿多彩。但如果我进行数学运算——$A+B=C$,那么等式自动不成立。如果我将B移出等式,那反而会觉得自己可以在早上好好醒来,继续生活。这是通过抽象的思考将婚姻从生活中移除,可我实际上并不是那种会拆散家庭的人——或者说我自己这么认为。

显然,婚姻沉重到能拖垮我的生活自有原因。丈夫埋首于工作,我致力于养育孩子。他对一切都不太上心，我则时常先入为主。婚姻初期，他破坏过我对他的信任，所以我无法原谅他——事实上，在很长一段时间，无论生活中出现怎样的不良状况，我都会将之归咎于他。用童话作比喻，他就是彼得·潘，我则是那个唠叨婆。我们的婚姻变成了练靶场：我向他埋怨，他选择回避。

但婚姻就是如此：每场婚姻中都可能发生导致离婚的事件。但这并不意味着所有婚姻都应该解体，也不意味着离婚就代表灵魂的残骸会自然而然地能从海底被打捞起来。比起离婚、换工作或脆弱的生活遭受危机，灵魂的重生是一项更艰巨的任务。

认真对待灵魂的麻木非常重要，所以我们应该重视内心，无畏地面对自我隐藏的部分。荣格说，重要的是我们要让意识之光闪耀在生活黑暗的角落。他还说，未被意识到的部分，将会成为我们的命运。

我和丈夫婚姻的最后几年，命运向我们传递了几条关于婚姻状态的信息。我总觉得疲惫，但说不清楚原因。他在工作中总会觉得焦躁不安。我们离开了公社，离开了心灵导师，还搬了家。但没有哪种做法能够解决"婚姻数学题"。我一遍又一遍地演算，想让 B 部分如 A 部分一样活跃，好将二者叠加，快乐地生活，但没有做到。我觉得内心深处有什么将我往下拽，命运很难转变。

萨满情人

当我们获得勇气，
为恶重新施洗，
使之成为大善，
生命伟大的新纪元就会到来。

——尼采

按照某些文化传统，深陷危机或心痛难抑的人会咨询萨满——在社会中享有崇高地位的巫师或疗愈女巫。他知道，只有融合了黑暗与光明，一个人的痛苦才能被治愈。

有人或许会说，我与萨满情人的共舞只是婚外情的借口和幌子。和他开始之前，我也这样想。我会毫不留情地批评那些奸诈狡猾、不守道德的人，质疑他们明辨对错的能力。但现在我明白了，如果只向世界展示光明的一面，阴影就会抗议，吞噬大部分的能量和热情。为了释放自己被困住的能量，唤醒自己最优秀的品质，我必须与自己的黑暗面较量。我必须看到，我对他人有偏见，担忧发生在他人身上的事，同样也会发生在自己身上。我必须完全敞开心扉，让自己去拥有、去原谅、去爱。在我自由探索世界之前，我不得不先离开纯真的花园去品尝苦果。

古往今来，智者都谈论过黑暗能量，用拟人化的黑暗神祇、恶魔和自然力量为其命名。从希腊传说到《圣经·新约》都是如此。如果有困扰我们的梦境，如果生活中出现了邪恶的力量，不要逃避。否则，被放逐、被惹恼的阴暗自我就会获得胜利。荣格说，人们往往会变成自己忽视或反对的那种人，所以他引导病人不再抗拒邪恶，而是转化它、救赎它。他这样写道："让优良的品性之光服务黑暗。"

或许，哲学家尼采会说我与萨满情人之间的交往是"伟大的新纪元"。他说：

"当我们获得勇气,为恶重新施洗,使之成为大善,生命伟大的新纪元就会到来。"你的伟大新纪元与我的相比,或许会牵涉不同的萨满力量。或许,你会因为导师、宗教领袖或顾问滥用力量背叛你而不得不面对阴暗面;或许,你会被某个肆无忌惮的朋友吸引,跟随他或她走入自己从未想象过的生活;或许,你会臣服于毒品或酒精,也就是某些人所谓的萨满之物,看到自己的阴暗面。

如果善于学习,那一个人就不会在黑暗世界停留太久。但你也有可能如我一样,需要更深层次的努力,生活可能不得不发生改变,你或许会变成陌生的样子。你要停留足够久,面对并承认自我被放逐的部分,才能获得尼采所说的更高层次的勇气,进入伟大的新纪元。

很多人都跟我谈过自己在黑暗世界的经历,他们都在沉沦的过程中付出了沉重的代价,但学到的东西和获得的成长却使他们受益匪浅。来参加工作坊的人中,很多都在为重大决定而挣扎,也有很多因内心的困境而丧失了部分信念。如果能明智地运用黑暗能量,他们就会成为更好的人、更好的伴侣、更好的父母。我和朋友去参加过匿名戒酒会,看到有些人将恢复的过程当作获得自我意识之路,我总会为他们的勇气落泪。我曾与遭受过暴力的女性相处,其中那些面对自己内心恶魔并作出改变的人,最终都带着全新的力量和全新的自我开启了全新的人生篇章。

瘾症、婚外恋情,进入充满激情与爱欲的黑暗世界的旅程,这些都是神话的题材。珀耳塞福涅离开了母亲的花香世界(有人说是她心甘情愿的,也有些人认为她是受到了诱拐),与冥王哈迪斯相伴。由此,珀耳塞福涅发现了自己缺失的部分,成为真正的女人。纯洁的伊南娜坠入黑暗,失去了纯真,进而以爱之女神的面貌再次出现。但丁的朝圣者穿越地域,寻找真正的爱与生活。翻译了但丁《神曲·地狱篇》的马克·穆萨(Mark Musa)称:"离开黑暗丛林的唯一道路就是堕入地狱。要想登上洒满阳光的大山,唯一的方法就是先下坡。人,必须先谦卑地低头,才能将自己带到上帝面前。希求登上救赎的大山之前,人首先要知道恶的面貌。朝圣者从地狱走过,心里希望的是:见识所有的恶,为面对上帝做好必要准备。"

我不希望谁会坠入地狱。但如果想了解自己，你必须经历天翻地覆的转变。如果萨满的影子出现在前进的道路上，且你转身随他而去，我会为你祈祷，希望你能正确地借助这股力量。我希望你最终能对自己的所作所为承担责任，将所有的毁灭、破坏用于重建更高的自我以及更灿烂的生活。

　　我跟随自己对这个吻的渴望进入黑暗世界。我不知道自己会发现什么，不知道自己被遗弃的女性之心就在那里。我没有意识到自己缺失的部分——我的激情、身体、谦逊、快乐——就在那里。我也不知道，我将不得不面对自己的麻木、自负、愤怒和悲伤。我一无所知，只是跟随内心对那个吻的渴望。

　　向下的旅程让我失去了婚姻、稳定的财务，以及损坏了我在家人和朋友心目中的形象，破坏了我在工作中的声誉——这是凤凰涅槃要付出的昂贵代价。但相较于我的收获，这个代价非常合理。我终于进入了爱的领域。我成为有情之人，学会了如何接受爱、给予爱。现在的我还在学习，但一切始于当时，始于我和萨满情人坠入的黑暗世界。

十字路口

厨房餐桌的一边摆着一张古董长凳,用粗糙的松木拼接而成。它早该被淘汰了,因为很不稳定,与其说是家具,倒不如说是游乐场的跷跷板。凳子一头的人突然站起来,另一头的人就会摔倒在地,很多亲朋好友都吃过亏。我父亲80岁生日聚会时,他之前的老秘书就因为另一头的客人突然站起来而一下摔倒在地,食物和酒洒了一身。"该死的凳子!"我大声向那位女士道歉,"我真该把它扔了。"虽然她被吓了一跳,但好在没受伤。

但我舍不得扔掉它。每次坐在上面,我都会记起地下世界之旅到达十字路口的那一刻。伟大的荣格派分析师和作家玛丽安·伍德曼(Marion Woodman)说过:"生活中,无意识的部分与有意识的部分相遇时,也就是永恒与瞬间交汇以及更高的意志让我们放弃自我时。"这就是我们来到那个神秘的十字路口的时刻。

当年,我就是坐在厨房的这条长凳上,无意识的行为与清醒的意识相遇,我知道自己必须结束婚外恋。那个上午的情景历历在目,即便已经是几年前的事,也像早上才发生的一样。我坐下来用餐时,长凳上的毛刺和摇摇晃晃的桌脚总会再次带我回到那个十字路口。我记得当时的我坐在长凳上,空荡荡的房子里四下寂静,我的心扑通扑通地跳着,从未有过的悲伤与恐惧令我泪流不止。我不记得那是什么季节,不记得是周几,不记得是几点,只记得我终于明白了——仿佛断头台的刀即将落下——我熟悉的生活已经结束。

那时,我刚从圣达菲回来,刚跟拖车停车场的疗愈师见完面。旅行令人疲惫,疗愈师的话也让我震惊,把孩子们送到学校后,我坐在长凳上。疗愈师的话在我耳边响起,我听到她问我,我自己的灵魂想要什么。有史以来第一次,我对自己承认，灵魂想要的是真相。"真相是什么？"我问自己。要是疗愈师坐在长凳的另一边，那答案就会脱口而出：真相就是婚姻在好几年前已名存实亡，萨满情人也从未想过要全心全意和我还有我的孩子们度过一生。我当时已经焕然一新，所以两种关系都不可能继续。为了自己，为了丈夫，为了孩子们，为了萨满情人，是该说出真相了。对光明原始而迫切的渴望——一如让我陷入此种境地的渴望——攫住了我，全新的勇气溢满全身，促使我抓起电话。我打了两个电话，第一个打给丈夫，第二个打给萨满情人。

放下电话，我坐回到长凳上，身处真相的孤岛。我放声大哭，把积攒了好几个月的眼泪全部释放出来，那是混杂着羞愧、恐惧、屈服和解脱的泪水。我知道，放弃婚姻就是放弃我永远无法重建的珍贵组合。我无法再带着那种天真与其他人缔结婚姻。小说家罗伯逊·戴维斯（Robertson Davies）说过："人总要付出天真，才能了解自己的奥秘。"我正在学习奥秘——我自己的奥秘——以天真和婚姻为代价。毕竟时机已到。

我也知道，离开萨满情人，我将无法再次疯狂、放纵和盲目地爱上谁。我害怕放弃曾经拯救过我的爱情，但我也心知肚明，与萨满情人共同发现的一切是我可以保留下来的。即使我无法再次坠入爱河，一次也已经足够。有了这一次，我们便不再将自己献予他人，而是能够爱上生活本身，这才是可以永远持续下去的。

在圣达菲去见疗愈师的前几天，有个朋友带我去了山上的天然温泉。泡过硫黄水后，一位墨西哥女士为我们裹上了羊毛毯，带我们到小床上休息，小院子里洒满阳光。我不知道躺了多久，也不知道自己看到的是梦境还是幻觉。无论是什么，那绝非寻常的梦境。它似乎非常真实，几乎比生活本身还真实。

我在沙漠中，朝某个暗影走去，那是我唯一能看到的东西。靠近后，我才发现那个暗影是段被烧焦的树干，孤零零地矗立在沙漠之中，周围都是沙漠岩石和残株断芽。黑色树干后面走出一个最近因白血病离世的亲密朋友。我走向她，这个过程中，我变成了她，孤零零地站在被烧焦的树干旁，也已经死去。沉重的悲伤压碎了我的心。我死了，沙漠也是死的，树被烧焦，同样死了。我坐在树干旁边等待着。这时,我的萨满情人出现了,他把手伸进树干上的一个洞,掏出来各色宝石——绿松石、珊瑚、石英。接着,他面向我,喂我吃掉宝石。我一下便觉得宝石给我带来了温暖和快乐。接着,就如出现时那样突然,萨满情人消失了。我被留在原地,但已经不再是死的,而是活着的,内心有明亮且坚强的物质在燃烧。

进入地下世界的旅程永远不会带来我们害怕的结果,其核心是黑暗变成了光明。我与萨满情人的互动带我步入黑暗。我们之间的关系让我见到了自己曾经隐藏的一面——充满惊艳、激情、爱欲的一面,还有可怕的、消极的、具有欺骗性的一面。走到十字路口——坐在厨房长凳上的那一刻——婚姻和婚外恋的盘子摔碎在地上,我剩下的就是最人性化的自己。我不再假装自己可以拥有完美的生活,知道自己并不完美,既带着罪过,也带着爱。从那时起,我不再因发生在自己生活中的一切责怪他人,也不再指望有谁会来拯救我。生活是我自己的,我应该用自己最好的一面为我的恶重新施洗。

离开黑暗世界向上的过程中,我发誓要将理想化的世界抛诸脑后,发誓要每天工作,将恐惧转化为坦诚,将责备转化为责任,将傲慢转化为谦逊。我想用自己的羞愧换取某种智慧,进而拥有幸福、善良、勇敢的生活。这就是我在十字路口所做的决定。那天,我选择了一条不同的路,也就是疗愈师所谓的真理之路。这条路并不好走,但会一直通向自由。

与萨满情人的分离令我们都很痛苦,我花了很长时间修复婚外恋造成的伤害。前夫与我尽力带着尊严和公平离开彼此,但离婚仍令人觉得折磨,仍扰乱了我的生活。我在工作中的角色永远转变了,变化有好有坏。此外,我的经济状况倒退回几年前的状态,但我可以自由地探索自己具有创造力的其他方面。我的家庭、孩子还有自己作为母亲的角色也发生了巨大变化,这些内容将在下一部分提到。凤凰涅槃的过程让人痛苦,但也令人解脱,这一点无可回避。伤口可以愈合,解脱却没有止境。结束地下世界的旅程,在逐渐向上的过程中,我感觉自己的人生碎裂了,但我异常平静。原来的自己就像紧紧闭合的花苞,如今我冒着失去一切的风险,绽放了——我经历了破碎后的重生。

歌德的连环信

什么时候你还不解

这"死与变"的道理,

你就只是这个黑暗尘世里

一个不安的访客。

——歌德

初遇时,汤姆——拖车停车场的疗愈师所说的"在震动的名字",会成为我伴侣的人——将歌德的一首诗作《神圣的渴望》(*The Holy Longing*)送给我,诗的结尾就是引文的几句。诗的最后有一张便条,便条上写着:"我只想和已经死过的人在一起。"幸运的是,我明白他的意思,换作别人怕是会马上报警。送一首关于死亡的诗很奇怪,可这种用歌德的忧郁诗诱惑女性的男人,就是让我着迷。

汤姆有过一段14年的婚姻,比我早几年离婚。我们第一次见面时,他和妻子已经离婚好几年了。当时的他有个6岁的儿子,是个单身父亲,是不再执业的律师,也是房地产投资人。他相当有趣,来自得克萨斯州——对新英格兰人来说,相比法国人、泰国人甚至火星人,我们更不了解得克萨斯州人。他在一座奶牛牧场长大,高中时是个运动明星,还在毕业典礼上致辞。大学时的他打篮球,差不多是全美最佳业余选手。我则来自纽约,父母都来自布鲁克林。我还曾在公社生活。不过,成长背景方面的这些差异在我们的共同点面前都黯然失色。我们都拥有歌德所说的"神圣的渴望",让我觉得自己终于找到了舒适自在的感觉,让我觉得跟汤姆在一起很安全——在看到他那一刻,以及收到他送我的这首小诗的时候,我都是这样的感觉:

别告诉他人，只告诉智者，

因为众人会冷嘲热讽，

我要赞美那样的生灵，

它渴望在火焰中死掉。

在爱之夜的清凉里，

你被创造，你也创造，

当静静的烛火吐放光明，

你又被奇异的感觉袭扰。

你不愿继续被包裹在

那黑暗的阴影内，

新的渴望吸引着你，

去完成高一级的交配。

你全然不惧路途遥远，

翩翩飞来，如醉如痴。

渴求光明的飞蛾啊，

你终于被火焰吞噬。

什么时候你还不解

这"死与变"的道理，

你就只是这个黑暗尘世里

一个不安的访客。

汤姆失去了婚姻，已经历过"死与变"的过程，我们都感受过火焰的热度，都因离婚而深深受伤，也都因这一经历得以改变。我从自己凤凰涅槃的经历中找到新的力量和勇气时，汤姆带着觉醒的同理心和温柔走了过来。我们都希望用之前的错误驯服自我桀骜不驯的部分，学习如何去爱，如何变得完整。我们已经准备好迎接一种此前从未意识到的关系。

歌德的小诗是我们婚姻的基石。如果我们的关系遇挫，比如我想知道自己到底为什么要和这个来自得克萨斯州的男人在一起，比如他思考自己怎么才能到纽约与我共同生活时，我们都会想起这首诗。在我们关系最紧张的那几年——我们想要组建家庭，尽力抚育各自的儿子——歌德的这首诗总能拯救我们。我们的心不只向彼此盟誓，也对凤凰涅槃的过程盟誓。我们的承诺之一就是实现精神上的成长——他的、我的，还有我们共同的。我们都希望自己记得，认输就是成功。确实，我们都没有忘记。

工作中的密友进入凤凰涅槃的旅程时，我将歌德的这首《神圣的渴望》送给了他。我将他推下悬崖，送入火焰。幸好，他早已做好了准备。但我发现，我得非常小心，只能将歌德的小诗送给愿意经历"死与变"的人。这首诗就像我小时候收到的连环信：信的结尾是可怕的警告，若是自己留下这封信，或者寄给错误的人——那种不肯听从建议行事的人——那可就惨了。

来工作坊的学员偶尔会分享自己的经历，表示自己已经准备好跃入凤凰涅槃的过程。在他们的故事中，我会注意到真诚的渴望。在这黑暗的尘世，他们不再是困惑的过客，这些人的眼神告诉我，他们为即将到来的光明痴狂。这时，我便会送上这首诗。

追求改变，无惧犯错

> 如时光般古老的故事，
>
> 如雅乐般古老的曲调，
>
> 甜蜜、苦涩、陌生，
>
> 你可以改变，
>
> 认识到错误之后。
>
> ——霍华德·阿什曼和艾伦·曼肯

餐桌对面是我的大学室友。我发现她肩上有个黑影，看到了她眼里藏着的恐惧。她自己还没感觉到，肩膀上那个沉重的黑影便是凤凰之翼。她只是察觉出某种力量在搅动自己——让她远离自己极力掌控的生活，走向人生崩溃的痛苦。我是否该让她跟随那股黑暗的力量？是否该提醒她前路艰辛？不。她必须自愿进入凤凰涅槃的旅程，必须独自走完这段旅程，这才是旅程的意义：独自扑入火焰，燃烧掉幻想，以真正的自我作为奖赏，从灰烬中复活。

在别人眼中，朋友的生活非常完美，结婚15年，有两个快乐的孩子，家庭温馨。但她最近发现丈夫有了婚外恋，她现在已经溃败，厌倦了维持表面的完美。这场游戏已经结束。她坐在我的餐桌旁，前半程人生已成为过去，神秘的力量将她带入未知的未来。发现丈夫的婚外情后，她觉得自己还有选择：可以冻结记忆并原谅他，继续带着已拥有的一切生活，祈祷这种事不再发生的同时提出几项要求，然后忘记整件事；她也可以大发脾气，惩罚对方，让丈夫对自己的所作所为悔愧至深，再次回到之前的样子，如新婚时那般正直、出色、聪明，然后一切恢复如初。但现在，她觉得自己别无选择，迫切想要面对隐藏多年的真相。她对某件事有了直觉，虽然懵懂，却非常坚决，只是并不知道那究竟是什么。

当时的她只知道自己错了——多年以来，不该盲目崇拜丈夫，也不该质疑自己的智慧与力量；不该为了任性的丈夫克制自己；不该停下自己的曲调，无论是否能与丈夫琴瑟和鸣。意识到大错特错的她，突然发现唯一的救赎就是：步入两个人欺骗游戏的中心，探索每一个错误、每一个错觉、每一个失误。她不再关心丈夫是否愿意一同前往、一起向下——深入"死亡"，深入可以开启新生活的地方。

感受到肩上的凤凰之翼后，我有时会在别人未曾意识到它的时候提示一下。多年以来，我看到很多朋友、家人还有工作坊的参与者或迎接或拒绝那股召唤的力量。有时候，若我发现他们可以承受被推向边缘的力量，我就会送上歌德的连环信，或者给他们讲述自己的经历。但大部分情况下，我只是作为旁观者，祈祷他们有勇气走向火焰。我不希望他们错过凤凰涅槃的过程。火焰熊熊燃烧，但我觉得，在未经审视的关系（或泯灭灵魂的工作、难以承受的损失、迫在眉睫的变化）中维持僵局，似乎比踏入未知、经历火焰、化为灰烬、重新生活更为痛苦。

一位年轻的女士参加了工作坊，想学习如何放慢节奏和放松一些。她说自己的生活非常忙，很少有时间思考自己的想法。那个周末，每次我带领大家进行深度放松练习，她都会流泪。我问她为何流泪时，她的回答让自己惊讶，她说自己的生活是充满热情的：住在南加州，热爱自己的工作，喜欢冲浪。她嫁给了"世界上最棒的男人"。她说自己和丈夫根本不明白为什么很多人都觉得压抑，她很难忍受经常抱怨的人。有一次，我们在休息的时候聊天，她用一种天真的甚至有些自以为是的口吻说："生活就是你创造的模样。"之后，我带领大家冥想的时候，其他人都进入了无声的冥想，而她却又落下了眼泪。

几年之后，我收到了这位年轻女士的来信。当时的她正处于自己凤凰涅槃的进程中，我请她写下自己的经历，以下是她的回应：

30多岁的时候，我很开心，很快乐，很幸福：冲浪、工作，或许还常觉得自己比其他人做得更好。我爱我的丈夫和我的生活，根本不理解为什么别人总在抱怨。在我看来，幸福的作用就是保持快乐，确保我生活中的其他人也感到快乐。

有时候,我确实也觉得有情绪的乌云飘来,好像有什么更深层次、更宏大的东西想让我倾听。但我并没有理会那朵云——我称之为"不满之云"。

有的时候,我会无缘无故地哭。比如瑜伽课结束,大家平躺着深度放松,我会掉眼泪。但我认为让生活全速前进非常重要,我要保持婚姻的活力,让一切成为"最好的"。我为此焦虑,也因此总对丈夫妥协,不过我觉得牺牲并不大。

可我"完美的"丈夫,总说很爱我的丈夫,居然有了婚外情。13年来,我总是向朋友说这种事不可能发生在他身上,可事情就这么发生了。他为什么要那么做?我这么好,这么聪明,从没有占用他太多时间。后来,他告诉我,他跟一个共同的朋友(比我年轻)牵扯在一起时,我只感到深深的羞辱。背叛和我们之间突然出现的裂痕,在我的心里留下了一个大黑洞,我感觉整个世界都被吸走了。

我决定离婚,尽管我知道这会带我走进灵魂的暗夜,但他对一切轻描淡写,继续婚外情的可能更让我害怕。我知道恢复需要很长时间,尽早开始比较好。这段时间特别艰难,我特别需要帮助。幸好,我有个很出色的治疗师,帮我改善了很多问题,比如没有食欲、难以入睡、泪水不断等。我也有很多好朋友,他们理解我,也接受我正在经历的巨大变化。那段时间,瑜伽和冥想练习对我也很有帮助。正因为这些,我才停下了对自己的责备,全身心投入到疗愈中,哪怕需要很多年。毕竟我的婚姻关系持续了13年,所以我也没指望几周就能痊愈。

几年之后,我仍在恢复中,但我觉得可以自力更生,有一种前所未有的自由感。对其他人的同情可以从我破碎的心中油然而生。我想,我得先面对生活的痛苦,毕竟现在一切都在朝好的方向发展——这样很奇怪,失去和改变好像没那么艰难了。我仍会受伤,也常常哭,但渐渐感到了力量感和平静。除了走向自己的本性,我别无选择。真奇怪啊,人生的大波折竟然是我发现真正自我的跳板。我在很多事情上竟然都大错特错——我竟然以为从前的自己无所不知!诚实和自由总比正确和困顿更好,这种感觉真不错。

我见过一个保险杠贴纸,上面写着:"你是想事事正确,还是事事开心?"认识到自己的无知是一种极大的乐趣,认识到我们一直在掩饰真相会带来无尽的结果。参加工作坊的那位年轻女士现在明白了这一点，我那位感受到凤凰之翼的大学室友也明白了。她们已经开始面对未知。

很多年来，她和丈夫就像两块石头，在震动的滚筒中滚动——相互碰撞，磨掉棱角和保护层，直到真相擦亮两个人的心。他们的婚姻没有留下太多天真的元素，也不再如之前一样自傲、盲目、"正确"。我的朋友学会了如何关爱自己、尊重自己，如何原谅和接受丈夫。她为自己之前的错误埋单时，其实也在宣告自己的权利，不再盲目崇拜丈夫。而且，她的丈夫在整个过程中提供了帮助。他因跌下神坛，失去尊重而变得谦卑，同样也经历了破碎、开放、改变的过程。

在欧洲故事《美女与野兽》中——这个故事讲的是真爱经受住了虚假身份的考验——美女选择了野兽，因为她看到了野兽虚假的可怕外表下的真实面目。这个故事流传了几代人，直至今日。到了我们这个时代，迪士尼版本的《美女与野兽》中，野兽和美女意识到彼此真正的模样时，相互唱起了这首歌："如时光般古老的故事，如雅乐般古老的曲调，甜蜜、苦涩、陌生，你可以改变，认识到错误之后。"

一段婚姻或关系能否熬过凤凰涅槃时的高温，其实并不是真正的重点。我们选择在爱的熔炉中学习和成长时，就需要面临更大的危险。如果一段关系出现了危机——和萨满情人共舞，感觉长时间如行尸走肉，面临角色转变还有期望的变化，那我们就会面临沉重的选择：是要转身假装一切未曾发生吗？会在不知不觉中采取毫无意义的破坏、报复或发泄行动吗？还是明智地借助"内心渴望"这股危险的力量，将之用于心灵上的成长？痛苦会让我们变得更好、更强大、更善良、更宽宏吗？我们会从被辜负的付出或破碎的家庭中有所学习，继而不再重蹈覆辙吗？在历经磨难的关系中，我们这些要进行凤凰涅槃的人，总要面临这些挑战。

为了自己，为了伴侣，为了向我们学习如何改变和成长的孩子们，我为你祈祷，甜蜜、苦涩、陌生的冒险会带你走入爱的风景：你与旧伴侣或新伴侣缔结的新关系，是两个成熟的人的结合——这两个人已经与自己内心的阴影与光明结了婚，所以会像热爱真相一样深爱彼此。

第四部分

养育子女

如果你想体验破碎重生的过程，如果你想追求最高层次的凤凰涅槃之旅，那我建议你抚养孩子。为人父母，你们在火焰中舞蹈，笨拙却雄壮。养育孩子后，你就会爱上一个不断变换样子的人，你也心知肚明这个人终有一天会离开你。然而，大部分父母仍旧认为，自己对别人的付出永远不及对孩子的付出。这一部分所讲的是为人父母的职责和奇妙之处——这份令人发狂的工作，职责之一就是向你爱的人投降，一次又一次地放手。

为人父母意味着要在爱与忧虑的大河上航行，永无止境。你和孩子搭乘同一条船，你永远不会再下船，但孩子们会，他们会建造自己的船，航向自己的命运。你继续待在原来的船上，作为他们的父母，永远关心他们，永远为他们感到骄傲。

有时，为人父母是一场令人敬畏的冒险。你的心会不断扩容，直到可以容纳大量温柔且无私的情感，可以勇敢地面对真实人性中的高贵。有时，为人父母令人觉得乏味，事事不可预测，要求极高且诸事变化无常：比如你刚刚适应了靠着摇椅睡觉、换尿布时，孩子反而开始睡得很安稳，学会了用便盆，于是你的工作职责又变了。这时的你只能回去进行"在职培训"。这很像喜剧演员乔治·卡林所说的："我才刚刚发现生活的意义，它就又变了。"

刚刚学会如何同爱发脾气、蹒跚学步的孩子进行沟通，刚刚爱上他们洗完澡后那种温暖、潮湿的感觉，他们却到了上幼儿园的年龄了。你必须要学会安排游戏时间、写社会研究报告、参加家长会等。之后要面对他们的学校比赛和少儿联盟比赛、安抚他被伤害的心灵，以及其他更多变化。父母能做的就是给予孩子们更多自由，同时为他们指明方向。很快，孩子们就会长成少年，但没有操作手册可供参考，你只能一天一天接受，做出一个又一个艰难的决定。最终，如果一切进展顺利，孩子们会离开家，离开你，走向他们的未来。

抚育子女的各个阶段，都是一条成长之路，充满神秘和曲折。如果你成长的目标是拥抱生活，无论是欢喜还是悲痛，那么养育子女能让你实现目标。古往今来的箴言告诉我们，真理藏在生活中看似对立的事物间——在你自己的意志与其他人不同的意志之间；在限制与自由之间；在照顾他人与关心自己的需要之间。在亲子关系中，上述概念体现得淋漓尽致。你会从一个小小的成长导师——你的孩子——身上获得极好的反馈，他们擅长的就是教会你如何在疲惫、害怕、困惑或生气时继续付出爱。这不正是每个追寻者的目标吗？

在孩子成长的每个阶段，你都有大量机会将父母的身份当作镜子，通过最生动的方式准确地看到自己的不足：是否过于专注自己？是否拒绝将他人的需要放在首位？是否在其他方面犯了错——你是殉道者？爱抱怨？你害怕改变？耐心不足？善妒？爱攀比？你心里希望改变的部分，都可以通过为人父母这件事显露出来。如果你接受挑战，那么抚养孩子就是经历变化、转型的过程，这个过程也是因为爱而破碎重生的动态经历。

对孩子的爱不必百分百

我一直与孩子们共同成长。怀第一个儿子时,我才22岁,其实当时自己也只是个孩子——一个大孩子有了个小孩子。我记得自己成为母亲的那一刻,为人之母这个令人难以置信的现实取代了身为女孩的异想天开。我对那一刻的回忆,可以追溯到小宝宝还是身体里的小肉团时。

当时是深秋,但那天异常温暖。我在公社的厨房,为150个人准备午餐。晨吐——这个用词不是很恰当,因为我早上、中午、晚上都会觉得恶心——特别严重,我吃下去的所有东西基本上都吐出来了。炉子里的味道突然击中了我,我冲出厨房所在的大楼,跑下石阶来到土路边。我跪在夏克尔旧谷仓边,咳出了半块饼干。我当时想,不是怀孕了才会吐吧?这时,我恍然大悟:我怎么会有孩子?我自己才刚刚长大!我到底在做什么?我竟要放弃一生了!我可以做到吗?我知道该怎么做母亲吗?

我跪在路边的落叶上,清醒地意识到自己正在经历的改变。孩子的童年即将开始,可我根本不知道自己在做什么。我很害怕,但同时又出奇地自信,仿佛身体里沉睡的母亲意识逐渐苏醒。那是我第一次看到了为人父母的真实本质——我在自我怀疑和固有智慧的漫长旅程中迈出了第一步。

从某种意义上说,我的怀孕是一时冲动。大学朋友们都在推迟生孩子的年龄,转而追求更好的生活。他们要去读研究生、环游世界、努力升职。但我选择了一条不同的道路,和一群乌托邦式的梦想家住在古老的夏克尔村的农村公社。我们不仅回归了田园,还坚持古老的生活方式。我们看起来是接受过大学教育的婴儿潮一代,但却如前辈一般,自己耕种食物,自己修理房屋,自己接生孩子。

但从另一方面看，我的怀孕也并非完全难以想象。毕竟从我四五岁起，我就想要孩子了。我就是那种小女孩，最大的乐趣就是抱着布偶娃娃，给她唱歌，为她整理好婴儿床。每次去学校之前，我会把布偶娃娃和毛绒玩具在床上摆好，还会根据它们的喜好进行分组。当时我就意识到了做母亲的感觉：我能感觉到布偶娃娃们的感受，希望它们快乐平安，也为它们的幸福担忧。由于我特别喜欢布偶娃娃，所以姐妹们找到了对付我的方式。有一次，我发现有个布偶娃娃吊在我的房间，像是个私刑受害者，窗帘拉绳就绑在她胖乎乎的脖子上。

那次事故之后，我格外关照那个娃娃，生怕它幼小的心灵受伤。如果当时流行心理疏导，那我肯定会找个娃娃治疗师，把所有的零花钱都用在它的康复上。哪怕是我后来不再跟这些布偶娃娃玩耍，我也从没有把它们塞进大纸箱，永远放到橱柜里，因为我觉得那样会伤害它们的感情。我现在还留着它们：娃娃们就安静地坐在我成年之后的卧室里。偶尔，我还会为它们换换位置。

我对布偶娃娃表现出的奉献精神，足以让我察觉到自己会成为怎样的母亲。从我看到儿子的那一刻，我就像约瑟夫·坎贝尔所述神话中第一次为人之母的人那样："波斯神话中的第一对父母对自己的孩子所爱甚深，最后竟将孩子们吃掉了。于是，上帝想：'这样可不行。'所以便减少了百分之九十九或者说十分之九的父母之爱，这样父母才没有继续吃掉孩子。"看着这个小男孩，我对他爱到无以复加，好几次都差点儿要把他吃掉。每当我抱着他，看着他迷人的脸蛋，我对不知何去何从、不知是否准备好或不知如何照顾孩子的恐惧，就全部消失殆尽。我全身心地爱着他，就像一头母狮子爱着小狮子。

我们之中的大多数父母最初都是这样对待孩子。孩子还是无助的婴儿时，细致周到的抚养是我们表达关怀的恰当方式。但随着孩子不断成长，他们逐渐成为独立的个体，"减少了百分之九十九或者说十分之九的父母之爱"势在必行，以免过度溺爱，毁了孩子们。我必须承认，我在减少母爱方面仍需努力，虽然这一点有些争议。毕竟我的孩子们已经长成男人，很快也会向他们自己的孩子灌输无止境的爱。

我们给第一个孩子起名拉米勒，这是《圣经》中仁慈天使的名字。不过他因婴儿腹绞痛哭了好几个月，这几个月里他很少睡觉——无论是白天还是晚上，这对我们不怎么仁慈，但我还是能看到这个小家伙的本性。有些孩子刚出生时看起来跟大多数孩子一样，胖嘟嘟的、长相甜美且嗜睡；有些孩子会显得老气一些，是日后老去的他们的迷你版。我的第一个孩子，看起来既不像新生儿也不像老人，他那么与众不同，如纯粹的智慧之光，仿佛一个无辜的访客——来自更宽容的星球。从拉米勒的脸上，我看到了这些。

看到这一点是件好事。这是我的第一个孩子，我没有养育孩子的经验。以为孩子们都会一直哭，所以一直跟着他，我们日夜不离，直到我们最后都晕头转向，心贴心地紧紧抱在一起。不哭的时候，拉米勒就变成了可爱但专横的小人，我就是他忠诚的仆人。他很细心、聪明、懂事，不会想要很多玩具，也不会没完没了地看电视。拉米勒知道自己的界限，祖母带他去世界上最大的玩具店 FAO 施瓦茨选礼物时，他也只选了一个球。然而，要是他想要什么却没能得到，那就等着见识他无与伦比的暴脾气吧。

有一次，我有个朋友来家里，拉米勒的表现真是令人大开眼界。那时他3岁，但我们对他的爱还没有减少一丁点。蹒跚学步的孩子是家里的最高统治者，他制定了一条规定：无论是家里还是汽车里，只能播放他最喜欢的歌曲。所以，好几个星期，我们一直单曲循环播放《歌唱的拉比》（*The Singing Rabbis*）。不知道为什么，他就是对这首犹太民间歌曲情有独钟。有一次朋友来家里，我忘了把这条规定告诉朋友，自己在楼上忙着，谁知朋友没头没脑地选了另一盘磁带，按下了播放键。等我下楼时，拉米勒正在上演皇家戏剧。我拒绝停播正在播放的音乐，不同意换上《歌唱的拉比》时，拉米勒简直要哭到窒息，反应非常夸张。为了让他缓和一下，我只能带他到外面，没给他穿裤子就让他坐在雪堆上。至今，我的小儿子们仍然对这个故事津津乐道。

拉米勒脱离婴幼儿时期后，就可以说人如其名了。他变得非常有爱心，是个懂得保护弟弟妹妹的兄长，也是家庭关系的调解人。伴随着他的成长，我自己也逐渐变得聪明，爱自己的孩子并不意味着要满足他的每一个愿望，这就是古人所说的那种必须减少百分之九十九或者说十分之九的父母之爱吧。如果我们没能放下过分的关怀——让孩子在舒适的泡沫中成长，总是满足他们的愿望，极力保护他们免受世界的痛苦——那就相当于剥夺了他们凤凰涅槃的早期训练。这是我的经验，我曾经这样做过。我后来学到，为孩子付出太多，于他们而言并非是礼物，而是剥夺——剥夺了孩子们锻炼应对真实人生的技能。每个孩子的成长过程都让我学到很多。

信任孩子的本性

> 从前,有一只小兔子,他很想离家出走。
> 它对妈妈说:"我要跑走啦!"
> "如果你跑走了,"妈妈说,"我就去追你,
> 因为你是我的小宝贝呀!"
> ——玛格丽特·怀兹·布朗

我会给每个儿子读玛格丽特·怀兹·布朗(Margaret Wise Brown)的儿童故事书《逃家小兔》(The Runaway Bunny),故事的主人公是一只勇敢的小兔子,它有远大的梦想。可孩子们听完故事的反应却不一样。我的第一个孩子拉米勒从小就知道,小兔子无论怎么跑,兔子妈妈都会找到它。要是小兔子变成一只鸟,兔子妈妈就会变成一棵树;如果小兔子变成一艘船,兔子妈妈就会变成一阵风。无论小兔子离家多远,兔子妈妈的风总能把它吹回港口。这种始终如一、忠诚可靠的关爱让拉米勒着迷。他知道,就算自己在超市的某个地方睡着,我也能找到他,把他从四处漫游的状况中解救出来。

我第二个儿子丹尼尔还没学会走路的时候,我就知道他来到这个世界时是踩着不一样的鼓点的。他并不喜欢《逃家小兔》的故事。"为什么兔子妈妈不让小兔子做自己想做的事?"这是丹尼尔对故事发出的疑问。我们凑在一起看这本书时,丹尼尔会制定狡猾的计划帮助兔子实现自由的梦想。每当我翻书,小兔子想要逃跑、游泳或者飞离想要保护自己的母亲时,他总会大声说:"小兔子,快跑!"

我觉得丹尼尔对这本书的理解很有意思,而且很可爱,但没有预见他对自由的热爱会在接下来的生活中对他产生怎样的影响。我当时还没有考虑兔子长大后,

真正学会奔跑、游泳后，母子关系会发生怎样的变化，我只知道，丹尼尔是个胖娃娃，穿着浅蓝色的睡衣，想象力丰富，而且特别。我是他的母亲，正在给他讲故事。或许我认为他一直都会是这样的孩子，或许我根本什么都没想。母亲的血液中肯定有某种梦一样的成分，使我们对处于每个阶段的孩子全情投入。

丹尼尔是"小大人"，尤其是小女孩都会喜欢的那种孩子。他很喜欢自娱自乐，坐在地板上，拿着几把钥匙几把勺子就能玩得不亦乐乎。他热爱一切，还没学会说话，就对生命有一种神秘的鉴赏力。普通而平凡的东西让他着迷，比如食物、洗澡和音乐等。回想他幼年的时光，仿佛发生在昨日：我在准备晚餐，丹尼尔在洗澡，他坐在厨房的水槽中，像个欣喜若狂的老佛爷，吃着水果、饼干或小块奶酪，哼着自己编的歌曲。丹尼尔很晚才开口说话，但他说的第一句话仿佛是成为浪漫诗人的预兆。他称自己是"花花公子"，把水说成是"lakey-la"，还会把女孩子们称为"gina-kids"。他是个爱思考的孩子，越长大越深沉。我跟四五岁的丹尼尔讨论的话题，现在和很多成年人的讨论甚至都及不上。在丹尼尔的童年时代，我会从心理学角度和他探讨他的朋友，甚至还会讨论上帝的本性。和他讨论，仿佛在跟沃尔特·惠特曼和艾米丽·狄金森一起喝茶。

有很长一段时间，丹尼尔最喜欢的歌是《点燃我的火》（*Light My Fire*）。有一次，我开车送他哥哥去上学，他在车里的广播中听到了这首歌，非常喜欢，以致我不得不从谷仓里翻出门户乐队的这张专辑，这张专辑里有《点燃我的火》。我花了一段时间才明白丹尼尔为什么喜欢这首歌，歌词中有一句是"来吧，亲爱的，点燃火焰"，丹尼尔觉得这是说有个小孩子在划火柴，是他想做但我不让他做的事。

丹尼尔非常怕黑，害怕狂叫的大狗，也害怕恐怖的睡前故事。丹尼尔5岁那年忽然很难入睡，每天晚上，我都得在他小床旁边，待在靠墙角的那边，摩挲着他的后背，直到他闭上眼睛入睡。几个月过去了，我发现睡前仪式会花费越来越长的时间，我想打破这个习惯。于是，我决定了解一下症结所在。

"其实，"我们躺在他的床上时，我引导他，"要是能说出来到底怎么了，那件事就会消失。"

"真的吗？"

"有时是的。"

"好吧，那我告诉你，"他和我一样，也很想从睡前的折磨中解脱出来，"我害怕。"

"怕什么？"我问。

丹尼尔没有回答。

"怕黑？"

"不是。"

"怕去上学？"那时他刚开始上幼儿园。从搭公交车到把午餐饭盒带回家，这个流程让他有点儿不适应。

"不是，不是学校。"丹尼尔说。

"害怕住在奶奶家？"

"也不是。"

"那是什么？"

丹尼尔没看我，对着自己的枕头小声嘟囔了一句。

"什么？"我把枕头从他脸上拿开。

"我害怕那个很大的东西。"他小声回答。

"什么很大的东西？"我环视了一下他的房间。

"就是真正的大事。"

"怪物？"

"不是，"丹尼尔很是轻蔑，"我不相信有怪物。我是说大事……死。我害怕死。"

我当时吃了一惊，有点儿后悔，毕竟我说把害怕说出来，就不会再害怕了。

"好吧，亲爱的，大家都一样，很多人都怕死。"我跟这个小男孩说了些自己的感受和想法，这些感受和想法对他这个年龄段的孩子来说还不好理解。对死亡的早发性恐惧肯定是遗传的，我之前就这样这样。但正是对死亡的恐惧，驱使我从小就寻找人生的意义，丹尼尔也是。大概 10 岁时，丹尼尔开始读诗——圣十字若望①的、T. S.艾略特的，还有威廉·布莱克的。每隔几天，我们就会讨论一首诗，从另一个角度思考人类面临的困境。从丹尼尔童年时期到青少年时期，我和他经常讨论智慧与痛苦、艺术与宗教。我并不在乎他在学校是不是梦想家，也不介意他成绩平平——或许我应该在乎，但我没有。一家人坐在一起时，我们开玩笑说丹尼尔来自另一个星球，但我知道丹尼尔其实是在追寻灵魂，而且他做得还不错。

信任孩子们的本性，不是我们认为他们应该如何或世界希望他如何，或许这是父母能给予的最好礼物。另外，要相信孩子有自己的灵魂和命运。

不过，就和烤蛋糕、建造桥梁一样，只有一种原料远远不够，养育孩子也是如此。为了让孩子们安全、平稳地度过童年，我们还必须磨炼自己为人父母的基本功。即使我们看重并尊重这个小宝贝，也必须承担起拒绝者、规则制定者和"警察"的角色。只看重他们的本性还远远不够，我们也必须在他们不希望我们反对的时候反对，在我们不想退出的时候退出。父母必须不断摸索，在控制与仁慈、恐惧与信任之间找到微妙的平衡，时而坚持，时而放手，直到养育的冒险之旅到达终点。可养育的冒险之旅永远不会结束——这是好消息，也是坏消息。

---

① 圣十字若望（1542-1591），西班牙神秘学家、诗人、加尔默罗会修士和神父。——译者注

不要执着于"正常"

你根本不知道什么算正常。

——佚名

乔纳是拉米勒小时候的好朋友之一,还上小学的时候就开始导演、拍摄电影。我觉得特别不可思议,毕竟我自己并不擅长使用摄像机。我的相册里装的都是妈妈拍的照片,关于孩子们唯一的视频还是乔纳拍的——完全按照脚本制作的戏剧作品,演员阵容庞大,场景也经过了精心布置。一次感恩节聚会上,我们全家看了几个视频。其中一个让我回忆起抚养孩子过程中的一段重要时光——两次婚姻之间作为单亲母亲的三年时光。有一个视频名叫《极限篮球》(*Slam Ball*),是很滑稽的体育纪录片,演的是孩子们发明的一种复杂且极富想象力的游戏。极限篮球在漫长的、多雪的冬天很受欢迎,那时候,我儿子几乎每个下午都会在客厅里和朋友们玩这个游戏。

观看极限篮球的视频时,我的姐妹们都特别吃惊,不敢相信我竟然同意孩子们在家里闹腾。"我肯定不会让他们在家里这么捣乱。"一个姐妹说。"也不可能把客厅改造成运动场。"另一个也跟着帮腔。环顾四周,看着房间现在的样子,看着精心摆放的家具和艺术品,我很难想象我竟然会让一群孩子把这里搞得乱七八糟。他们把沙发推到法式门边,把胶带贴在宽宽的木地板上作为赛场边界,还将波斯地毯中间的图案定为大橡胶球的发球圈,让发球员把球砸在那里。

这个视频中,孩子们和他们的朋友们综合运用壁球和专业摔跤的技巧,进行着激动人心的极限篮球运动。有个镜头,运动员在相互对抗,橡胶球打到天花板,直接弹开砸到了电视机上。虽然我的姐妹们很难相信,但这个视频却勾起了我的回忆，我想起了乔纳和拉米勒几个月前命名的"极限篮球之冬"。整个冬天，我完全没有破坏极限篮球的运动场。作为单身母亲，工作和生活已经让我焦头烂额，我甚至不记得可以躺在沙发上安静地休息，不记得跟喜欢交流而不是喜欢打击的人聊天等。

我带着某种自豪感回顾了"极限篮球之冬"。让我骄傲的是，在女性氛围浓厚的家庭中长大的我，也能欣赏男孩子身上的野性，而且很乐意为他们的古怪实验提供场所。我特别高兴能跟镇子里所有的孩子分享——为他们做饭，听他们说话，感受他们的旺盛精力。不过，我在自己的宽容中也看到了绝望的挣扎，我极力想为孩子们创造一个幸福的家庭。作为单亲母亲，我很惭愧，因为我没有为孩子们创造他们应有的完整家庭。既然我已经破坏了家庭的完整性，那么我就应该竭尽全力保证孩子们幸福快乐。如果他们想把客厅当成运动场，那就随他们好了。所以，我愿意让自己的家被改造成极限篮球的运动场，每周都可以，整个冬天都可以。

这个视频没有展现的一个重要的事情，是拉米勒和乔纳所谓的"沙发大挪移"。冬天快结束时，看着三月融化的雪和泥浆被孩子们的靴子带到客厅的角落，我对极限篮球、养育孩子还有家庭有了某种不一样的想法。一天傍晚，我站在厨房，看着儿子们跟朋友们从校车上下来，穿过树林，一边大笑一边打闹。他们越靠近，声音就越大。我突然有种想锁上门的冲动。极限篮球运动失去了所有魅力，我恨极限篮球，我想要我的客厅，就这么简单。我希望这些男孩子赶紧走，全部都走，一个不剩，包括自己的儿子。我的心沉了下去，这种感觉让我羞愧，但不可否认，有些东西亟待改变。

孩子们进了家门，在客厅里甩掉沾满泥的靴子，把外套和书包随便放在什么地方，打开冰箱洗劫一番，把食物和饮料都带到了极限篮球运动场。这次，我暗暗下定决心，这是我最后一次允许这种游戏在家中进行。要是不结束极限篮球运动，我就得禁止所有球员入场，可毕竟其中的两个运动员是我儿子，所以这么做行不通。我看着他们收拾球场上的杂物，为下一场热闹的比赛做准备时，我意识到，我应该回到成年人的角色，从文明的角度提出要求了。

那个下午似乎很漫长,极限篮球运动如之前一样疯狂,但我很冷静,我已经下定决心。比赛进入尾声时,天色已渐渐黑了。有几个孩子走了,另外几个穿上了外套和靴子,等着父母来接。最后,只剩下拉米勒、丹尼尔和乔纳。

"孩子们,"我走进客厅,"帮我收拾下房间吧。"

"但是,妈妈,"拉米勒开口了,"我们明天还得再摆一次。"

"不会的,"我的声音里带着坚定,"我觉得不用,因为我不想再让你们在客厅玩极限篮球了。"

三个孩子看着我,仿佛我刚才说的话宣告了世界末日的到来。

"我想把沙发搬到这儿。"我指着房间中间说。

"但是,伊丽莎白,"乔纳开始抗议,"中间是极限运动的球场!"

"我知道,乔纳,"我揽住他的肩,"我只是不能再让你们在客厅玩极限篮球了,你们得发明别的游戏,在别的房间或者去外面玩,或者找到跟我一样疯狂的家长。"

"妈妈,你不疯狂,"丹尼尔说,"你很好。"因为丹尼尔年龄小,从来没有完全参与到极限篮球运动中,所以受到的影响比较小。但我还是把他的话当成夸奖了。

"谢谢你,宝贝。"我有些哽咽,"但我觉得自己有点儿太好了。我们先搬沙发,好吗?"

两个大点儿的男孩子走到沙发一侧,搬沙发的时候一边抱怨一边跟我讨价还价。我和丹尼尔负责沙发的另一侧。最后,我们四个一起把这个笨重的大件家具摆到了极限篮球运动场中间。后来,乔纳回家了,孩子们也上床睡了,我拿出吸尘器清洁了地毯,摆放好椅子,把房间布置成大家聊天看书的地方。我点着壁炉里的火,拿着一杯红酒坐在地毯上,假装一切正常,沙发回归原位,原有的秩序已经恢复。

但我在欺骗谁呢?我的生活根本不正常,可以说完全失常。我离了婚,孩子们不得不往返于我的家和他们父亲的家。一切本不该如此。离婚时,我一直坚信荣格的话:"父母死气沉沉的生活对孩子的心理影响最大。"我觉得这是对的,相比起父母死气沉沉的生活,我希望离婚是父母给予孩子们的礼物。但现在我却被内疚深深折磨，根本无法真正相信什么。

我坐在客厅，炉火温暖了我的脸，但冷酷的事实却冰冷了我的心。一片安静之中，没什么分散我的注意力，熟悉的绝望感降临了。但我没有起身，没有洗碗，也没有给谁打电话，只是任由自己沉入羞愧和悲伤的池水中。眼泪在眼眶里打转，然后顺着脸颊流下。"我还要这样多久？"我问火焰，"怎样才能恢复正常？"

壁炉里的火噼啪作响，我一边流泪一边小口抿着红酒。我想到最近有人跟我说的一件趣事，于是大声说："你根本不知道什么算正常。"说完，我看着火焰笑了起来，举起双手宣布："好吧，我投降，我就本来不正常，永远也正常不了。"

是酒精的作用？是因为火？还是因为极限篮球运动的结束？我不知道。但在那一刻，我觉得该放下"正常"这个想法了。我清楚地看到，我放养式的育儿风格一方面是因为对孩子们勇敢天性的尊重——我喜欢这样的养育方式，并决定保留；另一方面是因为离婚带来的内疚，以及我错误的认知，即正常的家庭就是幸福的家庭——这部分，是该放下了。

"我可以把对'正常'的执念扔到火焰之中吗？"我问火中的凤凰，"你会不会把它烧成碎片，给我指一条新路？"我想到了在楼上睡觉的孩子们，想到了乔纳——正待在街道另一头的家里，想到了全世界各地家庭中的孩子们。我向凤凰祈祷，向所有如神一样的父母还有愿意聆听的人祈祷："请帮我们优雅、智慧、幸福地养育孩子。请提醒我们，孩子们还只是小傻瓜——是公交车上还没长大的小丑——无论我们如何努力，都无法保证他们会永远幸福。请照顾在这个不完美的世界中沉睡和清醒着的所有人。"

祈祷结束后，我仿佛听到家具深深地呼出一口气，它们似乎察觉到极限篮球、书包和湿漉漉的鞋子作怪的日子已经结束。我拍了拍沙发，向它保证，尽管它永远不会像没有孩子的家庭里的沙发那样免受孩子们的"折磨"，但我已经做好设置限制的准备。接着，我满怀希望地上楼睡着了，期待明天会有好消息从灰烬中重生。

第二天，同一群孩子下了校车朝我家走来。他们到前门的时候，我已经准备要抗议。然而，乔纳用夸张的语调跟大家解释，前一天晚上，自己和拉米勒已经见证了沙发大挪移，标志着极限篮球运动的结束。接着，他们请求我再搬一次沙发，好让他们制作几盘录像带，让极限篮球运动永存在录像带上。我被他们的创造力所打动，妥协了，同意他们再放纵一个疯狂的下午，让极限篮球运动的声音在家里回荡。

我坐在观景台（沙发）上，兴致勃勃地看着乔纳和拉米勒轮流拍摄。我的心充满了深深的爱意，对儿子们、对他们的朋友，还有对自己。我找到了立场，孩子们也给出了创造性的回应。当然，这其中肯定会有抱怨，但他们似乎都理解我的决定，并且带着令人惊讶的善意认可了我的权威。最后一场比赛结束后，他们到我的书房，把极限篮球运动的游戏规则全部输入电脑，之后就穿上外套，到树林里拍摄联邦调查局开展突袭的视频去了。

"沙发大挪移"对孩子们来说意义重大，因为这标志着极限篮球运动的终结，毕竟没有别的父母愿意提供场地。但即使孩子们有些失望，我也能感受到儿子们如释重负——因为我再次担当起负责人的角色。孩子们可能会表现出自己想为所欲为、发号施令的样子，但实际上他们并不想——小时候不想，大一些了不想，到青少年时期也不会想。孩子们需要父母引导，父母应该让他们知道如何在真实生活中找到方向。我也松了口气，体会到"沙发大挪移"教给我的东西：我看到了孩子们身上的韧性，这种韧性使他们远比成年人更能接受和应对现实。他们愿意充分利用每一刻，但我们则想要把每个片段串起来，按照设想编织出生活的图景。孩子们活在当下，而我们则受困于"正常"。

沙发大挪移之后，我对"正常"的追求不再那么执着。要说它是一夜之间消失的，恐怕不是事实，但我确实立下了誓言并付诸行动，发誓要接受现实生活中的不完美。我发誓尽可能让一切和谐、充满活力，而不是穷尽精力追求它应有的样子。我发誓要尊重我们现在这个家，包容、尊重每个家庭成员——我、我的孩子们、他们的父亲，他们之后的继父、继兄弟，他们之后的继母及继母的家人，还有孩子们几年之后即将迎来的新弟弟。我每天都会重温誓言，感谢极限篮球教会我这样重要的一课。

定义家人的不是血统，而是爱

我的写字台上有一张卡片，和其他灵感提示卡一起钉在墙上。我刚成为迈克继母的时候，从未想过会收到它。这张卡片上是粉色的人物剪纸格林达，也就是《绿野仙踪》里的好女巫，卡片里，还有我的继子尼安德特人式的笔迹：

在充满邪恶继母的世界中，你就是我的格林达。

——爱你，迈克。

这是迈克高中毕业时送我的卡片。那时，我们已经加入最尴尬的"混合家庭"10年。在那10年中，我和迈克经历了大起大落。他学会了冷静和信任，我则学会了放松和关爱。这说起来容易，但抚养3个儿子一点儿都不轻松，况且其中一个还只有7岁。

迈克是我所爱之人的儿子，和我儿子们的年龄相当，是个充满活力、热情且心地善良的孩子。表面上看，一切似乎都很完美。开始，迈克在洛杉矶跟母亲和继父同住，假期才会来我们这儿。等他做出艰难决定，搬来与我们一起生活的时候，已经11岁了。即便如此，他每年往返东西海岸的次数比旅行推销员还要多，他总要跨越不同的时区，在母亲和父亲的世界中来回。在洛杉矶的时候，他有保姆照料，每天做的都是我觉得不适合孩子的事情——长时间看电视、吃垃圾食物，还有参加深夜派对等。跟我们一起生活之后，我们会带他去远足、漂流，给他吃健康的食物。迈克在父亲、母亲家的两种生活方式的反差很大，当我试图纠正他身上的我认为难以接受的习惯时，我和迈克之间的关系就会变得紧张。虽然我已经习惯了男孩子们的消极抵抗，但在我看来，迈克就是外星物种。

迈克之所以从母亲在洛杉矶的家来到我们在纽约州北部的家，原因有很多。比如，在父母之间不断往返让他很难受；他在家在学校都不开心；他父亲想保护他、养育他；打一开始，迈克和我的儿子们就亲如兄弟。所以，接受他一起生活看起来是正确的决定。我丈夫欣喜若狂，我的儿子们也非常兴奋，迈克也做好了准备，只有我一个人保持慎重。我并不是不爱迈克，只是有些担心自己。我害怕的是，如果我不得不把迈克的暴躁融入日常，那自己可能会变成嫉妒、挑剔的女巫——邪恶的继母。我见识过他和我们一起度假时我自己的状态，我不希望那样的我再次升级——因为那样的我更在意的是控制孩子，忽视了小男孩对关爱的需求。

和我们在一起生活几个月后，我们开始怀疑迈克总也静不下来，并不是因为他天生精力旺盛。有时，他根本就是坐不住，不停抖动，坐立不安，仿佛身体不舒服。我们带他做了些检查，发现他患有图雷特综合征。这是一种精神系统疾病，有抽搐和多动的症状。这种病虽然症状轻微，且很多人都不知道这种病，但迈克的症状让他难受，让他难为情，所以他想通过不停地活动掩饰自己的抽搐。

我逐渐觉得家里住着两个陌生人：一个是迈克——疯狂的小陌生人；另一个是我自己——控制欲强的大陌生人。工作中的我因体贴和善良著称：我会倾听同事们遇到的难题；带头支持奖学金基金；致力于员工的多样化。现在，需要我付出善意的人跟我们住在一起，我的家也变得更加多样化，但我并不希望自己的家多样化，也不想付出慈悲。我希望迈克能安静下来，和别的孩子一样好好坐着。或许工作中的我是仙女教母，但在家里的我就是个邪恶继母。

我对邪恶的继母一直很好奇。童话故事里总少不了她们的身影，《灰姑娘》和《白雪公主》中都有。汉塞尔和格莱特的继母更是恶劣，竟然说服他们的父亲，将孩子们遗弃在黑暗的树林。现在，我可以从两方面理解童话故事——一方面是无辜，因为孩子们需要关爱；另一方面是痛苦，因为成年人无法给予关爱。有时，我下班回家后，正因为帮助两个同事和解而倍感骄傲，可想到要与迈克进行一场意志力的斗争，就会特别低落。我不得不为他另外准备晚餐，我不想让他把宠物老鼠带到客厅乱窜，我们看电视的时候他非得做后空翻，遇到这些情况怎么处理？

如果他的奇怪行为都是为了应对图雷特综合征、适应新学校、新朋友和新家庭，我为什么不能帮他？我不想成为汉塞尔和格莱特继母那样的人，我不想出于自私而把迈克扔到树林里。但日复一日，我想改写继母神话的行动总会以失败而告终。

迈克搬来的前一年，我想要去"新鲜空气基金会"选一个孩子——城市贫困家庭的孩子——跟我们一起过暑假，当时我想，为什么不和这里边的孩子分享生活的恩赐呢？他需要关爱，我们正好可以给予。我为此和丈夫进行过激烈的讨论。他认为家里已经很乱了，最好等情况稳定后再说。迈克搬来之后，我对他某些行为的抗拒不仅让我和迈克之间的关系很棘手，也让我和丈夫之间的关系有些紧张。一天晚上，孩子们都睡了之后，丈夫的一句话让我茅塞顿开。"你记得吗？你之前说想要个'新鲜空气基金会'的孩子？"他问我，"这个孩子出现了！就是迈克。"

这就是将我推进凤凰涅槃新征程的动力。在火光中，我看到自己的控制欲远远超过了我和迈克的关系所需要的程度。于是，我付诸行动。每次，我想通过微妙的（或者有些明显的）方式改变迈克的行为时，就会及时克制自己，我会问自己这几个问题：是谁给我权力决定哪些行为可以接受？我怎么知道对迈克来说什么是最好的？就算我知道，强行改变真的有用吗？耐心和支持难道不比压力和苛求更好吗？我越有这种诚实的意识，就越能发现自己不耐烦、不宽容的一面。它出现在我和丈夫还有家人的关系中，出现在我和同事的工作中，甚至出现在我对待政见不同或社会背景不同的人的方式上。如果别人跟我有类似的信仰、类似的行事方式，那我就会很宽容。如果我离开了安全区域，哪怕只是到别的国家度假，宽宏大度就会大幅缩水。

如果留在安全区域，我们很容易对自己盲目——因为周围都是和我们相似的人，我们习惯了待在舒适地带。我们自欺欺人，认为与真实情况相比，自己的思想更开放、心胸更开阔。可当我们必须在混乱生活和复杂环境中做到言行合一时，就会发现原来的想法是多么自以为是。看到作为继母的自己失败并从失败中有所学习，再次失败、再次学习，每次朝着慈爱的方向迈出一小步，我变得谦卑了。现在的我不觉得自己无所不知，因为我发现自己的心中还有很大空间留给"有待探知"的领域。

迈克读高二的时候，学校邀请家长到学校教授课程，孩子们可以在周三下午的半小时的独立学习时间里选修。我自告奋勇提出教授冥想课程，为期六周。我有些好奇，想知道高中生会不会对沉默和静坐感兴趣，还认定我的儿子们显然都不会对妈妈教的"嬉皮"课程感兴趣。"嬉皮"是迈克发明的表达，他觉得自己在我们家礼貌容忍的所有健康食品、大自然中的散步、喋喋不休的心理疏导等都属"嬉皮"一类，而冥想很难不被归属到"嬉皮"这一类里。

第一个周三下午，我走进教室，惊讶地发现很多人都选择了这门课。不仅如此，我竟然发现来上课的学生里有迈克。我没有大谈特谈自己在冥想授课方面有多专业，而是介绍了冥想的各种好处和用途。接着，我带他们进行短暂的静坐之前，我请孩子们简要写下学习冥想的原因。下课之后，我迫不及待地想看看迈克怎么说。

对"你为什么想冥想"这个问题，有些孩子回答了两页纸，有的说自己在生活中遇到了各种压力，有的说自己相信 UFO 的存在，还有的说自己患病——头痛、哮喘、注意力难以集中等。孩子们的回答看上去令人鼓舞，我们之后会经历严肃但生动的课程。后来，我看到了迈克潦草地写下的答案："和拉姆·达斯（冥想大师和精神导师）一起放松。"

这个简洁的回答完全符合迈克的风格。那是个笑话——是他最喜欢的交流方式——但同时也不算个笑话。这算是伸出了橄榄枝，是迈克举起的白旗，仿佛在说："好吧，我没觉得你特别奇怪。我喜欢沙拉，喜欢徒步，甚至也喜欢你那个古怪的朋友拉姆·达斯。"拉姆·达斯是我们家的代号，用来表示所有不同寻常之事，也就是迈克通过我认识到的人和做过的事，这些都与他在洛杉矶时不同。现在，他宣布，他想学习冥想。

随着时间的推移，有些孩子退出了课程。和我预想的一样，静坐并不是青少年青睐的活动，但迈克坚持到了最后，他是我最忠诚的学生（同时也是班上的小丑）。有时，全班冥想的时候，我会睁开眼睛。我看到迈克坐在地板上，安静、从容，像森林中真正的佛陀一般。我的心中充满了对这个年轻人的敬意，因为他想面对困难，带着十足的幽默感和对生活的感受追求改变。冥想结束后，他会一跃而起，用后空翻结束这堂课。这时，我就会笑，同时为自己感到骄傲。迈克或许从我身上学到了怎样冷静下来，但他也教会了我如何放松。从这个角度看，我曾经也是他忠实的学生。

高中毕业时，迈克已经是个初露头角的运动员和演员。他考上了名牌大学，获得了戏剧学方面的学位。接着，迈克回到了洛杉矶，追求演艺事业。我们两个经常通过电子邮件交流，分享生活中的新闻，互发笑话和文章，通过只有我们自己才明白的语言开玩笑。有一天，他给我发了一条非同寻常的消息。他去看了一部关于拉姆·达斯的纪录片——就是我在第二部分所讲的那个拉姆·达斯。这部电影正在全国上映，详细讲述了拉姆·达斯的童年、大学生活、在哈佛的执教生涯、他的东方之旅、他的书和教义，最后是他的中风还有现状。看到拉姆·达斯被描绘成一个文化偶像，而不仅是继母的朋友，迈克获得了新的领悟。他在给我的电子邮件中写了他的领悟，并在结尾写道：

电影拍得很好，赚走了我不少眼泪。拉姆·达斯真让人觉得不可思议，但你应该已经知道了。他说自己中风的那部分最让我感动。他应对中风的方式和大多数人似乎不太一样。中风和我的图雷特综合征一样，都是西医无法治愈的疾病，你只能从心理上应对。拉姆·达斯将自己的症状比作塞壬——《奥德赛》中的塞壬。（我说了吧？我真的读过。）我感同身受，从来没见过比这更贴切的表达。拉姆·达斯说，中风给他带来各种不便的时候，他觉得自己就像奥德修斯，把自己绑在桅杆上，避免被塞壬诱惑。他说自己有时候为了不向痛苦和恐惧屈服，必须得非常努力。但从表面看，我敢打赌，他会驾船从塞壬旁边驶过，还会跟她们击掌。

我还做不到像他那样，但他的经历给了我新的见解。图雷特综合征就是我遇到的塞壬，它的存在让我成为更强大的人。我还记得小时候，爸爸带我去看过神经科医生，医生给我开了会让症状消失的药，但药有副作用，我只吃过几次。停药之后，我竟然觉得自己得这种病很幸运，毕竟这让我看到了大多数人看不到的世界。

我现在已经不怎么将图雷特综合征看作一种病了，也不会纠结这种病的症状。

当然，病症有时候还是会发作，我会一直抽搐，可纠结于症状会让事情更糟糕，因为我在抵抗，在斗争。看完那部电影，我觉得我可以用另一种全新的方式看待患病这件事。现在我真的能和拉姆·达斯一起放松了。

在我公公的葬礼上——迈克祖父的葬礼，春雨落在草地和墓碑上，我和迈克共同撑着一把雨伞。来送别的都是家人和朋友，大家都是一辈子的熟人。迈克和我有点儿像局外人——都是没有在得克萨斯州西部小镇长大的人。我们站在一边，有点儿格格不入，但都被爱和温暖包围着。那时，我意识到，定义家人的并不是血统，而是爱，我和迈克就是家人。经过多年的调整、学习、失败和成功，我成了他的格林达，他成了我的儿子，我们都收获了来之不易的爱的礼物——世界上最伟大的礼物。

你只需要爱，披头士乐队这么说，《圣经》里也是这么写的，史上每个圣人都这样说过。但真正教给我这个道理的是迈克。当然，生活中还有其他伟大的事：知识、权力还有精神上的理解。

男孩们教我的东西

婴儿们有自己的性别。我觉得，孩子们学会走路、学会说话之后，我才完全领会自己的孩子是男孩，而不仅仅是令人惊叹的小生物。让大儿子学习用马桶时，他撒尿总是弄得马桶圈上到处都是，这种场面让我吃惊，但我丈夫觉得很有趣。我再一次意识到，在女性世界里长大的我，对男孩子们真的了解太少，我不得不好好学习。

后来，我有了第二个儿子。随着两个儿子的成长，我觉得自己就是家里的人类学家，感觉他们的习惯很奇怪。他们每天花好几个小时在地板上滚来滚去，对运动的热爱还有对武装冲突的嗜好让我十分困惑。他们身体强壮，但情感脆弱——我声音中哪怕有一丝微弱的怒气，都能让他们泪流满面。他们真挚的情感和想要保护我的方式让我心动。还有，他们竟然如此有趣、吵闹、真诚。我虽然完全不理解他们身上的孩子气，但又让我着迷。

于我而言，进入男生的世界就像是参加关于从未接触过的种族的人的多元化培训。我在女性氛围浓厚的家庭长大，家里唯一的男性总在40英里之外工作，所以我与男生之间的关系不亚于外星人与地球人之间的关系。我对他们感到好奇，但他们的某些行为也让我感到陌生且不安。我第一次接受关于男生的教育，来自看似不太有说服力的女权主义者，当时的我基本就是一张白纸，所以就将20世纪60年代女权主义者对男性和女性的看法当作"福音书"：我们生而基本相同；行为差异是因为后天教育产生的。还有，我们终将生活在无关性别的世界中。

后来我有了自己的孩子。要不是我有男孩子们，可能永远都无法拥有生命中最重要的发现。孩子们成长为男孩之后，我遇到了"呜呜基因"。后来，"呜呜基因"

彻底颠覆了"天性"与"养育"的论战。第一个儿子2岁的时候，我第一次认识到了"呜呜基因"。小朋友一起做游戏的时候，还在学走路的男孩子们会手脚着地，推着自卸卡车和反铲，嘴里发出"呜呜"的声音，女孩子们则会打扮洋娃娃，或者随意画画。我跟小男孩待在一起的时间越长，就越有机会感受"呜呜基因"。男孩子们总会发出这种声音。对于我这样的女权主义者，这种现象让人不安，但作为灵魂追求者，我想探究这个让人不安的现象的本质。

随着孩子们的成长，我的发现更多：给他们卡车，他们会发出"呜呜"的声音；给他们棍子，他们就会把棍子当成长矛。当然，人身上都有阳刚之气和阴柔之气，有些男孩子身上"呜呜基因"更多一些。但无论我如何努力以"无性别区分"的方式养育孩子，他们还是会发出"呜呜"的声音，但大部分的女孩则不会。无论我怎么看待他们，我儿子都对自己是怎样的、不是怎样的有不可否认的深层认识。

我确实给儿子们买过洋娃娃，二儿子丹尼尔确实也很喜欢其中一个穿着小丑衣服的男娃娃，他给这个娃娃取名乔克宝贝。大概有一年，无论丹尼尔去哪儿，都会带着乔克宝贝。他经常把乔克借给幼儿园的女孩子们办过夜派对，我有时候甚至认为，他出借乔克的行为很可能是取悦女生的早期尝试。后来，丹尼尔不喜欢乔克了，开始收集各种塑料的东西：农场动物、动物园动物、蓝精灵、军人和人偶等，他可以花一个下午组织家庭或排兵布阵。我总能听到他在房间里表演秘密戏剧或发动大战的声音。

有一次，我问丹尼尔为什么绿色的军人会打架，他回答说："因为他们就应该做这些。"

"好吧，或许他们应该一起玩。"我提议道。

"不是的，"丹尼尔一本正经，"蓝精灵才会那样。"

丹尼尔4岁时就知道了我们随着年龄增长会忘记的事情——我们内心和这个世界都有不可抗拒的力量在发挥作用。让孩子们自己玩，尽力不干预他们的选择，在这个过程中我逐渐明白，他们正在探索内心的冲突、攻击的冲动、竞争性、创造性和群体共存的本能。就让孩子们发泄吧，免得他们对权力没有成形的渴望转变为原始冲动。每当听到他们模仿很大的爆炸声，我总会克制自己，不去提醒他们要温柔点儿。此外，我还会陪他们看书、画画，教他们做饭，培养除"呜呜基因"之外的其他基因，希望使他们尽量保证发展的平衡。

和第二任丈夫组建新的家庭后，我的生活中有丈夫、两个儿子还有他的一个儿子（还有儿子们的一堆朋友）——我明显成了势单力薄的一方。风水轮流转，我现在终于体会到了父亲当时的感受。我的生理构造和荷尔蒙使我成为家庭中的"另类成员"。儿子们的行为和兴趣将我和他们区分开——但有多大不同？我很想知道。然而，只有放下自己的喜好和偏见，对他们为自己寻求的道路产生兴趣并欣然接受时，我才会有所发现。于是，我全身心投入了他们的世界。

通常，在足球比赛场边，或是小联盟运动的看台上，当我们的球队得分时，我会大声叫喊，这时的我有一种灵魂出窍的感觉：这是真的我吗？是那个小时候一有时间就会读劳拉·英格尔斯·怀尔德（Laura Ingalls Wilder）的小说或者跟姐妹们一起精心打扮的我吗？即使在高中，我都没有为橄榄球比赛全情投入过。我是个嬉皮女生，会为了不上体育课装病，而现在竟然每周都会花大量时间看这个球或者那个球被踢飞、被抛开或者被击中。

在家里，我让大家安静或者整理物品，总是会遇到茫然的目光。对诸如"你们为什么总是打架"或者"你们为什么要这么大声"等问题，我得到的回应永远是摔跤或者玩笑话，让我不情不愿地参与到他们的滑稽行为中。作为家庭中的少数派，我能做的只有两件事：第一，学会尊重并享受他们的活力；第二，教会我生活中的男人们如何对女性同胞们表达尊重。我想让他们看到，女性和男性在某些方面有相同点，在某些方面有不同点。多样性固然好，但只有男性和女性的价值体系得到同等尊重，世界才会更美好。

多年来，我在男孩子们身上学到的是，我们比自己想象中更能理解对方。鲁米说过：

除了
正确与错误，
另有一片领地。

  我便在那里等你。

  我是在行动和活力的领地等到了儿子们，他们则在我的花园、厨房、书籍和内心等到了我。他们很愿意了解和欣赏我热爱和重视的一切，这让我惊讶。看到他们能和女性自在交往，看到他们尊重和关心自己身边的女性朋友，我总觉得一切充满希望。

  无论我们是否追求对称之美，生命总是趋向平衡。所以我并不惊讶，自己的前半生在女性的陪伴中度过，后半生则主要和男性打交道。女性仍然会滋养我、支持我，但呼唤我成长、检视我先入为主的理念、拓展我心灵界限的却是男性。丈夫、情人、灵魂导师、同事，还有儿子们，都是我伟大的老师，教导我学会生活、关爱和放手的艺术。

为人父母要学会适时放手

大儿子小时候是个沉默寡言的人，也是忠诚、善良、有趣的朋友。弟弟出生时，拉米勒才3岁半，但他一开始就很有保护欲，希望给予他人关爱。他通过一种温和但坚定的方式告诉我们，自己非常清楚什么是长幼有序。拉米勒7岁时，我成了单亲母亲，逐渐依赖他敏锐的头脑和方向感。有一次我开车出门时没带他，错过了高速公路上的出口。等回了家，我又羞又恼地告诉了他我的错误。我再婚时，拉米勒好像松了一口气，也真诚地喜欢新的家庭成员。他是我们这个重组家庭和睦相处的黏合剂，尽量让我们和谐相处。

在学校、足球场、棒球场以及之后的篮球场，拉米勒为弟弟们铺平了道路。在其他领域，他也是先锋——这种描述已经相当低调了，毕竟三个十几岁的男孩子和他们的朋友们"统治"着我们家。孩子们带给我极大挑战。在追求个性化的过程中（也就是荣格所说的将一个人的本质自我从家庭和文化制约的自我中解放出来的过程），他们经历了几次经典的启蒙才步入青春期。

父母很难与青春期的孩子相处，我觉得这是上天的有意安排。这样，等之后孩子离开家时，父母们就能有所准备。即便如此，我还是花了很长时间才从"孩子们不会长大，我会永远是妈妈"的执念中走出来。拉米勒高三那年，我才意识到，孩子们真的会离开家，我的生活中很快就没有他了。我陷入了很长时间的杞人忧天的悲伤中——在拉米勒还没有离开之前就开始了。

拉米勒毕业前不久，我发现悲伤或许对自己来说很重要，但拉米勒完全不需要，他需要的是智慧的提示和指导。我寻找部落长者——脸上涂满可怕颜料的父辈、祖父辈，还有带着会心微笑的婆婆和聪明女性——希望他们出现，带拉米勒进入成年世界。可惜，传统变了，时机也不对。我——一个要保护孩子们免受一切考验和艰难的母亲——如何才能让他做好进入成年世界的准备？

我感到困惑，一如面对婴儿的新手妈妈。我知道自己必须放手，让拉米勒离开，但我也希望他能够经常和这个家联系。我希望能够告诉拉米勒（用他听得进去的方式），我相信他，会为他的自由和责任感而开心，我还想告诉他未来不会一帆风顺，不管他是否成功，我们会一直在他身边。我感谢他与我们共同生活到现在，希望他不要陷入失望的情绪中。我不知道怎样表达这些想法，只能写信，不过我不确定他会看。

于是，我冒险和拉米勒谈过几次——我们两个一直避免聊这个，因为谁都不知道这种谈话如何进行。我们谈到了他对父母离婚的感受、对未来的期待、对我正在经历的转变的看法，还有我们对彼此的亲情。这样的对话并不轻松，但我必须这样做。我把它们当作一种宗教仪式，因为即使在困境中，我也能感受到我们之间涌动着一条河流。

儿子的学校有一个传统，毕业班的学生在毕业时可以发言。由于毕业班人数较少，通常只有20个左右，所以大多数毕业生都会对来参加毕业典礼的亲朋好友讲几分钟。我之前参加过毕业典礼，常被感动。我很期待拉米勒的讲话，尽管想不到他会说什么。典礼前几周，我问他有什么想法，他则用标准的青春期孩子的口吻回答："不知道，之后再说吧。"这绝对是我要练习放手的方面之一。大家都知道，我总在孩子的学校功课上给予很多帮助，但这一次，功课能否完成，取决于拉米勒做与不做。

毕业典礼到来了。毕业生站在演讲台上，老师和学校管理层先发言，之后是学校合唱团合唱。学生父母还有祖父母们都坐在观众席上，自豪、开心或伤感。校长首先发言，接着是几位老师和校友，最后轮到毕业生了。他们一个接一个地走到话筒前，开始发言。有些发言很有趣，有些发言简短且犀利，还有些发言带有政治性和象征性且篇幅冗长。拉米勒站起来发言时，我的心怦怦直跳：关于自己，他会谈些什么呢？对于这个青春期少年，我们能从他的身上学到什么？拉米勒站在话筒前，年轻、高大，似乎还带着些昨日小男孩的模样。好吧，拉米勒，加油，跟我们介绍你自己吧，我心里想。

今天早上一起床，我就开始思考自己究竟要说什么。我有过很多不错的想法。我觉得站在台上应该说些鼓舞人心的话，说些总结高中生活的东西。所以我开始动笔，写下我认为值得提及的内容。但越写，我就越觉得这根本不是我想说的，于是我从头开始。这次，我写的东西完全不同。可刚刚觉得写得还行时，我又觉得这也不是我要表达的了。这下，我有些不知道怎么办才好。

我写下的每个想法似乎都不能完美地概括高中生涯。之后我明白了，这并不是因为我的想法不够好，而是每个想法都很好，因为我今天感受到的每种情绪都非常强烈，所以写下一个后还想写下其他的。

这就是百感交集吧，而且每种感觉都同等强烈，与另一种完全不同的感觉相互对抗。我感受到了幸福与悲伤、紧张与自信、强大与软弱。我立于世界之巅，然而，我同时被当下所淹没。

很快我就会收到毕业证——那一刻真正标志着中学教育的结束，某种程度上也意味着童年的结束，对父母的依赖的结束，我所熟悉的生活的结束。这个想法很吓人。或者说，这是我有生以来觉得最慌张的一刻。尽管我现在忧心未来会如何，但我对自己的能力充满信心。尽管因为要离开我十分熟悉的一切而伤心，但我同时也因要进入全新的世界而非常兴奋。虽然我很遗憾要离开这个为我付出很多的学校，但我也很高兴能去往新的环境。

看着台下的大家，看着很多对我来说非常重要的人，我想说，离开你们我很难过，希望你们也会因为我的离开有些许伤感。但同时，我为自己、为同学们感到骄傲，我也希望你们能如此。此时此刻，我心里充满了悲伤，但同时也充满了喜悦，多么难得啊！每个人的情绪都是复杂的，我自己也一样。我期待未来，但我也会深深想念你们每一个人。

拉米勒的演讲让我和很多人非常惊讶。有个深知他简洁风格的家长说："真想不到，拉米勒竟然会说出全班的心声，对吧？"我非常感激学校举办这样现代的成年仪式，让一个年轻人——一个通常隐藏自己情绪的年轻人——有机会与世界分享自己内心真正的想法。自此，我永远相信，即使在困惑或忧虑的时刻，拉米勒也会拼尽全力穿越生命的荒野。他会敞开心胸接受自己的感受，实事求是地看待生活中的矛盾。他很自信，但也有自知之明。

拉米勒毕业一个月后，他离开家到佛蒙特州的一个夏令营工作。我知道他会先回家待两周再去上大学，但实际上，他在家里的生活已经结束了。成年以后第一次，我的夏天只和丈夫一起度过。所有儿子们七八月都不在家——小儿子们要参加夏令营——漫长的未来在我面前延伸，到处都是令人困惑的自由。

七月初的一天，我坐在家里，工作有些不顺心，隐约觉得有些沉重。这时，眼角余光仿佛捕捉到了什么动静，我看向窗外的大树树梢，狂风吹过，似乎要将每一片树叶当作青春的旗帜吹落。大风吹过云朵和树枝，下午阳光的光线不断变化着。蜜蜂在前院嗡嗡起舞，黄色的身体如在漩涡中，点缀着众多迷人的色彩——野花的粉、天空的蓝、云朵的白、树叶的绿。

我问自己，怎么会在这样的日子里郁闷？尽管我内心沉重，但屋外夏日气息依然浓郁。我很想工作，但总会忍不住看向窗外，仿佛自己的心被吹动树叶和云朵的风拂过。怎么可以这样？我坐着跟自己怄气，一部分的我想要加入自由自在的世界，另一部分的我则把自己拖进黑暗丛林。

终于，我放弃了。我向地下世界投降，让自己完全沉浸在向下的重力之中。我再一次明白了连小丑都懂的道理：顺势而为好过逆流而亡。怀着沉重的心情向前是明智的——它会告诉我们为何悲伤，所以要信任它想表达的信息和即将带来的解脱。

我怎么了？我扪心自问。是担心工作吗？是因为昨晚和丈夫出现了分歧吗？是因为孩子们夏天这几个月不在，日常规律被打破而不安吗？"我还没有适应，"我听到自己回答，"我讨厌这种不知道接下来几周怎么安排的感觉。"我的心微微一动。或许应该拿出日历，列出自己的夏日计划，这样一切就会好很多。

看着日历上七月和八月的小格子，我发现要是不确定什么时候可以到拉米勒暑期工作的地方去看看，别的计划都无从谈起。拉米勒上周打过电话，问我愿不愿意在他休假的时候过去，跟他还有他一个朋友吃晚餐。但他没说哪天休假，只说让我过几天打给他再说。

想到给拉米勒打电话，我突然来了兴致，觉得身体里充满了活力。我再次看向窗外，看向树梢。好的，我决定了，我现在就给他打电话——行动之迅速令我鼓舞。当时是夏令营的午餐时间，等他过来接电话的时候，我听到那边传来男孩子们的喧闹声。我闭上眼睛，想象着他们的脸庞和身体，想象着他们的肌肉和活力，想象着150个男孩子的生命力。突然之间，风吹鼓了我的帆，河水流动起来，我终于发现了自己的方向：我心情低落是因为想念孩子们，无法应对他们长大离家之后的种种变化。"没错，"听到拉米勒的声音从听筒传来，我对自己说，"没错，就是这个原因。"

我们简单聊了几句，约定了见面的时间。拉米勒说得回去照顾孩子们了，这句话让我对他身上新出现的成熟感有些惊讶。他挂电话前说："爱你，妈妈，希望很快见到你。"我挂了电话，泪水涌出眼眶。我现在好想他，一到夏天就止不住地想。秋天他去上大学之后，我肯定会更想他——他的幽默感、聪明才智、他的习惯以及18年来我们共同生活中形成的熟悉的交流方式等。他的离开会给这个家留下一个大洞，会改变家庭生活原来的样子。他的弟弟们也会想他，一切都会有所不同。我任凭这个想法走进心里。

让我极为惊讶的是，我马上就要大哭出来，这个想法在理智的边缘酝酿，积聚力量。我任由自己哭出声，如坐在沙滩上，看着海浪滚滚而来，既害怕，也好奇，于是便听凭自己掉下眼泪。

伴随着一波波涌出的泪水，我回忆起自己和拉米勒共度的时光，仿佛人们在去世之前，会看到自己的一生在面前上演那样。我重温了自己希望感受到并且永远记得的插曲。我看到最开始，拉米勒是个任性的宝宝，有很多要求，我则是个任性且没有经验的年轻母亲。我记得我们之间的挣扎，那段时间，我最终学会放弃了自己的青春，他也学会了如何在这个世界上生活。我为自己的错漏哭泣，请求拉米勒的原谅，因为我并不是完美的妈妈。我回忆起拉米勒童年时我们共同成长的经历——我逐渐成长为更自信的女性和母亲，他逐渐展现出自己的个性和天赋。我感谢拉米勒带给我的快乐，原谅他带给我的考验，尤其是在他沉默寡言的青少年时期。我用心体会我和他父亲离婚时他的伤心，这是我一直不想深刻体会的感觉。很多年，父母的决定给他带来了不安全感，我和他都很悲伤，也很难过。

后来，我看着他长大成人，独自走向自己的命运。我感到完成一份长期工作后的骄傲，以及失去他日常陪伴的忧伤。泪水落在沙滩上，随着海水褪去。我独自坐在那里，被真相洗涤，向现实敞开心扉。我知道自己并非真正失去了拉米勒，而是让路，让他可以找到自己的方向。我能感受到拉米勒的感激和爱，我知道为了我，为了他自己，他会带着我的一部分前行。一个人坐在沙滩上，我仿佛看到拉米勒走上自己坚固的小船，我只能默默祈祷自己已经倾尽全力，帮他准备好进入成年。我还知道，我会感受到痛苦，部分原因是作为年幼孩子母亲的那部分已然逝去，我还要耐心等待新角色的出现。"我的新角色是什么样的？"我问自己，"什么算是过度关爱？什么算是关爱不足？"我的脑海中浮现出日本禅师至道无难（Bunan）写的一首小诗：

> 生时便死去吧，
> 彻彻底底死去。
> 接着做自己想做的一切：
> 万般皆好。

作为年幼孩子母亲的我逐渐死去。随着拉米勒的成熟，随着其他儿子们陆续离开家，我会一次又一次死去。我会努力彻彻底底死去：诚心诚意地让路，让孩子们自己成长为成年人。这时，我的祈祷就会得到回应——我会知道如何承担新的母亲角色，一切都会变得自然、真诚：万般皆好。

写下这篇文章的时候，儿子们全都离开了家，步入了新生活。我不得不承认：我进步缓慢，也不情愿放下。但我勤于练习，经历了多次转变后，我终于适应了新的母亲角色。的确，万般皆好。很多年前，我的一个姐妹给了我一块冰箱贴，上面写着："疯狂会传染。孩子会传染给你。"没错，如果我们能让孩子们优雅、迅捷地离开，随着他们成长、变化、腾飞，他们就能继承关爱的能力。

相信孩子可以独自面对世界

孩子们小的时候,每天似乎都有望不到尽头的感觉。有经验的父母会说"趁现在享受吧,至少还没到十几岁",还有"时间过得很快,一分钟都别错过"。我不知道怎么面对这种建议。日子那样漫长——孩子们终于吃饱喝足,洗了澡上床睡觉后,我总免不了要盘算一下,自己还要在母亲、妻子、职业女性和理性人类个体之间来回转换多久,也想知道面对这样无情的消耗,我还能不能撑到下一周,更别说还有 10 年呢!现在,我自己也会对其他年轻母亲说同样的话。"时间过得很快,"我提醒她们,"趁着孩子还小,努力享受每一个疯狂的时刻。等孩子长到十几岁,你就会怀念他们小时候的样子;等他们离开这个家,你就会想念他们十几岁的时候。"

大约是在儿子们从小兔子一样的小东西成长为青少年的阶段,我决定研究一下青少年与家长分离并逐渐形成自己个性的过程,想知道父母如何帮助青少年培养自己的个性,至少不会阻碍他们。但其实,父母才是需要帮助的人,我本人就很需要。那时,我发现自己非常依赖孩子们,害怕他们已经做好面对世界的准备,所以根本不希望他们长大。

但时不时地,我仍旧觉得自己会抗拒孩子们培养个性的尝试。丹尼尔 3 岁时说的话还回荡在我耳边:"为什么兔子妈妈不让小兔子做自己想做的事?"我想知道有没有什么参考模式,帮助小兔子的父母转变为青少年的父母,适时地放手。我的孩子们都是男孩,所以我对母亲和儿子如何能更好地度过分离的时期特别感兴趣。

我在欧米茄学院的部分工作内容就是挖掘国家最前卫的思想者。组织不同主题的会议时——无论是医学新趋势、不同宗教的共同点还是21世纪的育儿之道——我都会深入研究讨论的主题，直到掌握该领域的前沿信息。这些年，我遇到过很多真正的大师。

罗伯特·布莱（Robert Bly）就是大师之一。他既是才华横溢的诗人，也是聪明机敏的社会评论家。我研究青少年时期母子间互动时，总会看到"布莱"这个名字。他因为一本关于男性的书《铁人约翰》（*Iron John*）而出名。有人贬损这本书，有人嘲笑书中的内容，可赞赏这本书的人也成千上万，因为他们在书中找到了理解现代男人思维的模板。在《铁人约翰》中，布莱复述了格林兄弟的童话故事，通过一系列文章探讨了人们在羞耻感、愤怒感和无意识的悲伤下如何压抑对生活的热情以及社会为这种压抑付出的代价。

《铁人约翰》出版之前的几年，我听人说过布莱关于男人必须回归野性的主张，感觉到他正在挖掘当代男人潜藏的渴望——渴望更多感情、更多表达、更多悲伤和更多享受，但同时要保证采用的方式符合男性阳刚的特征。女性运动为年轻女性踏上离家之旅提供了支持和启蒙，那什么能为年轻男性提供这样的方向？或许罗伯特·布莱能给出答案。

媒体报道中，要是有谁参加布莱组织的聚会，那肯定是容易伤感的人：据说参加者走进树林，围坐在篝火旁，一边敲鼓一边泣不成声。但我了解布莱，因为他多年以来都在欧米茄学院主持诗歌和习作工作坊。我知道他本人太过愤世嫉俗，所以只要活动中有一丝伤感的气息，想让他参加肯定难于登天。后来，我邀请他在欧米茄学院进行一场引导男性的静修练习。

那次静修期间，还有之后他引导的多次静修中，我和布莱就抚养儿子进行过多次精彩的对话。他给我看《铁人约翰》发表前的部分手稿，我们的某些观点一致，有些意见相左。《铁人约翰》出版后，我买过很多本送给年轻的男性或女性，送给已为人父母的人以及亲朋好友。我赞同布莱所说的——真正的男子气概既要男性有充满活力、身强体壮的一面，也要体现温柔有爱心的一面。这种男性不应该以大男子主义者约翰·韦恩（John Wayne）为榜样，也不会以过度敏感的新时代人物为标杆。或许在二者之间，还有一种男性。为了让大家找到这个男性形象，布莱制订了一个计划，比如复活和感受被压抑的悲伤，向乐观积极的男性导师学习，找到需要力量和心灵的行为能力。布莱说，这些方法能帮助男性在工作和社会中塑造更强大、更健康的形象，成为更积极、更负责的父亲，与女性建立更良好的关系，并找到更明智的方法处理瘾症、离婚等危机。

不过，《铁人约翰》与童话传达的最一致的信息是：男孩必须"从母亲的枕头下偷到钥匙"，才能成为男人，正是本书这部分激怒了某些女性。有段时间，我也因此不平，觉得布莱是在模仿弗洛伊德，将男性的神经症归罪于母亲，因为女性无法对儿子放手。我已经厌倦了那种说辞：男性愤怒和暴力的嗜好源于专横的母亲。对我来说，俄狄浦斯神话已是昨日旧闻。但经过与布莱的多次探讨，读过他的书，还和丈夫讨论过布莱在野人静修中的种种活动后，我发现自己没那么抵触他的观点了。

我在家中回顾布莱观察到的一些情景，逐渐意识到自己的母性会强迫自己将孩子们藏在翅膀下，给他们温暖的庇护。我不愿意将他们推出巢穴，到野外世界飞翔。可这并不算是我的错误，毕竟多年以来，我对孩子们的保护发挥了巨大作用。然而，我逐渐明白，12岁、14岁、16岁左右的孩子需要离开巢穴。长大的男生女生都一样，母亲厚重的翅膀会让他们受压变形，因为他们的自我也被压在翅膀下面。借用铁人约翰所说的，形成孩子个性的最关键的钥匙之一就藏在"母亲的枕头下"。

在土著社会中，男孩经常会被成年男性从母亲身边带走，时间长达几天几夜，这样他们才能进入成年生活。男孩回到村子，母子关系也会由此发生变化。但是，因为我们的文化中没有这种仪式，所以现在的妈妈很难确定何时应该转换角色。布莱在《铁人约翰》中讲到了这一点，他还谈到了父亲在当今社会中的模糊地位。他指出，男孩和女孩在个性形成的过程中会受挫，原因在于缺少成熟男性的指导和母亲的过度保护。孩子们长到十几岁时，母亲常常会面临两败俱伤的局面：单亲家庭中，父亲如未能参与养育青少年这一艰巨任务，加之当代生活节奏繁忙，母亲很难意识到何时让孩子独立，以及如何让孩子独立。

抬起翅膀，让孩子们自由飞向各自的生活之前，我对《铁人约翰》的理解并没有渗透到自己的生活。我想成为铁人约翰世界中的模范公民，但总觉得自己的内心有强烈的冲动——况且世界上还有各种危险。如果母亲的本能在抵抗，那么怎么能放手让孩子离开？在毒品、艾滋病、汽车随处可见的世界，对孩子来说，什么算过度保护？由于忙于工作，父亲很难参与儿子或女儿的日常生活，只留下母亲独自面对这些问题，那么母亲该从何处汲取勇气放孩子离开？

我觉得这是无法回避的问题：家长与孩子之间关系的重大改变，通常都要经过痛苦的凤凰涅槃过程。幸好，如果我们可以放松一些，孩子们就会带我们走向火焰，他们知道路在何方。不过走向那条路的时候，我们要与孩子们保持距离，而孩子们会通过吓唬父母的方式进行试探，毕竟是"偷钥匙"，孩子们当然不会采用礼貌或温和的方式。儿子们个性塑造的过程中，我如果感到慌乱，就会好好阅读《铁人约翰》。罗伯特·布莱在书里写道：

钥匙肯定要被偷走。我记得有一次和很多听众讨论过偷钥匙的问题。听众中有男有女。一个年轻男人⋯⋯说："罗伯特，我不太理解为什么要偷钥匙，偷是不对的。难道我们不能直接跟妈妈说：'妈妈，能把钥匙还给我吗？'"⋯⋯没有哪个称职的母亲会交出钥匙。如果男孩偷不到钥匙，就说明根本不配拥有钥匙。

母亲的本性知道男孩拿到钥匙的后果：母亲们会失去儿子们。通常，母亲对儿子都有占有欲——父亲当然通常也对女儿有保护欲——这一点不容低估。

不同的孩子与父母会通过不同的方式度过孩子的青春期，我只能谈谈自己的经历。为了让他们勇敢地步入自己的生活，找到自己的目标和力量，他们不得不偷走钥匙。这一点上，我什么忙都帮不上。其实，孩子们需要我的抵抗，才能克服自身对独立与责任的恐惧。

在有关培养孩子的初级读本中，专家说男孩子们长大后便不会再跟母亲交流，他们对家庭失去了兴趣，想四处冒险，所以很少回家。我的儿子们确实会环游世界，但他们不仅会打电话给我，有时还会邀请我一起参加。不过，邀请是在艰难的分离过程之后才出现的——他们远离我，才能靠近自己还有生活中的其他女性。

现在，我与儿子们的关系很亲近，好像很多朋友同自己女儿们的关系一样。其他有儿子的朋友们也谈到了同样的状况。我说这些是为了让青少年的父母抱有希望，兔子即将离开巢穴进入危险的世界，这段时间很煎熬。如果你察觉到自己紧紧抓住孩子们的过去，那么或许应该找出《逃家小兔》这本童话书，坐在沙发上，和惊讶的儿子、女儿一起大声朗读。不过，朗读的时候，要记得改变词句。

比如：从前，有一只小兔子，它很想离家出走。它对妈妈说："我要跑走啦！""如果你跑走了，"妈妈说，"我就让你走，因为你已经长大了，我相信你能找到自己面对世界的方式。奔跑吧，小兔子！"

扩展圈子，给爱更多空间

> 这个世界的问题，
> 就在于我们的家庭圈太小。
> ——特蕾莎修女

8月炎热潮湿的一天即将结束，我和伊莱在家里的菜园里，凑近一株株藤蔓，寻找大小合适的黄瓜，用于制作我妈妈所说的"冰箱泡菜"。从小到大，我最喜欢的菜园成果就是这个。后来，我的几个儿子也都喜欢。现在，家里最年轻的成员伊莱——我前夫第二段婚姻中所生的儿子，我儿子们的继兄弟——也很喜欢。伊莱常常来我家，尤其是八月。那时，我们会一起做泡菜。

那个夏天，藤蔓蜿蜒爬满了整个菜园，很适合黄瓜生长。我和伊莱收获满满，享受着夏末温和的风。这时，伊莱说："你是我的谁？"

"什么意思？"我没明白。

"你是我的继母吗？"

"这个啊，"我笑起来，一下明白了他的意思，"这么说吧，我也不知道我们之间怎么称呼，但应该有个称呼。"

"你不是我的继母，"他说，"这个我知道，我觉得我应该叫你外继母这种。"

伊莱英俊的脸总会让我想起我的大儿子。如果给予足够的时间和空间，爱就会像不守规矩的黄瓜藤蔓一样野蛮生长。很多年前，伊莱快要出生时，我很不安，因为即将出生的这个孩子会成为我儿子们的弟弟，却不是我自己的孩子。我觉得自己像个蛤蜊一样，内心宽敞，但心门紧闭。

但伊莱出生时，儿子们一下就喜欢上了他。他们喜欢在家里照顾伊莱——虽然他们也就能坚持半个小时，之后就得换我来。我觉得这是他们出于古老部落时代的某种本能才有的反应，毕竟当时家庭结构的限定没有那么狭隘。于是，我也逐渐变得没那么排斥伊莱，跟随儿子们的引导，我也喜欢上了他。还好，我丈夫心胸宽广，从来不会不喜欢哪个孩子——他也喜欢伊莱。

很快，伊莱就融入了我们这个家。我们家里的冰箱里有他最喜欢的果汁，橱柜里有他在自己家里不能吃的糖果。他之前一直叫我"曲奇女士"。他似乎对血统毫不在意，跟我们每个人在一起的时候都很自在——他的兄弟们、我的丈夫、我的继子，还有我本人。哪怕我儿子们去上大学之后，伊莱还是会来我家——我觉得他主要是为了曲奇和泡菜。

伊莱问我"你是我的谁"，其实是在问"我在这个家庭圈子里是什么位置"。特蕾莎修女曾经说："这个世界的问题，就在于我们的家庭圈太小。"这句话的意思不难理解。晚间新闻里都是关于小圈子的报道。有些人扩展圈子的方式是完成对世界意义重大的工作，但一个人并不需要成为联合国代表或者施粥所志愿者才能完成扩展圈子的高尚工作。我们的友谊和家庭，我们的婚姻关系和工作关系——所有这些都是圈子，边界都需要扩展。

我们需要更大的圈子，以及能将彼此联结到一起的称谓，而不是越来越小的团体——家庭团体、政治团体、宗教团体、种族群体或部落团体等。我总觉得，只有这样，我们才能把世界从自己内心的贫乏中拯救出来——竟然是一个孩子让我学到了这个道理。我必须从某个方面开始——伊莱就是我的起点。要是我都不能让一个孩子融入我的家庭圈，那我对这个世界的问题就没有发言权。

生活中总有封闭的圈子，总有些人被我们排除在圈子之外。有几个值得思考的问题，我们不妨扪心自问：我真的有必要把那个人排除在外吗？给他一个新称谓有什么损失？难道我还没生够气、还不够封闭自己吗？复仇、保护或冷酷可能在过去有用，但现在看来，原谅不是更好的方式吗？既然答案是否定的，那不妨通过几个小步骤，尝试扩展圈子的边缘，看看是否有空间容留被排斥的人。就如同往池塘中扔鹅卵石一样，圈子扩大了，石头入水的涟漪就有了，这就是世界扩大的典型模式。

停下急于解决问题的想法

> 今日，如同往日，我们醒来，伴着空虚
> 和惊惶。莫要就这样打开书房的门，
> 翻开书页。取下扬琴。
> 让我们表现自己所热爱的美。
> 贴近大地，以成百上千种方式。
>
> ——鲁米

昨晚，一周都在熬夜的我，终于在凌晨两点爬上了床，但内心七上八下的，如同一只在汹涌海面颠簸的小船。我的几个儿子带着他们的女朋友从远方回家，我心里充满了爱，但还是有些担忧。随着夜晚时光的流逝，外面九月温暖的天气悄然变化。雨随着冷风飘下，黑暗中，片片黄叶提前掉落。到了半夜，绝望在我的小船上聚集，如同缓缓渗进船身的水。我阻止不了悲伤的情绪：看到孩子们，我感到非常无助，他们不断长大，在人生舞台上却仍旧脆弱——他们那么年轻，毫无准备，但世界运转得那样快，那样无情。每个儿子都在我的脑海中轮番出现，我担心儿子们遭遇最坏的事情。

绝望不会歧视任何人。它要深夜聚会，必然会邀请深陷困扰的心灵。担心完孩子们的情况后，我又开始担心自己身体的变化——不是朝好的方向。接着，我担心的是国家陷入一场又一场战争以及战争中重复上演的疯狂景象。最后，我想到母亲时日无多，想知道现在的她独自躺在床上，逐渐接近生命的终点时，是否会害怕。我很爱她，要是没有了她会怎样？我在床上辗转反侧，落雨声声入耳，我想大概没有什么是稳定的吧。我思考了自己的工作、教学和写作。我真的知道什么是值得分享的吗？是否有某种力量可以填补小船上的漏洞以免船只沉没？终于，绝望觉得无聊就结束了聚会，我也迷迷糊糊地睡着了。

鲁米说："今日，如同往日，我们醒来，伴着空虚和惊惶。"第二天早上，我醒来时，觉得空虚、惊惶。我起床后，发现两个儿子已经离家去赶早班机：一个返校，一个返工。我跟继子打了招呼，他正在小时候的房间里收拾东西，把我洗过的、叠好的衣服装进行李箱。我慢吞吞地下楼，面对已经不太习惯的混乱状态。虽然知道咖啡无法缓解疲劳，但我还是冲了一杯浓咖啡，收拾了一下餐桌。我坐下来，一边喝咖啡，一边梳理混乱睡眠中出现的各种景象和感受。

我简单回顾了半夜时分感受到的绝望，严厉地对自己说："我已经不能再靠一个吻让孩子的'嘘'声消失了，这样只会在激怒自己的同时惹恼他们。于大家而言，我对距离的恐惧毫无益处。让他们各自生活吧。"这样，我对"孩子"这个主题的思考结束了。至于身体，我想，虽然我现在身体状况还不错，但我毕竟是个人，身体难免会松弛、下垂、出现故障，终有一天会死去，与重力抗争也无济于事。于是我对这个话题的思考也结束了。

我继续查看心理检查项目清单：战争可能还会持续很长时间，至少得有足够多的人决定通过另一种方式表现权力、共享资源。谁知道这个圣人最终会带来什么？爱因斯坦写过，他想了解上帝的想法——其他的都是"细节"。论及战争与和平，我很想知道上帝的看法是什么，我会为那种观点而祈祷。此项完毕。还有我的妈妈——好吧，我能做的只是好好爱她，在她人生最后也是最艰难的时光中支持她、陪伴她。此项结束。至于我的工作、教学和写作：我在每个方面都已经尽力。结束，结束，结束。把没喝完的咖啡倒进洗手池，把剩下没洗的盘子清洗好后，我看向窗外，思考下一步该做什么。

鲁米给了我今天出门的理由——欣赏风雨过后的世界。他让我在树林里漫步，不带任何目的，在枯萎凋落的黄叶上走过："莫要就这样打开书房的门，翻开书页。取下扬琴。"这就是鲁米的处方——让我们摆脱不肯放手的诸多烦忧，放下不时出现的绝望。

尽可能贴近土地是我"取下扬琴"的方式。我用"简单的乐器演奏弦乐"的方式就是在花园里翻土，或坐在林地上，用小树枝拨弄乱糟糟的树叶，观察垂死的树叶变成鲜活土壤的神奇过程。若是心情不好，我便如动物般在野外方便，看身体中的水顺着山坡流下，渗入土壤之中。我的双脚牢牢踩在地面，双眼一会儿看着大地，一会儿看向天空。我的心找到了幸福所在。我既是动物，也是天使。动物需要脚下坚实的大地，天使渴望飞翔，人类便处于二者之间。单是想到这一点，我就得到了自由。我是脚踏实地的天使！怪不得常常迷惘。

或许你会用别的方式"取下扬琴"——开车时把收音机的声音开到很大、帮助朋友、感受肌肤之亲、打网球、烹煮浓汤等。每个人都有自己的方式，将我们与最重要、最简单的自我联系在一起。有时候，洗衣服就是我"取下扬琴"的方式。孩子们还小的时候，我把一双双小袜子归置好就很心安；等他们长大一些，以飓风之力横扫浴室之后，清洗、干燥、折叠浴巾就能让我振作。在客厅地板上，闻着干净棉布令人愉悦的味道，我就能将美再次融入生活。鲁米说："让我们表现自己所热爱的美。贴近大地，以成百上千种方式。"世界上有成百上千种方式放下包袱，有成百上千种方式给予并接受祝福，有成百上千种方式在度过不眠之夜后心怀感恩。

最后一个孩子开车走了，丈夫去上班了，我一个人在家里。我应该写信，应该给公司打电话，应该清洗碗碟，应该再次积聚力量。但我想接受鲁米的建议，走到阳光明媚的秋日，跪在树叶间，贴近大地。我嗅到泥土的气息，对动物和天使心怀崇敬。我停下想要解决问题的想法。我要抬头仰望蔚蓝的天空，让阳光洒在皮肤上，怀着感恩之心理清思绪。我承诺信任孩子们生命中有看不见的智慧之手。我赋予他们上天给予的权利（好像我对此事有发言权一样）——跌倒后再爬起来。我会无数次意识到自己的渺小，自己只是一幅巨大图景中最不起眼的存在。若是如此，我怎么能从画布的小角落理解整幅作品的设计、布局和意义？于是，我今天就在落叶中舒展，任思绪飘飞。我允许自己成为孩子，在伟大的母亲和伟大的父亲的臂弯中，心安神泰。

第五部分

生死的意义

小时候的我，总会安葬在附近死去的小鸟、乌龟、花栗鼠，所以常常可以从死亡和濒死状态中有所学习。我就是所谓的不正常的小朋友之一，遇到被撞死的小动物，别人都会捏紧鼻子、大叫着赶紧骑车走开，我则会停下车来仔细观察。我对死亡的痴迷并非因为有巨大的勇气，而是因为对死亡的恐惧。我害怕死亡。晚上躺在床上，我会想很多：我不再是我的时候会成为谁？我会去哪儿？一切就这样结束了吗？此后我就会陷入恐慌——心在胸腔里"怦怦"直跳，"永远"这个词像一颗酸酸的"秀逗糖"在舌尖打转，又硬又涩，但却带着奇怪的甜味。

长大一些后，对死亡的恐惧仍如影随形。我在它的引导下做过很多选择：它带我认识了很多有见地的人；鼓励我寻找精神导师；让我成为助产士，陪伴在生病垂死的人身边。多年以来，我的伴侣成熟了，但一直都在我身边，如呼吸一样不可或缺。我们之间的情谊让我对生活有强烈的热爱——我永远不会忘记死亡近在咫尺。

"所有痛苦背后的神秘原因，"约瑟夫·坎贝尔说，"就是'人终有一死'，这是生活的首要条件。若肯定生的存在，那必然不能否认死……战胜对死亡的恐惧就是重燃生命的喜悦。"我无法装作自己已经克服了死亡恐惧。但通过接触死亡，我重燃了大部分生活的乐趣。我所指的死亡，不仅是身体在生命结束之时的死亡，也包括我们经历的凤凰涅槃的过程，以及每天体验到的情感或精神方面的小小的死亡。

荣格提到过，40多岁的病人之所以不快乐，全部是因为对死亡的恐惧，无一例外。我认同荣格的说法，不过我要扩大一下年龄范围：我认识的所有人，无论年龄多大，其不幸都源于对结局、离别和未知死亡的恐惧。我们对死亡的不安总会在脑中嗡嗡作响。有些人对身体死亡和随之而来的神秘永恒非常感兴趣；有些人并不害怕最终死亡，而是更担心生命走到尽头时还没有获得完满；有些人会在经历失去后不得不放下控制，或不得不舍弃自己想要的东西时，因为"自我死亡"而深感不安。无论我们是害怕生命走到尽头时的大结局，还是生命过程中的小结局，对死亡的认识都会给日常生活带来痛苦。

我觉得，死亡是很好的研究主题。正如坎贝尔所说，死亡是"生活的首要条件"。生与死如硬币的两面，二者相辅相成，缺一不可。如果我们对死视而不见，生就会失去活力和意义。或许，我们活着的时候永远无法完全理解死亡，但这并不意味着我们应该害怕死亡、否认死亡或者用"生活是个泼妇，人早晚会死"的消极态度忍受死亡。死亡之中蕴含太多值得我们学习的内容——它是我们最伟大的老师。

将困难转变为凤凰涅槃的过程是练习面对死亡的好方法。在这个过程中，我们会化骨成灰，从中学到的东西和从死亡中学到的一样：我们在生活中渴望的安全感、健康、个人所得等转瞬即逝，不由我们掌控；我们在生活中害怕的——冲突、衰老、失去——终将会过去。听上去这似乎不是个愉快的过程，但这种迂回的方式却是有意义的，因为对死亡的研究是通往智慧、自由和幸福的关键。

开始研究死亡，我们就会发现一切事物，无论在什么领域、是什么物种、有什么元素或形式，每一天、每一刻都在重复上演死亡。在生与死的巨大轮回中，没有任何事物被浪费，万物皆有其意义，一切都相互关联，进而永存不朽。明白这一点，我们便可以放下用力攥住的冲动：紧抓自以为是的自己，以及我们认为生存必需之物。这样，我们便可以体会新生命如何从死亡的黑暗中孕育而生，带着爱享受一切，用激情缅怀失去，借助幽默与信念在广阔无边的神秘中安然自若。

很多人担心，如果研究死亡，或者直面恐惧、释放悲伤，自己就会变得沉闷和沮丧。然而，情况恰好相反。若抗拒死亡的坚硬外壳，我们就无法获得乐观积极。通过研究死亡，我们关注此生的有限能力就会得到扩展，而越过恐惧的界限，理解世界的新视野也会在面前铺陈开来。

主持死亡和临终关怀工作坊时，对死亡的研究我归结出三个简单的规则。第一，死亡并非只在生命的尽头发生一次。自出生那一刻起，我们每天都要面对身体、情感或精神的死亡。第二，我们都是向死而生的，于我们而言，悲伤是件好事——告诉我们自己曾经用情至深。第三，我们要知道，身体的死亡是一段新旅程的开始。我们可能并不知道这场旅程的终点在哪里，但可以充满希望，对它怀着期待和紧张的心情，仿佛准备去异国他乡旅行。本书以上一部分与以上三个方面相关。不过，第一个故事是关于出生的——这是死亡的先决条件，也是它的续章。

见证过出生和死亡的人才能成年

> 我们身披祥云，从上帝身边来，
> 那本是我们的家园。
> ——威廉·华兹华斯

我试探着走过生与死的边缘，渴望感受到神圣。我读过上百本关于修行的书，曾前往世界各个圣地朝圣，冥想静坐到双腿麻木。有时候，这些方法有所助益，但有时候，它们其实并没有发挥作用。不过，在追求神圣的过程中，我发现了一种万无一失的方法——担任助产士，让我能有片刻超越自己有限的视野看得更远。

我年轻的时候当过助产士。我也会陪伴临终之人走完人生最后的旅程。作为迎接和送别灵魂的接引者，这些经历让我最有能力脱离常态，为远比我自己的观点、恐惧和误解更伟大的东西所折服。或许应该强制每个公民至少观察一次婴儿的出生，陪伴某个临终之人走到生命终点，就像没有通过驾照考试不能驾车一样，若没有见证出生和死亡，人也无法成年。

见证婴儿的出生令我谦卑，它唤醒了我、挑战了我也治愈了我。照顾临终者也一样。人类灵魂的第一次和最后一次呼吸，将我与地球上生命来临之前和离开之后的世界联系在一起。华兹华斯写道，婴儿身披祥云来到这个世界。我认同这个说法。我也曾目睹过临终之人抓住同一片云，飘回上帝身边，那本是我们的家园。

第一次当助产士时，我觉得自己找到了应有的位置，除了这份工作，我根本不想考虑其他。我好像很熟悉分娩、接生的过程，虽然当时只有20岁，此前与接生接近的经历也不过是在佛蒙特州的谷仓看着羊羔从母羊身体中出来而已。

我对自己的出生知之甚少——大概是在一家天主教医院，为我接生的是几位修女，她们责备妈妈生我时大声叫喊，最后还在妈妈应该用力的时候让她吸入乙醚，使妈妈昏了过去。妈妈把我们的出生证明贴在家庭相册中，每张出生证明的右上角都有一个小脚印。我之前常常盯着它想象当时的场景：我的小脚丫蘸上黑色墨水，被提起来在法律文件上踩下印记。我的思绪以此为重点。在注重抗菌的 20 世纪 50 年代，生死之事只会发生在别的地方而不是家里，由专家处理。日常没有人谈论出生或死亡。妈妈去医院之后，过几天回家时会带来一个小妹妹和一张新的出生证明，而某位邻居，还有我的祖母，则会被救护车带走，再也没回来。

关于生死的讨论被隔绝在日常生活之外，归入宗教和科学的范畴。出生的混乱和狂喜被清理干净；死亡的高贵和力量也被麻醉。但情况并非始终如此。古人深知，出生和死亡仪式是宝贵的，可以揭开蒙在人类生活与永恒生活之间的面纱。陪伴婴儿降生、照看老人去世的人地位尊崇，他们就是村里的萨满或祭司。

第一次看到婴儿离开产道降生时，看到除了祥云之外还有鲜血、黏液和羊水，我并没有任何不适，只觉得惊奇。或许是童年时探究植物和动物内部结构的好奇让我已有所准备。孩童时期，我就喜欢解剖死去的虫子和小鸟，还会拆开蜂巢和蚁丘，挖开父亲的堆肥，观察虫子如何将脏兮兮的烂菜叶变成新鲜的土壤。我喜欢腐烂中孕育新生的气息，现在也依然认为那种气息与转变的奇迹有关。

分娩似乎也是大自然的奇迹，带有谷仓的声音和气味。虽然是尘间事，但带着神圣高洁；虽然平凡庸常，却不失奥妙神奇。我第一次接生时，只有一个瞬间害怕：在生产的最后阶段，婴儿柔软的头部要适应狭长的产道。生产过程中，如果用力时间较长且用力很大，婴儿的头部可能会畸形。哪怕生产过程很顺利，婴儿头部只是轻微变形，第一眼看过去也会让人不安。新生儿的头发因为血液和黏液而湿滑黑亮，头顶后部隆起且鼓胀，看起来似乎是变了形。我真的认为我接生的第一个孩子身上出现了可怕的问题。但几分钟之内，惊人的变化发生了：助产士给婴儿清洗小脸时，肿胀消退了；等她把婴儿放在母亲肚子上时，那个孩子的皮肤呈粉红色，头部也有了完美的圆形。再看那位母亲，几分钟前还在痛苦地大叫，现在则平静安宁。婴儿出生，母亲的痛苦随之转化为爱。

我当助产士的日子里，总是会提醒初为人父的人，孩子的头部可能会鼓胀。

然而，有几名父亲还是在看到鼓胀的一瞬间昏倒——我理解其中的原因。分娩令人震惊——生动却血腥，痛苦但带着亲密。出于这些原因，总有些人会刻意避开产房。然而，我要再次说明，正是经由恐怖的生产过程，奇迹才得以显现。

在痛苦和可怕的过程中保持清醒并不容易，我们宁愿转身走开，麻木自己或装作漠不关心。要做到相信智慧，相信痛苦终有归处，就需要将好奇心、毅力和耐心巧妙地结合起来，而理解内在的过程是重中之重。我最开始教授胎教课程时，就告诉准爸爸准妈妈们，只有爱上子宫，他们才算是及格。通常，大家会笑我，但我是认真的。因为我发现，虽然呼吸和放松练习在分娩过程中非常有帮助，但了解分娩过程的解剖学和生理学知识更有益处。

通常，我们并不太注意身体的运作方式。大多数人对胆囊、肾脏或子宫功能及位置的了解，甚至不及对汽车化油器的了解。可是了解身体大有益处，能让我们超越习惯的敏感和恐惧，拥有更开放的态度，提升我们关爱身体、与身体合作的欲望。如果你知道消化系统发挥作用的方式，大概就不会常吃垃圾食品。如果你能想象到肺部内层的颜色和脆弱，或许就会觉得戒烟也没那么难。

若一个女人知道自己的子宫如何发挥作用，对分娩海啸级的阵痛就不会有那么大的反应了。子宫实际上是一组肌肉，底部封闭，还有一小块叫作子宫颈的小肌肉。用双手比出一个大圆圈，大拇指在底部相触，两个食指在顶部接触——子宫颈必须扩展出这样大的空间，婴儿的头部才能通过。由于要在很短的时间内完成极大的伸展，所以分娩时的女性通常会觉得自己从内而外被撕裂了。

如果有人向你挥拳，那你会因为害怕而退缩或躲开。与此类似，宫缩的疼痛开始时，正在分娩的女性也会本能地收紧自己。不过，爱上子宫的女性都知道，宫缩实际上是子宫在伸展产道，而放松子宫颈是让婴儿下行产出的绝妙方法。如果在子宫运作时抵抗，只会减缓分娩的进度。这时，要是准妈妈能够聚集爱与尊重，迎接痛苦，子宫颈就会伸展——当妈妈敞开心扉，孩子就会顺利出生。

虽然不再是助产士，但我还是经常用"爱上子宫"来作比喻。如果我在经历变化时能保持理解，对痛苦保持开放态度，那么每天的工作都会轻松而高效。正如外科医生伯尼·西格尔（Bernie Siegel）所说："生活就是阵痛，我们为自己接生。"

陪伴好友艾伦走向死亡

我见证过很多孩子的出生，但只陪伴过为数不多的几个人走完生命的旅程。毕竟一个人不能邀请自己参与自己死亡的过程，而且我也不打算成为专业的"死亡接生婆"。但我确实希望能多接触一些即将离开人世到其他地方去的人。我想了解如何与行将就木的人相处，主要是出于两个重要原因：第一，挣扎着放弃生命时能有人陪伴，似乎是走向死亡的人所希望的。从我个人的经验以及护士、医生为我讲述的经历来看，我觉得没有人希望独自离去。第二，每次见证死亡，我都会觉得自己变得更为丰满——我会由此强化自己面对死亡的能力，以更加坦诚和热情的方式生活。

既然病人和即将离开人世的人都需要别人的陪伴，而且健康的、活着的人可以在垂死之人的床前付出，那我们为什么要把死亡放逐到重症监护室或养老院？我们为什么要远离如此珍贵、重要且急需的东西？或许我们认为，隐藏疾病和死亡的过程，会让人们通过某种方式忘记人注定会死去，忘记我们终将离开人世。我患有帕金森症的作家朋友布鲁斯·塔尔伯特（Bruce Talbot）写道：

无论健康与否，每个人都要明白：人生情节人人相同。每个人都一样，都要出生、生活、死去。患有慢性病的人比健康的人多一些优势。我并非轻视慢慢恶化的疾病或其他人的境况，但对于患有慢性病的人来说，人生情节似乎更简单，而且在某些重要方面（我可以这么说吗？）过得更轻松。虽然有所失去，但通过其他方式，我们也有所收获。我们的优势在于：生命提升了几个重要的层次，清楚地知道时光正迅速流逝。

这就是亲近死亡和即将去世的人带给我的启示：它升华了我的生活，让我相信其中的美与简洁。第一次与即将离世的人待在一起时，我也刚刚30岁，还没想过要这样做。实际上，我寄希望于其他东西，希望和朋友艾伦一起慢慢变老。

我和艾伦是在公社认识的，当时我们两个的孩子都很小，我们一下就成了好朋友。我们会分享各自的感受——有常识，也有幽默——我们都认同公社会供不应求。但刚缔结友谊时，艾伦就生病了。她经常觉得疲倦，小病不断。到儿子们3岁左右时，艾伦确诊了白血病。我陪她尝试过很多治疗方法，从胡萝卜汁疗法到化疗都有。最后，艾伦癌症症状有所缓解，我自己也欣喜若狂。之后几年，孩子们渐渐长大，我们都搬离了公社，但住得不远。我们都充满希望，认为艾伦能战胜病魔。

病情缓和5年后，艾伦获悉了白血病全面复发的消息。那时，她心中充满了无人能解答的疑惑：就算预后很差，自己还应该再进行一轮痛苦的化疗吗？自己该告诉儿子自己要死了吗？自己什么时候会离开人世？自己已经厌倦了与疾病抗争，但又不想让儿子失去母亲，这该怎么办？而我是否应该支持她让生命枯萎的选择？我不知所措。我了解产育的过程，但对死亡则一无所知。

我上一次接触因病而走向生命终结的人还是在4岁时。当时，我祖母得了癌症。我记得，祖母的死就如同一部老电影——有不同的场景、对话和歌曲。祖母一直和我们住在一起，从我和姐姐同住的房间往里走就是她的卧室。祖母喜欢和小孙女们在一起，给我们唱老歌，为我们梳头发。但我们都有点儿怕她，因为她的皮肤发黄，双手颤抖。

有一次妈妈去杂货店买东西，我在家里午休。我抱起枕头，睡在楼梯的平台上，这样不用下楼就可以听到妈妈的话，也可以尽可能离祖母远一些。我祖母听到走廊里有动静，就把我叫到她的房间，从装有红色黄色巧克力豆的盒子里拿出一块口香糖给我。我觉得自己应该拿一块。等妈妈回家时，发现我在楼梯上睡着了，口香糖粘在头发上。

有一天，救护车把祖母接走了，我再也没见过她。几十年过去了，有人请我陪伴其度过人生中最后的时光。幸好，艾伦是个很好的老师，她在走向死亡的过程中表现得更为温和。去世前几个月,她就已经做好了离开的准备,从她的脸上,还有她与丈夫、儿子相处的方式中就能看出来。这个女人曾经是一名了不起的战士,用机智掩盖情绪,但后来她却开始说一些令人惊讶的话。"要是人们知道面对的是怎样的人生,"有一天,她对我说,"可能就会尽情享受了!"

艾伦去世的那个冬天,有个场景多年以来一直留在我心里:几个朋友一起在艾伦家吃晚餐。我环视房间,艾伦的丈夫独自坐在角落里,因工作和对一切的担心而疲惫不堪,另外两个朋友正在为谁去杂货店买忘记的食材而讨论,我被自己的儿子们还有艾伦的儿子弄得有些心烦——我正在准备晚餐,可他们一直跑来跑去。这时,我看到了艾伦,她瘦得如纸片人一样,裹着毯子坐在摇椅上,看着窗外的雪花。后来,她面对我们大家,小声说:"你们要彼此照顾,好吗?"

12月的某个夜里,艾伦陷入了昏迷。第二天早上,我带着孩子们去了她家——因为几周前计划好要带艾伦一起去买圣诞礼物。我发现她躺在床上,呼吸很轻,嘴角有一条细细的血痕。医生提醒过我们,艾伦的生命靠输血维持,但她的身体随时都可能排斥输入的血液。那个"随时"来了。

艾伦的丈夫带着他们的儿子还有我的孩子们去了另一个朋友家,我打电话给医院,为之前从未踏足的旅程做些咨询。幸好,接电话的是一位了解艾伦想法的医生,幸好这位医生也有勇气尊重艾伦的想法。医生猜测艾伦是脑溢血,应该已经到了无力回天的地步。他提醒我,艾伦希望留在家里,要是把艾伦送到医院,医生就会给她用上维持生命的仪器,让她的生命能再延长一段时间,但艾伦会因此受苦,且永远也没有办法恢复知觉。

"我该怎么做?要去医院吗?如果是你的妻子,你会选择怎么做?"我有些惊慌失措。

"这个,我回答不了你。"医生说。

"她会什么时候走?"

"我也不知道,应该很快。到时候你们就知道怎么办了。"

"怎么知道?"

"就看着她呼吸,陪着她。"

那一整天，还有晚上，我都和艾伦、她的丈夫还有当天来看她的一位老朋友在一起。显然，我们应该一起走完这段旅程——艾伦是空灵的向导。眼泪从艾伦闭着的眼睛流出，顺着苍白的脸颊滑落。她的呼吸很微弱，偶有停滞。她很疼吗？她知道我们都在吗？

时间从上午走到下午，我们一直握着艾伦的手，与她一起呼吸，还给她读书，告诉她，我们会关爱她的儿子，所以她尽可以放心离开。听到这句话，艾伦的呼吸更深了一些，也不再流泪。有一瞬间，我蜷在她旁边的小床上，竟哼起了一首我自己都快忘记的歌——艾伦和她丈夫去东方旅行时从一位受人敬爱的老师那里学的。那位老师一年前去世了，但我仿佛感受到了他的存在：或许他是来接艾伦走的。我觉得其他人也在——神秘的力量汇聚在一起，护送艾伦跨越鸿沟。

夜幕降临，房间里越来越冷，艾伦呼吸的间隔逐渐延长。我们坐在她身边，像三名迷茫的水手待在没有船舵的船上，只靠艾伦的呼吸撑满船帆。我们把自己交给即将带艾伦离开的太空之海。后来，艾伦呼吸之间的停顿变得特别长，期间仿佛只有虚无存在——巨大的、持久的虚无。我们和艾伦一起坐在广阔的空间里，跟着她走了一段路才转身回来，发现她已经很久没有呼吸了。艾伦走了，我们还在，坐在床边握着她冰凉的手。

艾伦呼出最后一口气时，我这个凡人的脑海中，有一扇窗短暂地打开了。但我还没有看清，那扇窗就关上了，我又回到了现实生活中。偶尔，尤其是回忆起与艾伦在一起的最后时刻，那扇窗就会打开一条缝。

万物无所谓生，也无所谓死

> 没有出生，
>
> 也就没有死亡。
>
> ——拉瓦锡

越南禅宗僧侣一行禅师（Thich Nhat Hanh）是世界上最受尊敬的冥想老师之一。我参加过几次一行禅师主持的静修会——有时候，学生们也会叫他Thay。有一次，我邀请一位从没有参加过静修会的老朋友和我一起在欧米茄学院跟着一行禅师静修。多年以来，我一直在考虑，是否应该带这位朋友参加欧米茄学院的课程。他来自纽约，是个容易激动、精力充沛的音乐制作人，他的愤世嫉俗和带着刻薄的机智，已经到了可以说单口相声的水平。我不确定他能否面对安静平和的氛围，也不知道他能否和欧米茄学院的学员相处。但最近，这位朋友被诊断出患有重病，有生以来第一次要直面自己的死亡，完全无所依靠。我建议他平和地接受疾病和死亡，可他却总是畏缩，我说的话在他听来不过是新时代的陈词滥调。

我想如果世界上真的有人能打动我的朋友，那肯定非一行禅师莫属。这个谦逊的禅师与众不同——他心思清明、虚怀若谷，他的措辞和声音能让人们安静下来，同时保持清醒。一行禅师的声音有些沙哑，但所言字字珠玑，温柔又睿智，带着些许活泼。他的声音中蕴含淡淡的忧伤，可同时又充满平静。一行禅师1926年生于越南，16岁时皈依佛门，历经国家被蹂躏、人民饱受苦难的岁月。在那些年里，他致力于帮助战争难民熬过巨大的苦痛。他失去过家人，目睹过酷刑，冒着生命危险试图通过和平抵抗手段给当局施加政治压力，最后因领导越南佛教和平代表团而被流放，移居法国后继续为和平事业做贡献。马丁·路德·金曾提名他作为诺贝尔和平奖的候选人。

一行禅师的个人经历——他目睹苦难，以及失去朋友、家庭还有不得不离开祖国——让他现在的一举一动更显得不平凡。他是我见过的最平静的人。他不常来美国，每次来都会吸引成千上万的人，这些人只想和这个平静的人坐在一起，亲身体验他所谓的"平和安详"。

这一次，来欧米茄学院与一行禅师见面的有 800 多人——10 月深秋的周末阳光明媚，生活在东北部的我们能因此熬过寒冷萧索的冬天。我朋友不愿意参加静修会，说跟一个越南僧侣坐在一起就是对他的惩罚，罚他 1968 年没参加反战游行，反而去参加摇滚音乐会。我站在停车场等他，仰望湛蓝的天空，享受明媚的阳光，看着枫树和橡树橙色、棕色的树叶，还有在花园里晚开的花儿中飞舞的黄色蜜蜂。沉浸在秋日美景中，我体会到一种参加冥想静修的人才能体会到的宁静。

我的朋友毫无意外地迟到了。练习即将开始。他走出擦得锃亮的黑色汽车，快步走来跟我打招呼时，一行禅师正和一位越南比丘尼从对面走向讲堂。禅师和比丘尼穿着朴素的棕色长袍，步调缓慢，一言不发，如两片从蓝色天空中飘过的秋日落叶。

我朋友停下脚步，看着两位僧人靠近，还在他们经过时低头致意。这完全不像是他平日的举止。他没有跟一行禅师和比丘尼说话，只是目送他们稳稳地走向大厅。美国禅师理查德·贝克·罗希（Richard Baker Roshi）称，一行禅师行走时的步履"如云，如蜗牛，如重型机械——是真正的禅意体现"。

我走到朋友身边，他还站在原地，微微低头。他的手按在心口，问我："那是谁？"

"不是谁，"我回答，"是一行禅师。"

"天啊！"朋友说，"太奇怪了，我觉得自己一动也不能动。那个人实在是太……太慢了！"

这或许与他一路匆匆地从纽约赶来形成了鲜明对比，也可能是禅师和比丘尼从灿烂秋日走过时带来的视觉冲击。无论如何，我的朋友已经被这次不期而遇改变了。他耐心地坐在讲堂里，一言不发，专心聆听一行禅师朴素的话语，周围都是通常会被他的犀利言辞撕碎的人。

那天，一行禅师讲到了死亡。我很高兴朋友正好在场，也很高兴自己没有缺席。一行禅师讲了两个小时，声音温和如歌。大家坐着，全神贯注地聆听。后来，我发现朋友睡着了，便把外套给他披上，相信一行禅师的话会进入朋友的梦中（而且也知道他之后可以买录音带，在开车回纽约的路上反复听）。以下是一行禅师在欧米茄学院讲道的浓缩版。

我们总觉得，死亡意味着我们突然之间就消失了。我们变得无影无踪，不复存在。这是我们的理解。同样，我们认为出生是生命之始。出生意味着什么？我们认为，出生意味着从无到有。无突然之间变成了有。从"无人"，你一瞬间变成了某人。这是我们对出生和死亡的定义。带着这些观念，我们内心深处总有恐惧。但佛陀的想法完全不同："无生"和"无死"。佛陀让我们亮出恐惧，深入观察我们恐惧的对象：对死亡的恐惧，对不复存在的恐惧。这是佛陀教义的精华，你不得不学习，因为这是所有教义中最值得学习的部分。

很多非佛教徒已经发现了无生无死的真相，比如世人所说的"现代化学之父"拉瓦锡。他深入观察事物的本质，宣称因为万物无所谓生，自然也无所谓死："Rien ne se crée, rien ne se perd."我记得他没有学过佛家教义。

我们不妨用一张纸来诠释"无生"和"无死"的理念，因为纸正是我们所谓的物。现在让我们一起练习，深入观察这张纸。（一行禅师拿出一张白纸。）大家不妨假设这张白纸上记录着"纸"的生日，也就是它从"无"之中被创造出来的那一天，之后它就变成了某种物，变成了这张纸。这可能吗？现在，我们仔细观察这张纸。深入这张纸真实的本质。你看到的是什么？你可以看到——通过有形的、科学的角度——这张纸是由"非纸张元素"构成的：我触摸这张纸时，触摸到的其实是树，是森林，因为我内心深处知道树的存在，知道森林的存在。对吗？我也触摸到了阳光。即使在午夜时分触摸这张纸，我也能触摸到阳光。因为阳光是形成这张纸的另一个元素——另一种"非纸张元素"。没有阳光，树木无法生长。我还可以触摸到云朵。因为没有云朵就没有雨,没有雨就没有森林,所以云朵也在这张纸中。阳光、土壤中的矿物质、土壤本身、时间、空间、人还有昆虫——世间万物似乎都存在于这张纸中。我们探求这张纸究竟由什么构成,这非常重要——它仅仅是由"非纸张元素"构成的。我们的身体也是一样。

那么,是否有可能从"无"之中出现"有"呢?从"无"之中,你能拥有"有"吗?不能。因为我们将其视为一张纸之前,它曾经是阳光,曾经是树木,曾经是云朵。这张纸并非从"无"中而来:"Rien ne se crée。"没有什么是凭空出现的。你认为的纸张的生日,其实应该是"延续日"。下次庆祝生日时,不要再唱"生日快乐",而要唱"延续日快乐"。

万物不会凭空出现,也不会无缘而终。我们最真实的本质就是"无生"。出生证明非常具有误导性,那张证明是说我们某一日在某座城市的某家医院出生,但你心里很清楚,在那很久之前,你就已经存在于母亲的子宫中。甚至在母亲受孕之前你就已经存在——存在于母亲、父亲、前辈之中,甚至可以说无处不在。所以如果追根溯源,就会发现根本不知道自己始于何时何处。

现在,我们来消灭这张纸。让我们烧掉它,看看它是否会归于"无"。(一行禅师划着一根火柴,点燃手里拿着的那张纸。)我们观察一下,它是否会减损到"无"的程度。大家能看到灰烬,还能看到有些烟雾。烟雾就是纸张的延续。现在,这张纸已经成为天空中某朵云的一部分。或许,明天它就会变成落在你额头的一滴雨。但你应该不会留心,因为你不知道会有这场相遇。你也许只会将雨滴认作雨滴,但其实它也许就是你进行深入观察练习时使用过的那张纸。如此,你能说这张纸现在变成了"无"吗?不,我觉得不能,因为它的一部分变成了云。你可以说:"再见,哪一天再与另一种形式的你相遇。"

其实,用纸张追踪这条路径不太容易,如同寻找上帝一样困难。有些燃烧的纸张已经渗入了我的身体。我刚才差点烧到自己的手指。它也已经渗入了你的身体。它已经离我们远去,如果你有精良的设备,甚至可以从遥远的星球测量它燃烧所释放的热量——因为一件小事对整个宇宙的影响完全可以衡量。它为你我的身体以及宇宙带来了变化。这张纸会继续存在,只是我们的肉眼很难看到和辨别,但我们知道它一直在那里——无处不在。这些灰烬之后会回归大地，也许下一次你再见到它，它已经长成了树上的一片树叶。这个我们不得而知，但我们知道的是，万物不会无缘而终。所以，这张纸的本质是"无死"。

现在，深入观察自我——我们的身体、感受、认知，观察山川河流、另一个人，这些都体现了"无生"和"无死"的本质。这种本质一直存在，只是我们被太多关于生死的观念所困扰，才会感到害怕。若是带着这种恐惧，我们就无法收获真正的幸福。深入观察可以帮我们消除恐惧。佛教中，有个词让很多人深感不安，那便是涅槃。涅槃表示"灭绝"，可达到涅槃正是我们修行的目的。我们不妨提出这样一个值得思考的问题：什么是灭绝？为此，我们必须了解涅槃的真正含义。要做到这一点，最好的方法之一就是提问。"所谓的灭绝是什么？是什么的灭绝？"

灭绝首先意味着观念的灭绝——比如生与死、有与无的观念。要想触碰真实，自我的观念必须被移除。自我由非自我的元素构成。意识到这一点，你就会无所畏惧。

身体并不是我，眼睛也不是我。若用生命的长度衡量自己，在时间或空间上将自己与其他事物相分离，这显然是错误的，因为你同时就是一切。

如果你被禁锢在"分离的自我"这一观念中，你就会生出极大的恐惧。但如果你仔细观察，就能在所有地方看到"你"的存在，这样恐惧就会消失。我成为僧侣后，每天都在练习深入观察。我在学生身上看到自己，在前辈面前看到自己，在每一刻每一处都能看到自己的延续。后来，我离开越南，呼吁和平和停止杀戮，但之后很多继任的政府都不准许我回家。然而，我觉得自己就在越南，那种感觉非常真实。我并没有那种被流放的痛苦感觉，因为我的朋友们去了越南，越南还有其他新皈依的僧尼，而我也在他们身上看到了自己。我并不认为自己此刻身处越南，就如同我并不觉得自己某天会停止存在。

佛陀关于无生无死的理念是整个佛教教义的精华。你来参加这次静修会就是为了学习这一点，从而转化部分痛苦。没错，这很好，但不要错过真正的机会。我希望你能更深入地去学习、去练习，直到成为一个坚强、平和且毫无畏惧的人。因为我们的社会需要具有这种品质的你。你的孩子们，我们的孩子们，都需要这样的你才能继续前进，成长为坚强、平和且毫无畏惧的人。

讲完后，一行禅师向大家鞠躬，敲响了碗状的打坐钟。清亮的声音从钟腹传来，在房间里盘旋一阵后，便从门和窗的缝隙中溜了出去，与秋日的空气融合在一起，被微风带到树梢。接着，那声音会延伸得更远，与云层、天气还有盘旋在地球大气层中的无数振动混合在一起。也许，打坐钟被敲响的瞬间，钟声便已经跨越大洋到达越南，到达了一行禅师出生的地方。那里，在一座村庄简陋的小庙中，一位比丘尼从打坐中抬起头，感受到一种勇气注入心中。无生，则无死——一张纸如此，一个人如此，甚至由僧人敲响的钟声也是如此。

自从参加过一行禅师的静修会后，我的那位音乐制作人朋友在身体和精神的康复方面都取得了很大进步。他变得更加坚定，也更加冷静，逐渐放慢了节奏，不再草率地下结论，而且总是面带微笑。他说，这都归功于那个身穿棕色长袍的禅师。

来自梦中的访客

在我的一生中，父亲的模样好像从未改变过。我不断成长和变化，但父亲始终如常。85岁的他依旧冷淡疏离，但同时也很有好奇心，精神矍铄，仍会去爬山、滑雪。几年前，和母亲定居佛蒙特州后，他还会亲自到农舍周围翻地，像之前一样站在收音机前听新闻，随时准备给意见不同的评论员一点儿颜色。他仍旧会给我邮寄他认为有助于我工作的剪报，同时附上简要注释，说明如何利用。无论是通信还是打电话，或是去谁家拜访，父亲的结束语一定是："继续加油！"这大概是他在部队中学到的。父亲会写信，也会在打电话时大喊，或者猛拍我的背。我想这是他在表达对我生活方式的认可，甚至是表达对我的爱。

2月一个清冷的早上，我还没睡醒，电话就响了。我接起电话，迷迷糊糊地跟对方说话。

"伊丽莎白？"我姐姐说，"爸爸昨晚过世了。"她的语气中带着一种疑惑，仿佛是在念报纸上某个不同寻常的标题。

"什么？"我倒吸一口气，消息如此突兀，让人反应不过来。姐姐的话仿佛砸向我的一记重拳。"可……这个……怎么可能？"我一句话都说不完整。

"他昨天去滑雪了，"姐姐的语气仿佛是在给小朋友讲童话故事，"之后回家吃了晚餐，然后上床睡觉，就再也没醒过来。"姐姐是个护士，但爸爸在睡梦中去世的情况还是让她惊讶。虽然她和爸妈住在同一个镇上，但听起来仿佛被独自困在月球上。"要不你现在赶紧开车过来吧。"姐姐的语气中有些恳求。

我叫醒丈夫，难以置信地说出了几个字："我爸去世了。"我像一个迷茫的小女孩，蜷在丈夫怀里泪流不止。怎么可能是我父亲呢——他自始至终从未变过——

就这样突然去世了？也太突然了，我这样一个花费很长时间思考死亡的人，竟然很少想到父亲会去世。几天之后，我的大儿子对我讲："我一直以为外公不会死。他不像是那种人。"

一路向北，我开车来到父母住的小镇。沿着长长的土路，我们到了父母的家。一路上，我都怀疑那个电话只是一场梦：父亲是否还会像之前一样穿着旧皮靴和旧冬衣站在路上等我？他还会在那里修理长长的石墙，在佛蒙特州寒冷的空气中朝我挥手吗？但这次不是梦，父亲没出现在路边。我到父母家的时候，母亲——一个做事从不拖延的人——已经将父亲送到了殡仪馆。我开车到了下一个小镇，家人正在等着我。

我们都在——女儿们，现在只有女儿们无助地在殡仪馆伤心流泪。父亲总说我们"就像女孩一样"，但和很多突然面临失去至亲的人一样，我们的震惊大过悲伤，还都没反应过来。写讣告的时候我们还能如常，但选择骨灰盒的时候又忍不住哭起来了。我们都能感受到父亲的存在——他因我们生出的骄傲，他的谦逊还有他的轻蔑。

离开之前，我想见父亲最后一面。脸色苍白、身体超重的殡仪馆主任打开通往大型冷藏室的门。我看到父亲四肢舒展，躺在轮床上。"别待太久，"主任说，"里面挺冷的。"他转身出去，关上门。我走到父亲身边，和往常一样没有什么肢体接触。父亲赤身裸体，白色床单盖到肩膀的位置。他的头看上去很大很沉，整个身体似乎都紧缩在一起，仿佛在生命的最后几个小时变成了反物质，身上泛着冰冷的蓝色荧光。他被死亡吞噬了，正在被房间中的某种力量所消化、利用。我唯一能想到的就是我之前错了：死亡并不是一片虚无，而是另一种东西——巨大但闪闪发光的东西。父亲离开了我们的家，去了别的地方。这么多年，我一直想要离开父亲的家，但现在一切都因他的离开结束了。

可是他去哪儿了？父亲去世后的几个月里，我常常梦见他。在那些梦境中，我认出了殡仪馆里盘桓在他身体周围的蓝色荧光。每个梦里，父亲都非常开心，他的脸庞年轻而英俊。看到我，父亲的喜悦溢于言表——哪怕我是在梦中，他是在死后的世界。我后来称之为"梦中访客"，因为它们太过生动和真实。有时我在做别的梦，可忽然之间父亲就出现了——仿佛走错片场的某个搞笑角色。还有，我们之间会传递不言而喻的信息：我们彼此相爱。没有太多的动作，也不会掺杂太多柔情——只是清晰、甜蜜的深情交流。

一次探访梦境时，父亲和我交谈起来。当时，我和母亲还有姐妹们在父母之前的卧室里。门突然开了，父亲出现在门口。我们都很高兴。我特别开心，幸福得不知所措。父亲看上去英俊帅气。

"最近怎么样？"我问他。

"特别好！"

"死了之后有什么感觉？"我接着问。

"跟你们想得很不一样——得自己干活赚钱。"他说。

"真的吗？那个地方需要钱吗？"

"不用，几乎不用，不过还是得亲自赚钱。"父亲重复道，"我这个周末就得去阿拉斯加工作。"

我觉得父亲说的应该是善良的撒玛利亚天使才会做的工作，比如清理漏油等。接着，父亲转身离开了，但离开之前，他走到母亲身边，再次向她求婚。

我的姐妹们都说自己也有类似的梦，只有母亲从来没有。去世一年后的某个晚上，他终于进入母亲的梦里。第二天早上，母亲在我的答录机上留言："伊丽莎白，终于来了！你爸昨天终于来我的梦里了。在梦里，我知道自己梦见了他，便对自己说：'我等不及要把这个消息告诉女儿们了。'你爸来了，比之前我梦见的其他人更清晰。他还是那种玉树临风的样子！我只是看了一眼，他就消失在人海里了，之后我再也没看见他。但就那一眼，我也觉得有好几分钟。色彩非常鲜艳，一切都非常真实。我觉得你会想知道这个梦。"

来"探访"我的不只有父亲，还有因艾滋病离世的朋友彼得。他去世后不久就来看过我好几次。艾伦去世后也出现在了我的梦里——她依然健康、年轻，跟我聊她的儿子。通过和朋友还有陌生人聊天，我对"梦中访客"进行了不甚科学的研究。有一次坐飞机，我和一个年轻人聊起来。他说双胞胎兄弟死于车祸后曾出现在他梦里，那次探访非比寻常。后来，我还在工作坊中遇到了一位女士,她说母亲经常在自己需要指引的时候出现在梦中。我在布鲁斯·斯普林斯汀(Bruce Springsteen)的音乐会上遇到过一个人,他的"梦中访客"让我泪流满面。

演唱会开始前,我和一群铁杆粉丝到后台转悠,兴奋到快要发疯,一边想让自己显得很酷,一边又尽量克制。一个来自新泽西的大个子跟我聊起来。他叫雷,是连锁餐厅的老板,这是他参加的斯普林斯汀的第45场演出。他问我为什么来后台,我说我有个朋友认识乐队的人,知道我特别崇拜斯普林斯汀,就带我来了。我也问了他同样的问题,雷说自己的父亲刚去世不久,有个人给了他一张后台通行证当礼物,希望他能开心一些。我问他父亲去世后,自己应对得怎么样。雷说应对得还好,还做过关于父亲的梦。

"梦中访客?"我问。

雷惊讶地看着我。"完全没错!"雷大声说,"你怎么知道的?他真的来探访我了。是他,非常清晰。那不是个真正的梦,但我只能这么说,要不别人都会觉得我疯了。但你说得对,就是探访,很多人都不太想聊这个。"

"好吧,那你现在算是找到了一个愿意聊的人!"我笑起来。"我没觉得你疯了,而且我喜欢研究这类梦。"

"这么说,那你都知道什么?"雷说,"没想到这种梦还有名字。"大家聚到一起等待演出开始,我们搬了两把椅子到旁边,雷给我讲了他的经历。他的父亲一直想戒酒,雷小时候很少见到自己的父亲,但过去几年中,雷和父亲建立了某种友谊——这对他们两个人来说都特别重要。他们每周都通话,聊一聊见面之后要一起做什么。雷正在建造自己心仪的房屋,等不及赶紧建成给父亲看。他想让父亲看到自己现在的成功,想在父亲身上感受到父亲为自己感到骄傲。他知道,他和父亲站在那栋房子里的时刻,一切都会因此而完整。

但一切都还没实现,雷的父亲就在一次车祸中过世了。雷当时非常崩溃,他再次失去了自己的父亲。很快,雷和妻子就搬进了新家。一天晚上,他们在温馨的卧室中睡着,半梦半醒间,雷看到父亲站在床边。父亲看起来年轻英俊,说自己来看看这座房子。雷问了他事故的情况,但父亲似乎对此一无所知,只想参观那座房子,说为雷的成就感到骄傲。雷带着父亲参观了每一个房间,父亲也问了他很多建造和计划的细节,还问候了雷的妻子和孩子们。父亲向雷道歉,说在雷小时候自己并不称职,还告诉雷,自己一直爱他,只要雷还需要,他会时刻陪伴在雷身边,以弥补过去缺席的时光。说完,父亲就走了。

"那个梦改变了我的生活。"雷对我说。

"为什么这么说?"我问。

"我那时知道了父亲是爱我的,为我感到骄傲。我不知道他活着的时候是否会把这些话说出口。梦里,我知道来的就是他,是他的声音,是他的脸——肯定是他。我觉得我可以继续生活了,父亲永远都会陪在我身边。"

和雷一样,已故者的夜间探访也让我感到安慰。我有时会尝试着邀请对方探访,但从未成功过。显然,探访梦境不像客房服务或者按次付费的电影那样接受预订。不过,人们可以做好准备。据我所知,最好的方法就是允许自己伤心——为失去的朋友或家人感到悲伤。为他们在心里留一个位置,哪怕情感仍在,哪怕回忆会令人心痛。

哀伤是一份珍贵的礼物

> 让你年轻的泪雨倾泻,
>
> 让冷静的哀伤之手举起,
>
> 一切并非如你想的那样黑暗。
>
> ——罗尔夫·雅各布森

一行禅师说,研究死亡可以帮助我们成为"坚强、平和且无所畏惧的人"。即便如此,所爱的人去世时,我们往往很难平静、淡定。死亡会在活着的人心中激起矛盾的情绪——有些人会惧怕,会脆弱;还有些人会震惊,会生气;大多数人则会觉得迷茫和不安。这些情绪都蕴含在我们所说的悲伤之中。

哀伤是一门艺术。为失去的人和事物哀伤——为父母亲、为失去的爱、为孩子、为家庭、为工作——是一种创造性行为,需要注意力、耐心和勇气。但很多人不知道该如何哀伤,因为没人教过我们,而周围也没有谁沉浸于哀伤中的例子。文化让我们偏爱快餐式的悼念——迅速忘记,重回工作,贴上"封条"后便埋首向前。

我并不赞同贴"封条"这种方式。这听上去那么突然、那么整洁、那么不可逆转。我更喜欢之前听到的那种老式字眼,如"悼念""哀叹"和"悲伤"。它们表示了一种缓慢而感伤的过程——有情感的波动,有中断的活动,也有灵魂的黑夜。它们代表了家庭聚会和追悼仪式的真正本质,虽然不轻松,也不容易。哀伤会带来混乱和痛苦,难怪我们想避开。

但哀伤也会让人振作,是疗愈的灵药,其主要成分是眼泪,可以润滑心灵。这就是诗人罗尔夫·雅各布森所说的"年轻的泪雨"。朋友或家人去世时——或失去某位值得尊敬的人时——我们不用强忍住眼泪。眼泪,以及之后的冷静的哀伤，并不代表着悲惨、邪恶的现实。诗人说，"一切并非如你想的那样黑暗"。哀伤是我们爱过的证据，证明我们允许自己被他人深深触动。

人们会将哀伤与抑郁或自怜混淆。虽然哀伤的人会陷入悲惨的混乱境地，但从长远来看，哀伤与抑郁有所不同。如果我们掩饰哀伤，或许就会陷入抑郁。未曾感受到的感情和未曾表达的哀伤会让生活变得麻木。换言之，未曾感受到的哀伤就像一部分活力，我们将活力埋在地下，直到自己变得麻木、生病或痛苦不堪。

我辅导过很多人，他们的生活之路因为被忽略的哀伤而遭受毁灭性的打击。一对婚姻出现危机的夫妇来参加我的工作坊。我们就将丈夫称为乔治，他和妻子结婚不久，父母亲就因为癌症离世了。之后，兄弟又因为划船事故而溺亡。每失去一个人，乔治就会让自己更加投入到环保律师的工作中，四处奔波，承担越来越多的责任。妻子总在抱怨乔治经常不在家，跟孩子们很少见面。家人对亲密的需求让乔治感到困惑和愤怒，因为他认为自己已经竭尽所能努力工作，照顾家人的经济需求，巩固稳定家庭，可家人居然还要求更多，要求他内心中自己无法触及且已经枯萎死亡的东西。他的妻子和孩子们说，乔治有一颗麻木的心。

乔治远离家庭的时间越来越多。每次出差他都会喝很多酒。"这样我才能有感觉。"乔治这样解释。一天晚上，乔治在巴西出差期间，将一位女士带回了自己的酒店房间。他知道自己是在玩火，知道这可能会导致婚姻的终结，但他还是这样做了。乔治说："因为我什么都感觉不到，只剩下麻木。我害怕要是不这样就会麻木到死。"整个出差期间，他和一个国际保护组织工作到很晚，之后回到酒店喝酒，和那位女士一起过夜。此后，他再也没有给家里打电话。

出差的最后一天，乔治回到自己的房间，发现酒店语音留言箱里有妻子的信息。妻子申请了离婚。这个消息让乔治震惊，再加上那周发生的几件事，他心中的大坝一下决堤了——那座大坝拦住的就是前几年被忽视的哀伤。他蜷缩在床上，一阵阵痛苦冲刷着他平时封锁起来的情绪，令他恐惧不已。同事先离开了巴西，乔治又多待了几天，沉浸在哀伤的海洋中。他一个人，在离家千里之外的酒店房间中，回想从前的一幕幕。母亲、父亲还有兄弟的样子总是出现在他的脑海。乔治悼念了他们，仿佛他们刚刚去世。后来，乔治和妻子通了长达几个小时的电话，他哭了,道歉,倾听,说出了心里话。虽然疲惫不堪,但乔治终于有了生气。他搭飞机回家,回到了婚姻和家庭中。一切都新鲜如初。

我见到他们时,乔治和妻子正在庆祝两个周年纪念日:乔治戒酒成功一周年;他们"新婚"一周年。事情并没有尘埃落定,他们都知道还没有走出困境,但乔治已经死而复生了。他曾经陷入黑暗,曾经崩溃和哀伤。现在的乔治终于在因父母和哥哥去世而留下伤痕的心里清理出一片空间,并在其中找到了自己的生活。

父亲去世时,那种突然在我心里造成的空洞让我惊惶。我总想做些什么,消除那种空虚和痛苦,填满那个洞。我想马上回去工作,或者去旅行,或者做些别的什么,只要让一切回归"正常"即可。但我觉得自己应该伤心,应该感到痛苦。我放下工作,让自己体会迪特里希·邦霍费尔(Dietrich Bonhoeffer)所说的"鸿沟"。邦霍费尔是一位路德教神学家,在第二次世界大战中失去了很多朋友和家人,他本人最终被纳粹处决。他这样写道:

没有什么可以弥补所爱之人的缺席,寻找替代品的尝试都是错误的,我们必须坚持到底。乍听上去,这似乎很难,但这同时也是一种莫大的安慰。因为只要这个鸿沟还没有被填补,就会始终是我们之间的纽带。所谓"上帝会填补空白"纯属无稽之谈——上帝不会填满它,反而会任凭它空着。这样,即使我们会感到痛苦,也能帮助我们维系彼此间的交流。

父亲去世后,我在那条"鸿沟"里待了几个星期。那并不轻松,我觉得不安和沮丧,觉得自己很孤独。我与他人切断了联系,在这个充满活力的世界里,仿佛自己是个外星人。我有时会担心自己永远无法离开那条"鸿沟",有时候又觉得自己沐浴在精神的海洋中,所以并不想离开。那段时间,我会在梦里和父亲交谈,告诉他一些他在世时我不会说的事——我喜欢做的事和我不那么喜欢做的事。他会跟我解释自己的想法,我会跟他说明自己的行为。我总有些困惑,不明白自己的感受。我真的这样思念父亲吗?似乎不太可能,因为虽然我爱他、尊重他,但我和他之间的关系非常复杂,沟通不畅让我觉得沮丧,也常有抱怨。幸好,理解并不是进入"鸿沟"的先决条件,你只要待在"鸿沟"里,不用任何消遣和期待——与去世的人交流就好。

我最好的朋友失去了母亲,6个月后,她惊惶地发现自己仍处于哀伤之中。绝望将她困在未知的黑暗中,日复一日、周复一周、月复一月。她的哀伤让某些人看不惯:有人说她得了抑郁症,应该吃药控制;有人说她得让自己忙起来;还有人说她应该去度假,读这本书或那本书。她觉得别人说的都对,也因为自己的软弱很愧疚,觉得自己不正常。然而,她越是努力治愈哀伤,一切就越糟糕。

我把邦霍费尔的名言告诉了她,让她不用抗拒哀伤,也不需要用书籍、药物或者其他事情来填补空白,就让它空着。于是,朋友就耐心等待,让自己和母亲保持着联系。这对她发挥了积极的作用。每次她因为自己要花很长时间恢复而觉得羞愧,或者担心自己永远都走不出来时,就会回到那条"鸿沟"。她将那里清理干净,为母亲腾出一片开阔的空间。通过一种孤独的方式,这个过程让朋友觉得充满活力。她与母亲单独在一起,在那条"鸿沟"里,虽然远离这个世界,彼此却相互联结。过了几个月,又经过几次"梦中访客"拜访后,再加上朴素的耐心,朋友发现乌云散去,她心里的空洞逐渐缩小,已经准备好再次面对生活了。

如果任由那条"鸿沟"空着会怎样?"不会怎样,"荣格派作家罗伯特·约翰逊(Robert Johnson)写道,"这个想法可能会吓到当代人,但那种虚无是在积蓄或储存疗愈能量,简直超级神奇。尽管一个人不知道那些能量有什么用,但积蓄能量就是拥有能量。我们生活在现代所需的精神能量与金钱一样——为了偿还下一个十年贷款。大多数现代人总有筋疲力尽的感觉,可永远无法做到能量的平衡,更不必说储备能量了。可如果没有能量的积蓄,就很难迎接其他新机会。"

亲人去世后,保留那条"鸿沟"是储存宝贵能量的方式。不知不觉中,我为父亲悲伤的几个月里已经积蓄了很多能量。有一天,我发现自己已经不再生活在"鸿沟"里。乌云散去,我感觉身体里涌动着新的能量——有些似乎是父亲的。我已经准备好回归自己的生活,好好利用哀伤带给我的礼物。我决定用某种仪式纪念这个过程,便取下了之前常来欧米茄学院工作的一位老师送我的几样礼物。埃德·本尼迪特(Ed Benedict)是莫霍克族的美洲原住民领导人,他有一次在欧米茄学院主持了易洛魁人的吊唁仪式，之后把仪式上用的母鹿皮袋子、鸽子羽毛和黏土碗留给了我。现在，我正好能用上这些东西。我在碗里装满水，放在父亲的照片旁边，大声念出易洛魁人的祷告词：

或许你们之中有些人已经失去了所爱的人。或许，令你痛苦的是其他事情。或许你的双眼被泪水蒙住，看不到造物主的美，或许悲伤的苦痛令你难以看到前路。果真如此，那么我便象征性地从造物主的天空取下白色的鹿皮。母鹿的皮肤那样柔软舒适，我用它拭去你眼中悲伤的泪水，让你的视线变得更加清晰。

我拿起鹿皮袋子，放在自己的眼睛上。

我担心你已经失去了所爱的人。或许你已经承受了太多失去。或许悲伤的哭喊正在你耳边回响，令你无法聆听其他声音。果真如此，我便给你这根白色羽毛——来自造物主的礼物——我从天上取下的。我拿着这根羽毛，象征性地赶走你耳中悲伤的哭喊，让沉默降临，安慰你，让你能再次听到其他声音。

我拿起羽毛，轻轻扫了扫自己的耳朵。

或许你已经失去所爱的人，或许有什么令你痛苦。果真如此，或许你已经悲伤地叫喊过、哭泣过，但哭声仍在喉咙处，所以你无法对造物主说出真实情况。果真如此，让我从天上为你取下一碗纯净的水。这碗水甜美清澈，来自造物主。它会冲刷掉你喉咙里的悲伤，让你能再次清楚、恰当地表达自己。

我把碗端到唇边喝下那碗水。

一切都是象征性的。无论你之前遭受过怎样的失去，都让我们再次携手，敞开心扉，放飞心灵，向造物主感恩，从痛苦中解脱出来。

在充实的生活中找到答案

> 一切最终都会消逝，很快的，对吗？
> 那么，告诉我，你打算做什么，
> 用你那狂野且宝贵的一生？
> ——玛丽·奥利弗

遇到彼得时，他已经得了艾滋病。那是1985年，任何人都无法逃脱死亡的命运。但彼得不一样，无论如何，他都不会死——至少我当时是这么认为的，或者说希望自己这样想。彼得是个超脱的人，作为朋友，他无可挑剔。他的性格中融合了通常不会同时在一个人身上体现出的品质：善于交际且略为迟钝，朴素善良且颇为机敏。他喜欢参加派对，有稳定且有意义的工作，是富有同情心的治疗师——带着俏皮的幽默感。此外，他还是精神道路上的政治狂热分子，对一切好奇，对一切抱有兴趣。还有谁会像他一样大晚上从纽约的公寓给我打电话，问我有没有留意电视上的政治筹款演说，问我他是不是应该直接在睡衣外面套个外套，坐地铁到举办晚会的地方，没准正好在广场酒店遇见总统候选人？

"为什么啊？"我问他。

"亲自告诉他，把外交政策再说清楚点儿。"彼得带着明显的恼怒。

"好吧，很好，你不介意这么晚出门就行。"我知道或许应该这样做，但我自己永远做不出来。但彼得这样做了。第二天，那位候选人确实把自己的外交政策说得更清楚一些了。

彼得总是深夜打电话给我，和我讨论时政、时尚、美食、电视剧、新居、大都会、音乐和他的感情生活。所以，寒冷的冬夜，他半夜10点打电话给我，让我陪他去附近小镇上的酒吧唱卡拉 OK 时，我怎么会拒绝呢？我一直想借助卡拉 OK 唱流行歌曲——这样可以更接近为艾瑞莎演唱会伴唱的秘密愿望。除了彼得，还有谁会这样对我？于是，我们开始了在当地假日酒店的酒吧聚会的日子，每周一次，持续三年。经过彼得口中"卡拉 OK 大师"的指导，我们学会了《宝贝，我拥有了你》（*I Got You Baby*）和《无尽的爱》（*Endless Love*）等二重唱。

每周四晚上下班后，彼得都会坐两个小时巴士，从纽约到自己的乡间别墅——就在我住的镇上。我会在巴士车站等他，开车加入一群不可能成为流行歌星的人的行列。这些人里有女服务员、汽车修理工、视频管理员以及其他怪人。薇薇安就是卡拉 OK 大师，负责指导我们一边念诵视频屏幕上的歌词，一边对着一堆机器表演歌唱的艺术。不仅如此，我们还从她那里得到了生活上的指导和治疗建议，她长得像多莉·帕顿（Dolly Parton），性格却像特蕾莎修女。此外，薇薇安的丈夫吉米——酒吧驻唱，也是猫王的模仿者——还会免费教我们发声课程。

开始，我们俩的朋友都觉得有意思，甚至还有人来假日酒店加入我们，忍受两个小时的烟味，忍受我们蹩脚地演绎比吉斯乐队的歌曲。但朋友们后来发现，我们对待新朋友和导师的态度相当认真，于是周四晚上就不来打扰了。有次圣诞节，我在家举办卡拉 OK 派对，请来薇薇安和吉米为我的朋友们献唱。尽管起初大家有些放不开，但每个人——包括我丈夫、彼得一直以来的伴唱——最后都纵情献上了独唱。看到朋友们屈服于卡拉 OK，释放压力，恢复活力，我心里很是激动。

我和彼得每周一次的卡拉 OK 治疗，持续的时间超过了我的预期，也超过了他预期的剩余生命。彼得坚持是为了延续生命，我坚持是为了有借口跟他多待在一起。我逐渐接受彼得快要离世的事实。不管是谁，看一眼就知道彼得将不久于人世。他的脸色表现得明明白白——眼窝深陷、皮肤蜡黄、眼神疲惫，可我对彼得活下去的期望大大削弱了我对彼得还能活多久的判断。

10 月一个周日的早上，彼得打电话问我愿不愿意跟他一起去县里的集市，那边正好有个古董车和摩托车展览。

"你现在竟然对老车有兴趣了？"我问。

"不是，"他说，"薇薇安和吉米在那边有个摊位，我觉得露天演唱我的新歌应该挺不错的。"

最近几周，彼得一直在假日酒店疯狂练习弗兰克·辛纳屈（Frank Sinatra）的《这就是人生》（That's Life）。我真的想再听他唱一次吗？我是否愿意在尘土飞扬的露天市场上度过宝贵的秋日，和唱卡拉OK的汽车狂热者一起闲逛？并不愿意。但我还是去了，因为想和一个无法陪我变老的朋友度过宝贵的一天。

一路上，彼得都很安静。哈德逊河对岸的树木郁郁葱葱，如铺在山丘上的红黄色毯子。可我们开过大桥时，彼得甚至都没有抬头看。那一年快要到头了，彼得的生命也一样。冬天，树木都光秃秃的，等待着春天的到来，而彼得则会脱离自己的身体，进入神秘时空之中。

但那天，彼得就想在集市的古董车展上大展歌喉，演唱《这就是人生》。现场有几百人——老爷车车迷、摩托车车手，还有很多吃着热狗享受家人欢聚时光的人。走到最里圈的站台，经过闪亮的 Model T 和加强型 Corvettes 后，我们发现薇薇安和吉米还有他们的卡拉OK装备是这场市集的最大亮点。有人正在演唱卡拉OK版的《公路之王》（King of the Road），虽然一直跑调。彼得眼里浮现出激动的神色：他要对着数百名毫无准备的陌生人唱歌。

在卡拉OK棚里，薇薇安学着弗兰克·辛纳屈本人的样子跟彼得打招呼，从一排排等着他们唱歌的人旁边朝我们跑过来，递给彼得一杯水。她翻了翻CD，找出《这就是人生》。我在吉米旁边的椅子上坐下，他穿着全套的猫王服装。麦克风没人用的时候，彼得——一年前还是个身高6英尺的帅哥的他——走上了舞台。现在的他秃顶、瘦削、面色苍白。《这就是人生》的前奏开始了，他低声唱着，颤抖的声音从音响系统中传来。

这就是人生——人们都这么说。

四月的你感觉良好，五月却面对挫折。

这就是人生，我无法否认：

> 我总想停下，可内心总是拒绝。
>
> 但若七月没有转机，
>
> 我便将自己蜷缩起来……
>
> 然后去死。

对彼得来说这是经典一刻：生命中最不可思议的极端情况在壮丽且充满喜感的瞬间结合在一起。几个月后，我在他的病床边想到了这件事。在彼得离开这个世界时，我和他的家人、朋友一起守候着他。关于他在集市上歌唱人生的记忆，帮我找到了通往魔法世界的道路，我发现我们的存在既可悲又可笑，既有忧伤，也充满欢乐。

玛丽·奥利弗的诗《夏日》（*The Summer Day*）这样结尾：一切最终都会消逝，很快的，对吗？那么，告诉我，你打算做什么，用你那狂野且宝贵的一生？

彼得离开的时候44岁，正是灿烂、明媚、充满爱与生机的年纪——为时太早。他的离世令我伤心。开始，我非常想念他。五年之后，我几乎还是每天都会想到他。每次他来我的梦中探访都会告诉我同样的道理——过充实的生活。我把这句话纹在透明的皮肤上。但我仍然会忘记，会担忧，会抱怨，会抗拒生活运行和变化的方式。现在，我写下这段文字时，邻居正被癌症侵袭，行将就木。他62岁了，但我还是觉得他很年轻——也算是早逝。他和妻子刚刚退休，正兴奋地准备开启人生的新篇章。我们之前的邻居在101岁去世后，他们买下并翻新了她的房子。她是一位画家，也是镇上有名的人物。可是，就连她也死得太早了！

那么，告诉我，拥有狂野且宝贵生活的你打算做什么？这，确实是个问题。只有使生活充实起来，才能得到答案。有一天，太阳和地球会失去平衡，我们所有人都会干枯，变作灰尘。在另一个遥远的星球上，在同一天，某种神秘的东西会将空虚的天平推向生命的方向。这时，新的故事——以其壮美的多样性和多彩的混乱——将重新铺展。我们会在那里以不同的样貌再次相遇吗？

练习死亡就是练习自由

> 不知死亡会在哪里：
> 所以我们随处等待。
> 练习死亡就是练习自由。
> 学会如何死去的人，
> 便不会受到奴役。
>
> ——蒙田

我母亲是高中英语教师，之前常常给我们读各种文字，包括传统的儿童诗歌、沃尔特·惠特曼（Walt Whitman）令人陶醉的散文，还有艾米莉·狄金森（Emily Dickinson）奇怪的谜语。她尤其喜欢美国诗人西奥多·罗特克（Theodore Roethke）的作品。这位诗人会在诗中呈现黑蛇、白百合、静水和低矮树木的意象。他的诗作如同鬼故事，让我害怕，但也让我兴奋。

母亲在我上小学的时候开始教书。她热爱自己的工作，是一位优秀的教师，但也常常因学生、管理还有自己的表现而焦虑。有一次，讲到自己的焦虑时，母亲给我讲了罗特克的故事。罗特克在大学任教多年，到佛蒙特州的本宁顿学院时，对失败的忧虑竟使他每节课前都要到同一棵树下呕吐一番。很快，他就精神崩溃了。

我妈妈上课之前从来没吐过，也没崩溃过，但她确实会在新学年开始时或教师考评前难以入眠。尽管偶尔会紧张，但她的教学生涯持续了很久，一直到80多岁，她还在辅导小朋友们。

亲自讲课和开始主持工作坊之前，我已经把这些关于授课焦虑的故事忘了，但每次活动开始前几周我都会焦虑。我早期主持的工作坊中，有一次是安排在哈佛大学的非传统医学会议上，参加者都是医生和护士。会议的组织者读了一篇我写的关于临终时精神状态的文章，邀请我举办一次工作坊。我跟她说自己从未主持过关于死亡的工作坊，何况参与者都是医疗专业人士，但她倒是很乐观："万事皆有第一次。"这个回答充满朝气。我带着疑虑接受了邀请，挂上电话的一瞬间，我就有些后悔。焦虑让罗特克的形象浮现在我脑海：他跪在教室外，恐惧自内而外出现，让他饱受折磨。我甚至可以想象自己在哈佛大学校园里的某棵老栗子树下呕吐的样子。

工作坊开始的时间越来越近，我也越来越后悔。无论准备多久，无论排练多少次，我都无法摆脱自己是个骗子的感觉，而且哈佛大学的大人物们肯定会拆穿我。去哈佛大学的路上，我一直怀疑自己不仅会在树下呕吐，还会像罗特克一样被拉到精神病院。到了波士顿，我的自我意识已经十分松懈，整个人感觉糟透了。

到了哈佛大学，我来到举办会议的大楼，听了主题演讲者的演讲，见了几个人，重新鼓起勇气，忐忑着走向我应该去的教室。我主持的工作坊主题是"死亡、悲伤及治愈"。同时还有另外几场工作坊，旁边教室的工作坊主题是"幽默、笑声和治愈"。教室之间的墙很薄，其实那根本不是墙，只是把大礼堂隔成一间间教室的隔板。我刚开始讲，隔壁的老师也开口了。

我开始讲述，对死亡时出现的感觉保持开放非常重要——无论是恐惧还是愤怒，是后悔还是悲伤，是麻木还是疑惑。带领工作坊的30多名医生和护士进行悲伤冥想时，隔壁工作坊的人显然在做游戏。我播放轻柔的音乐想让大家触及自己的心灵，把精力集中在可能倾泻而出的感情上时，大笑声却从隔壁传来。每次我讲到关于恐惧或悲伤的事，隔壁工作坊的人就会开始做游戏——我感觉自己就像在游乐场主持葬礼。

最后，我这边有个医生终于受不了了，她站起来，抓起外套和背包，大声说："我来这儿不是为了让自己抑郁！我要去隔壁，他们好像挺开心的。"

等她走了，我站起来，想挽救局面。"还有谁想去隔壁吗？"我问到。有几个人点点头。"那就请吧。"等他们离开后,我看着那些留下来的勇士,琢磨着应该怎么办。

"是这样的,"我突然之间不紧张了,奇迹般地掌控了自己要说的主题,"如果真的想找到生活中的乐趣,如果真的想做游戏——像隔壁那样——那么就要学会面对和接受死亡。死亡是此生的终点,此外,事情的分崩离析、遭遇的失败或损失也都是一种死亡。约瑟夫·坎贝尔说,战胜对死亡的恐惧就是为了找回生命中的快乐。这个工作坊其实是'幽默、笑声和治愈'的先修课程,但他们好像忘记写在手册里了。"学生们笑了。我希望这番话也传到了隔壁学员的耳中。

正是那次研讨会让我开始考虑对一个人的实际死亡开展引导式冥想。我记得画家亚历克斯·格雷(Alex Grey)带着纽约大学绘画班的学生们去殡仪馆的事。他告诉我:"为了上解剖课,我会把学生们带到停尸房,让他们研究尸体。这是直面死亡的一课。社会会隐藏或粉饰死亡,我们也会将自己的死亡投射在尸体上,所以看到尸体会让人害怕。我跟学生们讲过佛陀,讲过佛陀建议我们以尸体作为冥想的对象。死亡让我们更加珍惜活着的每一刻,告诉我们:'你很快就会死去,所以你想怎样度过人生?人生中还有什么是你想做而没有做的?'据我所知,死亡是最有效的警钟。对学生们来说,对这一题材的思考极具冲击性,也大有裨益。"

我不能把学员们带到停尸房,所以就决定发明一种方式,让他们演练自己的死亡。这种冥想我已经主持过很多次,既有在当地医院里举办的,参与者有十几个,是癌症病人组成的亲密团体;也有在会议室里举办的,听众差不多有400人。冥想开始之前,我们会一起讨论死亡还有走向死亡的过程,会讨论抗拒和恐惧、期望和先入之见。我解释说,死亡总是与我们同在。事情发生变化,走到终点,通过另一种方式重新开始的时候,死亡就会出现在日常生活中。我们在结束生命之后继续前进,进入另一种意识形态时,死亡就会来迎接我们。我会谈到对死亡的焦虑,还会谈到两种人——一种人害怕最终的死亡,一种人更关注为人之时不虚度光阴。我请每个来参加工作坊的人判断自己属于哪种人——每次的结果都比较平均,这总让我感到吃惊。要知道,每个人对死亡的理解只是一种观点——真相远比我们想象的更宏大。

接着我会引导大家进行20分钟的冥想，想象进入人类生活之外的世界：第一步就是与我们所爱的人告别，与我们的依赖、失望和遗憾告别。死亡冥想是非常震撼的体验，参加死亡工作坊的人们告诉我，这种体验改变了他们看待生死的方式。

我主持的每一次死亡工作坊中，至少有一个人经历过濒死体验。关于濒死体验的研究和书籍很多。这种体验会在一个人经历过临床上的死亡又在医学意义上复活的时候出现。我主持死亡冥想时，会鼓励工作坊中所有体验过濒死经历的人与其他人分享。很多人惊讶地发现，濒死体验与自己刚刚在引导式冥想中经历的体验有相似之处。

我主持的工作坊里，有一个人的濒死体验尤其让我感动。约翰经历严重的车祸时刚刚25岁，靠呼吸机撑过几天后陷入了昏迷。他的父母觉得他就要离开了，所以请来了家庭神父来主持临终仪式。那天晚上，约翰的父母没在医院，因为他们深信自己再也见不到活着的儿子了。但那天深夜，约翰的心脏停止跳动后，医生和护士不仅让他的心脏再次跳动起来，还救活了他。第二天早上，约翰的父母发现儿子还活着，且意识清醒。

接下来的几个月里，约翰记起了自己濒死体验的碎片：和其他经历过临床死亡的人一样，约翰也提到了同样的声音和灯光，还有对爱与美的感知。约翰写道：

昏迷的时候，我可以看到房间里有医生、护士和我的父母，仿佛我就漂浮在自己的身体之上，漂浮在所有人之上。这种感觉很奇怪，我可以看见他们，但没有任何真正的联结感，就像看电视一样。后来，我觉得有什么从情感上拉扯着我，虽然这么表达有点儿奇怪，但确实是它把我拉进一条通往大片光域的隧道里。那片光亮里有其他人——他们也是由光组成的。那些人没有脸，但并没有吓到我。我什么都不怕，觉得自己认识这些人，他们特意在等我。我本想加入他们，但他们却说还不是时候，我应该回去，完成我的使命。"什么使命？"我当时真的不知道自己还有使命。但他们说我会明白的，而且完成这项使命非常重要。

我接下来知道的就是医生在捶我的胸口，我觉得很疼，也很困惑，然后就回到了自己的身体里，回到了地球上。

很长一段时间，我没有告诉过别人自己的经历。因为我没听说过这种事，也不想被别人当成疯子。但我现在可以说了，因为现在听说过濒死体验的人越来越多，还有很多与此有关的书籍和临床研究。但我并不需要科学给我的体验背书，甚至不太关心别人是不是相信。我不是濒死体验的传教士，可以说也没什么灵性。我就是个普通人。对我来说，濒死体验并不算特别神秘——这次经历让我变得更加感激地球上的生命，也改变了我与朋友还有家人相处的方式，让我更强烈地想为世界做点贡献。濒死体验让我觉得人生中的一切都是那些由光组成的人提到的使命——我的工作、婚姻、家庭等。因为我不害怕死亡，所以生命充满无限可能。我已经去过死亡的门前，见识过什么是死亡，所以没有理由害怕。生活还在继续，你也要继续。我很清楚。

法国文艺复兴时期的法国哲学家蒙田建议人们"练习死亡"。他写道："我们应该先涤除自己对死亡的陌生感，我们应该经常练习，继而习惯；时常挂在心上……不知死亡会在哪里；所以我们随处等待。练习死亡就是练习自由。学会如何死去的人，便不会受到奴役。"

蒙田所说的"练习死亡"，并不是说要在路边摆放"世界末日已然到来"的招牌，也不是说我们必须亲自体验濒死的感觉。他的意思是，我们可以由此意识到自己在抗拒生命，可以通过更轻松、更自信的方式来应对死亡结局和分离。对于我这样的人来说——毕生都在探索对死亡的恐惧并为此挣扎的人——练习死亡就是练习自由。每天、每周、每年，我都会寻找方法练习死亡。

大自然有自己的法则

> 来吧，来吧，无论你是谁，
>
> 旅行者，礼拜者，失恋者。
>
> 都没关系。
>
> 我们并非绝望的旅队。
>
> 来吧，即使你背弃自己的誓言一千次。
>
> 来吧，再一次，来吧，来吧。
>
> ——鲁米

6月的一天，5点左右，天空飘着雨。我下班回家，沿着采石场路往前开。这条乡间小路蜿蜒穿过森林和田野，经过横跨哈德逊河的桥梁，最终到达我居住的卡茨基尔山地带。我已经成百上千次在这条路上开过，经历过各种天气。对我而言，每个转弯都有特殊意义：某个冰冷的冬夜，我的车在转弯时打滑撞上了一棵树；在车道上行驶时仔细听着收音机里的新闻；每年越来越破旧的老谷仓。

这一天，雨水打湿地面，让周围的一切变得生机勃勃。那段时间对生死的执念让我有些担忧：东北的几种树逐渐消失。白蜡树和铁杉林因枯萎病死去。还有一些树种——比如枫树和我最喜欢的高大的梧桐树——因为酸雨而受到很大影响。开过采石场路的弯道时，我总会留意树冠是否有枯萎死亡的迹象。树木的枯萎让我难受：先是激起我的愤怒，继而让我悲伤。人类怎能愚蠢到如此地步，竟这样短视，把地球糟蹋践踏至此？人类生活的趣味因对自然的侵蚀而锐减。

经过每一个弯道时，我都会看向树顶。突然，我余光看到前面路上有个特别大的东西，但没来得及踩刹车——我撞到了一只巨大的鳄龟，它正缓慢地穿过马路。采石场路两侧的沼泽地是鳄龟的家园，春天它们会来这里交配产卵。每年这个时候都能看到鳄龟过马路，司机也会停车等它们安全地走过去。但我刚才的注意力都在大树的死亡和自然的消亡上，所以才撞上了鳄龟。

我赶紧停车过去挽救，可鳄龟已经死了。我看着鳄龟的尸体，深觉难以置信。我爱鳄龟，如同我爱树木。这件事印证了一个古老的讽刺。"我的天啊，盖亚女神，"我向希腊的大地女神祈祷，"你想告诉我什么？"

第二天，我起得很早。经历了一周的连绵阴雨，那是第一个晴天，阳光灿烂。从窗户往前院看，我发现花园里有个奇怪的东西，我戴上眼镜仔细看，惊讶地发现那是一只鳄龟，跟前一天因我而去的那只一模一样——离我家有几英里，穿过哈德逊河，在采石场路上。鳄龟趴在我的花园里，严肃地抬头望着我。我站在卧室窗前，也看着它。我从没在家附近见鳄龟，更没见过这么大的。我把丈夫叫来窗前，然后跟他一起下楼，走入温暖的早晨中。我们看鳄龟在柔软的泥土上挖了个洞，发现它还在草坪和花园的别处挖了好几个洞。它用强壮的脚和尾巴把自己埋进洞中，直到只剩下龟壳和鼻孔尖露在外面。整整一天一夜，它都待在那里。

我给当地野生动物组织打了电话，博物学家说鳄龟是在产卵，还说产卵之后，鳄龟就会离开，留下鳄龟蛋渐渐成熟，这大概需要 6 到 8 周的时间。我希望它们最终能在我们卧室下的花园里孵化。我们建造了一个小铁丝笼保护鳄龟蛋，免得这些蛋被浣熊或其他动物伤害。之后，我们只能等着。

"那么，"我丈夫问，"你觉得盖亚想要告诉你什么？"

"你觉得是什么？"我反问他，疯狂的行为让我失去了信心，不敢相信自己的直觉。

"我觉得是你太操心环境的事了，"我丈夫回答，"所以忽略了大自然的质朴精妙，忘记了大自然的创造力。你看，你撞死了一只鳄龟，因为太担心鳄龟会死这种事！现在，就在自家的后院，复活节的鳄龟送了你一份礼物。"

丈夫的话很睿智，我由此想到了另一个人说过的话。有很多年，诗人兼环保主义者加里·斯奈德（Gary Snyder）在我心目中一直是自然世界的英雄。在他的诗歌和散文中，加里·斯奈德从一个古老的美洲原住民故事中汲取灵感，将地球称为龟岛。经过鳄龟与树木事件后，我给他发了一封电子邮件。

亲爱的加里：

前几年，你来过欧米茄学院，或许你还记得我。但我尤其记得你！我不仅记得你，还总能从你的话里获得灵感和宽容。我现在冒昧写下这封信，希望再听听您的智语良言。

我最近一直在挣扎，尽管我一直在修身养性，也关注镇上的环境工作，但地球的变化几乎让我绝望。看到资源被过度开发、树木枯萎、物种数量减少，人类总是做愚蠢的事，我就会特别难过。跟其他人出门时，我会不由自主地看向树冠。导致白蜡树枯萎或东部铁杉死亡的疾病，还有让青蛙、东方蓝鸟等物种数量减少的原因，都将会让我愤愤不平。我已经逐渐成为世界的拖累！

我知道您能感受地球的感受，所以想知道您怎么能这么平静地面对失去。如有时间，烦请回复，这将会极大地帮助我这个鳄龟爱好者。

祝好！

伊丽莎白

加里·斯奈德很快就回复了我。

亲爱的伊丽莎白：

去欧米茄学院的那次经历给我留下了很深的印象——我还记得那条小路，通向小小的绿色阔叶林落叶覆盖的小山丘。多么美妙的东方林地啊！至于世界和自然面临的威胁，我安慰自己，要记得盖亚有几百万年的时间去解决问题。我们既不能摧毁她，也不能拯救她，只能打起精神为地球和自己而奋斗。出于品性也好，出于风格也好，只能说如果事态恶化，愤怒也无济于事，还不如轻松一些。土狼是我的老师！

祝好！

加里

那天晚些时候，我去了家里的"写作雅舍"。写了几个小时后，我打开滑动玻璃门，想透口气。草丛中有一只小鹿。它是今年刚出生的吗？还是我工作的时候刚出生的？怎么又是如此——我在书写自然的死亡时，错过了自然的重生吗？真有意思！或许那只土狼跟我开了个玩笑——就是加里·斯奈德在信中提到的欺骗了美洲原住民的小骗子①。我小心翼翼地凑近躺在草地上一动不动的小鹿——或许它刚出生时便死了，或许它妈妈把它遗弃在了这里。离小鹿还有几英寸时，小家伙突然睁开眼睛，仿佛受到了惊吓，颤颤悠悠地站起来，直直地朝小房子的另一头走过去，可没走几步就又一头栽倒了。

不是吧，我心里暗想，我老毛病又犯了！

从小鹿身边走开，我发现鹿妈妈就在树林里警惕地看着我。我沿着小路退到足够远的地方，鹿妈妈才走到孩子身边，舔着它的毛，直到它站起来。之后，它们一起慢慢地走回树林中，在没有我参与的情况下，回到自己的野外生活中。

鲁米的墓地在土耳其的科尼亚，他的墓志铭上写着：

我们并非绝望的旅队。

来吧，即使你背弃自己的誓言一千次。

来吧，再一次，来吧，来吧。

于是，我再一次违背了自己的誓言，对上帝神秘的现身方式有些绝望——就如美丽与失落，如土狼与小鹿，如生与死。我已经成千上万次违背了自己的誓言，但我也可以成千上万次重温誓言，重新加入忠诚的队伍。就像炼金术士把金属变成黄金，我也可以将忧虑变成信任，把垂死的树木和已死的鳄龟带给我的绝望转化为永恒重生的光明景象。

---

① 在印第安人的传统中，骗子可以是土狼、兔子、浣熊甚至是大乌鸦。——译者注

练习死亡的冥想

> 练习死亡时，
> 我们学会了更少认同自我，
> 更多认同灵魂。
> ——拉姆·达斯

现在，我们可以用几分钟时间仔细观察生活，看看事情如何开始和结束、发展和变化。我们可以记下事物的运作方式：汽车坏了，你会修理或者买辆新车，几周、几个月或者几年之后，你还会回到修理厂。4月平静的一天，你播下一颗种子，8月时，突如其来的冰雹将花园里的一切都打趴在地。你会感冒，接着痊愈，之后还会生病。你找到了理想的工作或完美的房子，之后遭遇公司裁员，不得不搬家。你找到了合适的伴侣，两个人共同生活，却发现她有洁癖、他吃饭的时候吧唧嘴或更糟的事——给婚姻和家庭的和谐埋下了隐患。你和父母和解，然后父母会去世。你有了孩子，一切因此改变，你全心全意爱着孩子，孩子们让你抓狂，之后孩子们长大，你刚觉得得心应手了一些，他们就陆续离开了家。

鉴于"存在"的本质，你大可不必等到大事发生时才练习死亡。即刻开始也并无不可。你可以在一天中找几分钟独处，坐下来，闭上眼睛，对身体、时间和生活本身的流动性进行冥想。以下是我练习死亡时的冥想：

让意识专注于生活中正在发生的改变，或即将出现的结局或死亡。思考当下最重要的转变时，请轻轻地呼吸。注意由此而来的所有感觉——恐惧、兴奋、抗拒、愤怒、烦恼或悲伤。觉得感觉太过强烈时，就专注在呼吸上。通过平静且饱满的呼吸舒缓烦躁或紧张的感觉。吸气、呼气，随着呼吸在改变之河中伸展。回忆此前抗拒改变的经历，思考事情的结局——或许并不如你想象的或期待的那样，但最终你还是做到了，变得更聪明、更强大，而且还好好活着。向死亡的沉痛与重生的希望致敬吧！微笑。放松。敞开心扉。坐直身体，带着庄严和耐心，感受胸腔的起伏。祈祷自己有勇气，以开放和智慧迎接新的改变。

现在，睁开双眼，回到现实生活。带着优雅和希望，用更轻松的方式完成必须要完成的工作。

我会训练自己。不如意的时候，觉得内心逐渐出现大号加粗的"不"时，就做一两次深呼吸，然后用不同的观点反驳刚刚出现的"不"，告诉自己"向它投降"。有时，只是说出那一句"向它投降"，就足以让我摆脱情绪的乌云。对真相的抗拒、自己的固执，就是小我那部分必须死去。如果另一个人成为我的障碍——即使那个人被他的自我所牵制——我也只需要"向它投降"。我能清楚地看到大局，可以自由地、明智地选择下一步。

练习死亡意味着每一刻都尽可能接近现实。这就是终极勇敢。精神战士会毫无防备地面对真相——不是关于"事实"的概念，而是日常生活中最明显的事实：和爱人争吵时、生病时、开工作会议时，还有和父母、孩子或朋友第100次面对同样的问题时。每一天，你都有大量机会——多到让人尴尬——"向它投降"，不再抗拒自己、生活和共享生活的人。不妨尝试一下。下一次在工作中遇到令人发指、不公平或深感无力的情况，若你深感愤怒，就告诉自己"向它投降"。做几次冥想呼吸，让自我暂时让开，全面评价当时的情况，绝不断章取义，而是清楚、客观地观察它本来的面目，而非你认为的它应有的面目。如果有必要，就离开现场，静静坐着，练习死亡。

拉姆·达斯说，练习死亡时，我们学会了更少认同自我，更多认同灵魂。如果可以追随灵魂，谁想困于小我之中？

第六部分

改变的长河

生活总在变化，我们也是。人类生活在改变的长河中，改变的长河也在我们的身体里流淌。每一天，我们都会面临选择：放松，顺流而下；或抵抗，逆流而上。若顺流而下，千万条山溪的能量就会汇聚在一起，与我们同在，带来勇气和热情；若是抗拒，那逆流而上的我们就会觉得恼怒、疲惫，寸步难行。

若拥有耐心和高倍显微镜，我们可以坐下来观察自己的双手，观察身体里正在流淌着的改变之河。我们可以看到细胞一次又一次改变、死亡、被替代。年复一年，身体里的每一个细胞都会被替换。其实，今日之人已与昨日之人不同。皮肤细胞每个月就会更新一次，肝脏细胞每六周更新一次。我们吸气时，吸入的是其他生物体的元素，以创造新的细胞；呼气时，我们将自己的一部分送入周围的环境——送入有生命的、正在呼吸的宇宙。"所有人，"迪帕克·乔普拉（Deepak Chopra）医生说过，"更像是河流，而非凝结在时间和空间中的什么东西。"

"我了解河流，"兰斯顿·休斯（Langston Hughes）写道，"我知道河流自世界之始便已存在，比人类血管中流动的血液还要古老。我的灵魂如河流一样愈发深沉。"

今天是要顺流而行，还是要逆流而动？这是我每天早上醒来时问自己的问题。入睡时，我会向河神道歉，因为我曾逆流猛击，如溺水者一样奋力扑打。我祈祷第二天会再次认识到随着灵魂顺流而下的乐趣，因为我了解河流——一旦我们了解河流，一旦在河水中伸展，信任河神，朝着生命的方向前进，哪怕一头扎进急流之中也无所畏惧——就是希望体验在水中的感觉，希冀灵魂能如河水一般愈发深沉。

享受时间的流逝

> 生活的秘密,
>
> 就是享受时间的流逝。
>
> ——里奇·哈文斯

我还小的时候,就对时间的流逝有感觉了。某种颜色或气味会激发童年的回忆,带我进入神奇的国度:那里,一年似乎就是永久,季节则只是假期的陪衬。万圣节有糖果、南瓜和校车。到了圣诞节,到处是闪闪发亮的装饰品——是非常闪耀的金色和绿色,有松树、厚手套、白雪,还有送礼物、收礼物的快乐。接着是情人节,有令人兴奋的心形卡片和甜美的糖果。春天里有复活节,有涂着柔和颜色的鸡蛋,那时的白日更长、夜晚更亮,早上的鸟儿叽叽喳喳的。暑假如慵懒的绿色地毯铺展开来,这就到了我生日所在的 8 月。

我特别期盼生日——渴望生日派对,渴望新的一年会带来的改变。8 月有一种祈求时间快点过去的东西。生日之后就是新学年,我会长大 1 岁,升入更高的年级。我喜欢时间不断流动的感觉,它带着我前进,向我展示新鲜事物,扩展我的世界。我对接下来会发生的事情甚为好奇:三年级会比二年级好,五年级比四年级重要得多;相较于小学,初中会有长足的进步,高中和大学则更令人期待。在我最喜欢的 20 世纪 60 年代的歌曲中,里奇·哈文斯唱道:生活的秘密,就是享受时间的流逝。连孩子们都知道。

大学期间,我有段时间拖拖拉拉,没有享受到时间的流逝。我不想离开自己的 20 多岁,因为 30 岁听上去就老了。我没有欢欣地期待季节的轮回,反而为自己设定了很多最后期限:圣诞节之前必须瘦 10 磅;新的一年要对孩子们更有耐心；孩子们上学后我要更专心工作。等到了30多岁，我为自己设定的门槛更高了：32岁，要是婚姻还是老样子就采取行动；40岁前，我一定要写一本书。时间的流逝不断因渐渐临近的最后期限而打断，因对未来无法达到理想目标的忧虑而打断。我开始害怕时间的流逝，不再期待8月的生日，而随着时间的流逝，派对和礼物也渐渐没有了光环——实际上，它们还隐约令人有些失望。我似乎从没有得到完美的礼物——能让时间停止的礼物。

等到我40岁生日那天，我和最亲密的女性朋友们聚在一起，举行了一个仪式。我决定，这是我最后一次开生日派对。我要退出这种形式！我要重新审视自己与时间的关系，不想再盼着从今年到明年、从这个生日到下一个生日、从这个季节到下一个季节过日子。我想真正度过每一天、每一刻，我想接受这样的事实：没有什么一成不变，没有什么会百分之百地符合我们的期望。我决定尝试着转变态度，与其担心面部皮肤松弛，还不如对着镜子说："哇，一切改变时，生活可真有趣啊！"与其担心父母变老、孩子长大、全球变暖（或大爆炸），我倒不如试着放松些。如果将改变——身体的改变还有内心的改变——单纯视为活着的证据，会是怎样的感觉？

我的最后一次生日聚会在温暖的夏夜举办。我邀请了姐妹们、母亲、几位女同事和一些朋友跟我一起庆祝。晚餐和例行的娱乐活动之后，我们来到田野，在那里我早就准备好了柴堆。我先给每位女士一个松果，然后往柴堆上扔了一根火柴。篝火瞬间点燃，我让每个人说出自己想摆脱的东西。"把它烧成灰烬，新的生命才会出现。"我告诉大家。

我们静静地坐在星空下，火光照亮了我们的脸。每一位女士都在想自己要把什么塞进松果然后投进火里。我之前在工作坊还有除夕派对上主持过这种仪式，但和一群女性在一起进行这种体验，这变得更为严肃，同时也更为有趣了。有位朋友扔掉的是自己的男朋友，大多数人扔掉的是自己长久以来渴望燃烧和改变的东西。我姐姐站在篝火边，宣布自己要丢掉恐惧；有位同事则把自己对掌控感的需要抛了进去。

我是最后一个扔松果的人，而且我作弊了，提前就写下了自己想说的话。好吧，谁让我是寿星呢——即便这是最后一次。面对着篝火，我念道："我要将自己对时间流逝的抵触、对衰老的恐惧还有对改变的强烈抗拒扔进火里。我祈祷，灰烬中会出现全新的生活方式。我想对一切说'是'——无论好坏与否、丑陋与否。我要按照宇宙的秘密法则生活；我要享受时间的流逝。"

说到做到，那确实是我最后一次举办生日聚会，但显然不是我最后一次抗拒改变。跟朋友们围在篝火边聚会之后10年，我遇到了很多练习时光流逝的机会：孩子们长大离家、父亲去世、身体以肉眼可见的速度衰老。虽然我偶尔还是会对改变说"不"，但不得不说，生日仪式确实照亮了我意识中的一条新路，提醒我要更多地说"是"，这重新点燃了我小时候知道的秘密，让我用一种更天真、更加充满希望的方式来衡量时间。

现在，8月和我的生日缓缓走来，我要为自己举办一次非生日派对。我安静地坐着，再次承诺要忠于生命的秘密。我扭转忧虑的车轮，面向时间的本质：无一刻沉闷。谁知道以后灵魂又会经历怎样的考验？我们可能会带着怀念回顾自己的时光之旅。我想象得到，一位天使若有所思地对另一个天使说："还记得吗？若相信时间，我们就不会觉得无聊。"

困难之中自有友善的力量

每次主持工作坊，我都有一种感觉：宇宙中有一个星探负责把所有性格的人送到工作坊的戏剧舞台上。几乎无一例外：无论在哪里授课，无论参与的人有多少，无论主题是什么，星探都能为我送来各种性格的人——有的是羞怯的人，有的是像热情的海狸一般的人，有的是固步自封的抵抗者，有的是真正的信徒，有的是抱怨者、神秘主义者、伪装者，有的是自作聪明的人，还有我所谓的"心理学家"——靠理智生活的人。除了这些人，工作坊里通常还有无所不知的人、班级小丑和沉溺在悲伤中的人。还有，总会有谁最近刚刚遭遇了伤心事。当然，星探还会保证送来几个不情不愿的人，这些人双臂交叉，眼睛盯着地面。最后，还会有一个被我称为"工作坊天使"的人——他的存在和经历会给所有人注入勇气，让我们带着全新的面貌回到生活中。通常而言，在工作坊天使总会降临。

每个参与者对工作坊的成功都起着至关重要的作用——我们会促进彼此成长。班级小丑会让羞怯的人冲出牢笼，哪怕不得不让自己显得很蠢；沉溺在悲伤中的人会帮助班级小丑更深地触及自己的内心，即使不得不陷入悲伤；"心理学家"会鼓励悲伤的人走出来；神秘主义者会引领"心理学家"寻找藏在内心的魔法——没有谁的出现是随意的，每个人都必不可少。

我主持了一个为期三天的活动。那是圣诞节前后，活动在湖边一座美丽的山间小屋里进行。50个参与者和我一起思考：即将到来的新年里，自己前进的方向如何。毫无意外，静修开始后的几分钟，我就发现星探再次现身，确保每种性格都有代表前来。那个周末，我们都在舞台上找到了自己的位置，完成了所属角色的命运。

第二天晚上，我们睡前聚在一起待了一个小时。轻柔的雪花缓缓飘落。我们已经一起度过了漫长的两天，分享过痛苦带来的启示和解脱带来的领悟。一位女士经常说自己生活中的不幸，似乎陷入了愤怒与悔恨的无尽循环，于是星探将她送到工作坊为自己疗伤，让她教会其他人共情，教会其他人这样的能力：耐心地看着他人受苦，不要尝试解决问题。

当晚的分享结束时，我已经完成了一天要完成的全部工作。于是，我关上房间的灯，和大家一起静静坐着，看着雪花从幽暗的夜空飘落，打着旋儿从窗边蹭过，最后轻轻落在结冰的湖面。静默的黑暗中，无声的落雪和小团队的温暖，让我们都放下了防备。深沉的平静感降临在房间。仿佛我们成为了一个呼吸共同体，一起发出深深的叹息。那个经常愤怒的女人开始哭泣。我知道这是好事，因为她需要先将愤怒转化为悲伤，才能开始治愈的过程。我什么都没说，只是享受着人类的恩典：人们允许自己放下包袱，顺其自然。

等我再次打开灯，工作坊中一位前两天很少说话的年长女士站起来举手示意，就好像小学生一样。她面庞精致，皮肤白到几乎半透明，穿着一件量身定制的蓝色羊毛西装，与大多数人穿的运动裤和T恤衫形成了鲜明对比。她的头发在脑后盘成一个蓬松的银色发髻，脖子上还戴着一串珍珠项链。我察觉到，工作坊天使降临了。

"亲爱的，我可以说几句吗？"她问我。

"当然。"

"我92岁了。"她笑起来。每个人都倒吸了一口气。她竟那样优雅，那样充满活力——任谁都猜不到她的年龄。

"我是对大家说话，但主要是对你。"她话语温柔，向对面那个经常生气的女士致意。"我的一生经历过冒险，也经历过失去。我失去了两任丈夫和一个儿子。但现在到了92岁，就算再努力，我也很难遇到什么让我不开心的事！我现在明白了，正是过去遇到的困难造就了现在的我。"

接着，她俯身向前，直视那个愤怒的女人。"亲爱的，你知道诗人里尔克吗？他写过一首诗，诗的结尾如下：'困难之中自有友善的力量，那正是出自上帝之手。'"

"这不是很好吗？困难是友善的！它们就是会对我们产生影响的手，可以让我们变得更强大。显然它们对我产生了作用！我现在虽然已经上了年纪，但比以往任何时候都更坚强。每天醒来，我都会感激自己还活着，可以做自己想做的事：可以看喂食器上驻足的鸟儿，可以和朋友们待在一起，可以看书，也可以什么都不做。我没什么可抱怨的。无处可去，无事可期，没什么会让我烦心。亲爱的，我想告诉你，我绝对敢说，到了我这个年纪，所有的问题都像老朋友一样。"

那位女士坐回椅子时，大家都没说话。我们都被她突如其来的发言感动了：有些人笑了，有些人眼里噙着泪水，但那位愤怒的女士却不为所动。沉默了一会儿，愤怒的女士开口质问那位优雅的年长女士："那么，您的意思是，我得再等50年才能获得幸福？"

"亲爱的，"工作坊天使说，"这个不用担心，这会是你这一生过得最快的50年。"

耐心等待葡萄酿成美酒

> 当葡萄化为美酒，
> 它们期待我们改变的力量。
> 当星辰围绕着北极变换，
> 它们渴望我们逐渐清明的意识。
>
> ——鲁米

我儿子丹尼尔在新墨西哥州圣达菲上大学。我去看他的时候住在我一个朋友家——朋友是一位美国禅师，住在小镇山上美到无可挑剔的修道院里。众所周知，圣达菲是个迷人的地方，海拔7000英尺，周围环绕着南落基山脉的桑格累得克利斯托山和赫梅兹山。D. H. 劳伦斯第一次来到圣达菲的时候说过："我的灵魂中，有什么静止了。"

我去圣达菲看儿子的那段时间，可以说过着双重生活：在朋友的禅修中心，我住在僧侣的禅房。房间位于一座古老的土坯建筑中，就在一尘不染的禅堂旁边。我很早起床，和僧侣还有其他住客打坐一两个小时，也就是日本人所说的冥想。我观察自己的呼吸，放空思绪，静自冥想，等待灵魂中的什么静止下来。之后，我会和僧侣们一起用早餐，期间默然不语。接着，洗好木碗，礼佛之后，我就会离开。

我出门后就去儿子的时髦房子里接他——房子在市中心，装修"离经叛道"。接到儿子后，我就和他一起去学校听一两节课，在大学生的吵闹和混乱中放松身心。禅修主要是为了平静和放空，去大学则是为了让日日夜夜都尽可能被各种活动充实。大家说得好：入乡随俗。在禅修中心，我会放慢脚步，放空自己；在儿子的学校，我会加快节奏，紧凑生活。二者似乎有相互矛盾之处——每次离开圣达菲，我都隐隐觉得自己很狡猾：每晚都偷吃香浓的巧克力，但并没有因此长胖。

我最近一次去是在春天，之前高高的沙漠突然变得绿意盎然、生机勃勃：峡谷路两旁盛开着紫丁香，平日里干涸的河床因高山融雪而拥有了奔流的溪水。早上，在禅修堂，阳光会透过稀薄透亮的空气洒进来，温暖的微风吹来紫丁香淡淡的香气，与日本熏香的气味混合在一起。禅修结束，去找儿子之前，我站在室外明媚的阳光下，看着沙地上的小花——粉色的、白色的还有黄色的——在土坯房的缝隙中开放。这个地方分外安静，只有僧侣穿着透气的黑色僧袍走过时蹭到地面的声音。

当时是大学的毕业周。赛季结束，孩子们正准备着大型聚会，那种疯狂与混乱的氛围与禅修中心形成了鲜明对比。一周过去，我偶尔会错过早上的冥想，因为晚上回来的时间越来越晚。我觉得自己好像回到了小时候：趁家人睡着之后再偷偷溜回家。一天晚上，我跟儿子还有他的朋友们去看了电影，接着一起享用了晚餐，最后还去了酒吧——我喝了两杯啤酒。高地沙漠的空气还有海拔高度引得酒精直冲我的大脑，让我觉得有些恍惚，或许这是因为先有冥想的影响，接着被圣达菲的美丽震撼，又被我对儿子和他朋友们的爱进一步激发。离开酒吧的时候，我不知道自己到底是清醒还是微醺，到底是在迷离中，还是如新墨西哥的夜一样清澈。

我开着50迈的速度回家，窗户大开，大口呼吸着夜晚的空气。新墨西哥州的天空是东部人永远无法理解的存在：它那样广阔、清透，仿佛近在咫尺，尤其是到了晚上，总给人一种"手可摘星辰"的感觉。我沿着山路开到修道院，之后沿着长长的土路往前。感谢上天赐予我充实的生活——无论是有序的还是混乱的，无论是高山还是低谷，无论是渐进的困境还是瞬间的魔法。我觉得自己悬在两极之间，突然之间看不到任何分别和界限：没有好与坏，没有幸福与悲伤，没有响亮与沉默，没有空虚与充实。我是喝醉了还是顿悟了？可这好像也不重要。

把车开进停车场时已经过了午夜。禅修中心里一片黑暗和寂静。我打开车门，走到一堵石墙前坐下来。禅修中心的小狗叫了一声跑过来，它一脸疑惑，好像没见过谁这么晚出现。僧侣们都早睡早起，而且修道院里的住客显然并不包括深夜返回的醉酒女人。我拍了拍小狗的头，它叹了口气，静静地在我脚边卧下。温暖的风吹过周围群山上高高的松树，拂过客人住所附近那条河岸边的垂柳。远处传来两声土狼的嚎叫。

我仿佛是在冥想一样，伴随着每一次呼气，都将自己融入闪亮的星星，伴随着每一次吸气，我会尽力打开胸腔，迎接在身体里流动的生命力量——正是同样的力量驱使着风，为小狗带来温暖。想来也挺有意思的，我竟在冥想大厅外偶然收获了这种平静的意识，而就在几个小时前，我还在那里努力追寻开放的心和平静的意识。现在，我和小狗坐在石墙上——半夜，微醺——朝天空敞开胸怀，迎接无尽的沉默。鲁米写道："当葡萄化为美酒，它们期待我们改变的力量。当星辰围绕着北极变换，它们渴望我们逐渐清明的意识。"

就这样：我，将近50岁，凌晨两点，在禅修中心外面，酒醉如土狼，清醒如高山。那一刻，我发现自己在所谓的精神之路上前进了一小步。我屈服于葡萄和晚星，深切渴望着改变的力量。如果说我在坠落和重生的过程中有所收获，那便是相信凤凰涅槃的过程。经历数次死亡，继而经历数次重生后，我相信生活之路上遇到的一切都会为我不断增强的意识提供燃料。

我听到轮胎轧过碎石的声音远远传来，接着看到汽车的灯光。漆黑的夜晚，一辆黄色出租车停在我的车旁边，一个头戴白色头巾的巴基斯坦男人打开司机位的车门下了车。借着酒劲儿，我觉得这大概是伍迪·艾伦电影中的场景——纽约的出租车跟着我来到了圣达菲。

"女士，打扰一下，"出租车司机带着浓重的巴基斯坦口音说，"这里是禅修中心吗？"

"没错，"我一边回答，一边拦住叫个不停的小狗，假装半夜有出租车把乘客送到这里很正常。

"我们从阿尔伯克基机场来，这位年轻女士想来这里。她今天从泰国飞来的，"出租车司机的语气很正式，仿佛在宣告皇室成员驾临。"她说来这里学习，但我说绝对不能让她一个人这么晚上山。现在，看到您这么晚还在这里等，我安心了一些,至少不用担心送错了位置。"说完,他走到乘客座一侧,打开前门,请一位身材娇小的年轻女士下车。我站起来跟她打招呼。

那位年轻女士用不是很流利的英语介绍了自己,说弗吉尼亚大学开学之前要在这里度过夏天。她是泰国佛教徒,在曼谷的时候遇到了我的禅师朋友。所以,她才经历了30个小时的旅程,跨越了12个时区来到这里,来到洛基山脉的南部——这是她第一次出国,第一次离开父母的家。

"我帮她安顿就好。"看出租车司机似乎还在担心,我赶紧让他放下心来。于是,他将乘客的行李从后备箱取出,之后跟乘客握手道别。

"谢谢。"年轻女士双手握住司机的手,"我妈妈说不用担心,因为每个国家的人都有佛性,还说一路上会有很多人照顾我。你就是第一个。谢谢。"

"愿上天保佑您。"出租车司机低头致意,语气严肃,"欢迎来到美国。"

出租车驶离停车场,我帮助年轻女士拖着行李箱来到了访客住所。泥泞的小路上,她驻足片刻,抬头仰望星空。"星星真大啊。"她不禁感叹。我想,或许等到早上,我会尽力跟她讲讲新墨西哥的天空、美国的面积、这片土地的多样性还有美国人吧。不过要等一等,等她休息够了,等我清醒了,再告诉她这里距离弗吉尼亚州很远,新墨西哥州和纽约也有很大区别。还有,尽管出租车司机表现出了"佛性",但其他人未必。或许我什么都不会告诉她,只等她自己体会便好。

我帮这位疲惫的年轻女士找了张床,告诉她洗手间的位置,然后拥抱了她。

"你是第二个。"她对我说。

"晚安。"我小声说。想到出租车司机,想到令人感伤的荒谬,我加了一句:"欢迎来到美国。"

往僧侣住所走的路上,我悄悄打开冥想大厅高大的木门溜了进去。昏暗的房间里,我向佛像行礼,看着他微笑的面庞、圆圆的腹部和放松的肩膀。他的表情那样慈祥,仿佛在说:"好了,好了,过来吧。坐下来休息一会儿。不用这么卖力。不用着急,坐下来看看会怎么发展。"

于是我轻轻地坐在垫子上,觉得自己就像即将化作葡萄酒的葡萄——圆润、快乐、成熟且心甘情愿。

直面压力，顺应改变

> 改—改—改变，
>
> 转身直面压力，
>
> 改—改—改变，
>
> 哈，你们这些玩摇滚的人……
>
> 很快就会老去。
>
> ——大卫·鲍伊

很多人都不太能接受衰老，对摇滚人来说，接受衰老更为艰难。这是个关于摇滚人的故事——关于我，我这个糨糊脑袋终于意识到，已经到了转身直面压力的时候。然而，写下这段经历之前，我想到了大卫·鲍伊唱的歌："转身直面'陌生'。"30年来，每次遇到老去过程中出现的陌生感，我都会唱《改变》(*Change*)中的这一句。后来，我看了看旧专辑背面的歌词，才发现这么多年来，按照鲍伊所唱的，其实我一直对的是——衰老的压力[1]。

花了这么长时间才搞清楚正确的歌词也不错，毕竟直到最近，我才觉得衰老是一种压力。自从身体开始经历巨大的"改—改—改变"，压力这个词突然变得贴切了。"陌生"是30多岁时偶然出现的白发，但身体其他部分仍全力运转。压力则更像是你弯腰捡东西时，父母发出的紧张的声音。

当衰老更像是"陌生"而非压力时，我遇到了终将成为我家一部分的人，且他们会在之后的所有改变中与我并肩作战。一年夏天，史蒂文和莉拉带着孩子洛里出现在公社，待了一年。史蒂文是作曲家，长得像耶稣，眼睛很大，留着长胡子，

---

[1] 因压力（Strain）与陌生（Strange）较类似，所以本书作者把它搞混了。——译者注

还有一张令人难忘的脸；莉拉则留着一头长长的金发，带着南方口音，说出的每句话都如罐子里滴落的蜂蜜，不疾不徐，十分甜美，她是我见过的最美丽的女人之一。洛里和她妈妈一样，一头金发，十分美丽。这家人——摇滚先知、金发女神还有小天使——让人羡慕。

史蒂文和莉拉翻修了夏克尔村大谷仓旁边的鸡舍，并在那里作为暂时的安身之所。那时我怀着第一个儿子，有的时候，肚子里的孩子会踢醒我，那时，我就会站在夏克尔主建筑里我房间的窗前，凝视着马路对面，看着莉拉和史蒂文的小屋冒着柴烟。我只知道他们在那里就能让我产生幸福的感觉，仿佛他们是失散多年的亲人，仿佛大家族中的吉卜赛人搬回来住一段时间。早上，我看着他们走过雪地去吃早餐，如一月份盛开的夏花。

不过，他们来得突然，离开得也很突然。我想，环游世界，去欧洲、阿富汗或印度大概就是他们的风格吧。我们会不时接到他们两个的消息，了解彼此的生活。很多年后，他们在我住的街区安顿下来，我们的友谊也得以继续，仿佛时间从未流逝。那时，洛里已经十几岁了，我也有了三个儿子。史蒂文和莉拉还想要孩子，但再也没能怀孕，可洛里离家上大学之前没几天，莉拉却怀孕了——新生儿降生时，洛里已经20岁了。

我不再当职业助产士，但偶尔也会在人分娩时提供指导。我答应史蒂文和莉拉——他们浑身透着吉卜赛气息——帮他们在家里接生。一个早春晚上，离预产期还有几周，我去了他们家，给他们做分娩和呼吸指导。洛里正好大学放假，所以也在家。

或许我们呼吸过重，或许就是分娩的暗示，总之，那天晚上史蒂文打电话让我过去，说莉拉开始生产了。出生本身就是奇迹，目睹婴儿出生从未让我厌烦，可那天晚上却格外神奇，仿佛每个人都离开了地球，脱离了时间，沐浴在纯净能量的流星雨中。我们突然变得非常年轻——每个人不过是不同的身体、不同的容器，但都收纳着同样丰富的生命力。随着生产过程的进行，我几乎可以品尝到弥漫在整栋房子中的那股新鲜的力量。我体会到造物主会抓住每个机会送来新生，告诉我们生命永恒且美好。这种美好的感觉展现在每个人身上：莉拉生产小女儿的样子；洛里抚摸妈妈头发的样子；小肯娜呼吸第一口空气，瞪大眼睛惊讶地看着这个世界的样子；还有史蒂文边哭边笑从我手中接过孩子，将她抱在怀里的表情。

多年之后，洛里大学毕业结了婚，给我打电话，问我是不是可以帮她的孩子接生。这正是人们所说的"改—改—改变"。我看着长大的孩子让我帮她接生！多么神奇啊！我高兴地答应了。预产期到来的前三周，我打电话给洛里，安排上门探访的时间，为生产做呼吸练习，可想到她妈妈生产时我上门之后发生的一切，我和洛里都笑起来。

"你准备好了吗？"我问，"众所周知，我的接生课对你家有特殊效果。"

"这样啊，"洛里略带犹豫，"虽然婴儿房还没粉刷好，但我自己算是准备好了吧。"

刚挂电话几个小时，洛里就开始分娩了。等我到了医院，她全家人都在：洛里、她的丈夫、史蒂文、莉拉还有小肯娜——洛里像她这么大的时候也是一头金发，非常美丽。渐渐地，洛里失去了幽默感——生产过程常见的副作用——也顾不上欢迎我进入产房的笑声。"来了，"莉拉向医生介绍，"制造麻烦的那个。"

几个小时后，经过漫长而艰辛的努力，我们迎来了加勒特。家里第一个抱住他的是小姨肯娜。

大家都说好事连三。洛里两年之后再次怀孕而且又请我指导她分娩时，我又提醒了她自己过往的战绩。我半开玩笑地说，怀孕的时候还是别经常联系，等她做好准备生产时再找我——提前一天，或者在预产期之后。还有，在她预产期前两周，我已经安排好到2500千米外的洛杉矶开会——离制造麻烦远着呢。

洛里的孩子渐渐长大，走过了夏天和秋天。到了冬天，我进入另一种形式的"孕期"。我很意外，自己身上竟然出现了更年期的早期迹象，已经到这个阶段了吗？我自己都觉得惊讶。不会太早了吗？虽然我知道有些女士40多岁就会开始，但我还是觉得我会晚一些才经历，还得等年纪更大一些——到我老了的时候。显然，我觉得（或许所有年轻一点儿的人都这么觉得）自己能平稳度过"这次改变"。然而，我大错特错：更年期在我40多岁时到来，来势汹汹，想让我彻底改变。它占领了我的身体和思想，之前听说过的每个症状都在我自己身上上演，后来我夜夜难眠，每晚要醒五六次，盗汗闹到浑身湿透。白天，我总觉得疲惫，情绪低落，虽然知道心情不好是睡眠不足和荷尔蒙失调引起的，可知道也没用。我越来越深地陷入无助和绝望。这种感觉，我只在离婚之前、坠落之前，也就是凤凰涅槃之前体会过。

你可能会觉得这是另一次凤凰涅槃开始的迹象。或许，你会认为我已经不再反抗变化，所以会心甘情愿地顺流而下。或许，你会说我已经感受到昨日之我逐渐消亡，今日之我在成长，但我还是要不情愿地承认，这个摇滚人该转身直面压力了。我从来没把大卫·鲍伊的"改—改—改变"与更年期的改变联系在一起，可歌词讲的却无比真实："很快就会老去。"他唱这首歌的时候我还是个少女啊！是啊，"很快"就是"现在"了。

每天早上，我睁眼的时候都觉得困惑、担忧，也有些惊惶：我想知道自己到底怎么了？往日的热情去了哪里？对生命意义的信念去了哪里？我为何会如此低落、焦虑？是因为恐怖袭击？全球变暖？是因为孩子们散落在全国各地吗？还是因为我的婚姻、工作或者写作出现了疏漏？

整个秋天和冬天，经历"9·11"带来的恐惧和忧伤，还有持续的难眠之夜带来的疲惫，我越来越奋力地与身体发生的变化抗争——我长时间工作，用中草药寻求片刻缓解，还会锻炼，喝一两杯红酒——我希望一切尽快恢复正常。

接着，隆冬时节到来，我发现乳房有肿块，我轻轻抚摸了它好几天，告诉自己这不算什么，假装不存在就好。最后，我还是去看了医生，但医生觉得情况不妙，让我去做活检。等结果的过程中，我莫名地对一切失去了兴趣，仿佛已经被确诊了死刑——结果出来了，虽然不是癌症，但我心里很明白，黑暗和沮丧还没有远去。

洛里的预产期逐渐来临。我出发去洛杉矶的前一天，她打电话问我什么时候回来。由于担心赶不上为她接生，我提醒了她几件事：如何判断生产的信号，如何在宫缩的时候呼吸，该怎么与2岁的孩子沟通。我们聊了一会儿，我还跟洛里说坚持到我回来——我真的想辅助她生产。"要不，"我笑起，"你今晚生也行，反正我明天中午才走。"

命运大概就是有这种幽默感，午夜的时候，莉拉打电话给我，说洛里的羊水破了，孩子很快就要出生，大家都在赶往医院的路上。"真不敢相信！"莉拉说，"还真是无巧不成书。"

我从床上爬起来，如往常一样疲倦，开车进入夜色，穿过空荡荡的小镇时，我再次感受到多年以来这条路具有的神秘力量：这是助产士之路，也是新生之路。我直接闯了红灯，反正也没人在意。我往前开下山，经过横跨哈德逊河的大桥，再穿过一片森林保护区才能到医院——月光明亮，照在多节的老橡树和枫树上。刹那间，但丁的诗句如树叶飘落，我大声朗诵出来："人生的旅程中，我发现自己身处黑暗的深林，正途已无处可寻。"我一下明白了自己到底怎么了。没错！我又走到了半途，身处黑暗的森林，正途已无处可寻，回首亦看不到来时路。只有在我向变化投降后，在学到了新的功课后，新的道路才会出现。

我把车停在路边摇了摇头。"我这几个月怎么回事？"我大声说，"为什么要抗拒改变？"刚问出口，我就觉得那层面纱被揭开了，一丝希望冲破了我疲倦的森林。在那几个月里，有"9·11"事件、"乳腺癌"带来的恐慌、长时间的工作还有难眠之夜——我一直在与不可避免的变化作斗争，与所谓的上天作斗争。

像是经历了干旱后大口饮水的动物，我低下头祈祷："您的意愿必将完满，而非我的。""主啊，您的意愿，而非我的。"我坐在路边，任性和担忧带来的紧张感烟消云散。我走到旁边，让路于比我更聪明的存在——深知过去真相、现时自由和未来道路的神秘。身处树林，在这幸福的时刻，我放下了重担。我承认自己迷路了，只是静静坐着，等待上帝接手。我再一次感觉到，覆满灰烬的道路上，有条路逐渐显现，有只手将我引向光明。这时，我发动汽车，直奔医院：从树林开上小路，从绝望冲向希望，从死亡走向重生。

几个小时后，我把凯莉——粉粉嫩嫩的小人——交给了她的妈妈。看着新生儿咬住洛里的乳头，品尝第一口甘甜的乳汁，我发现生命不仅仅关乎生存，通常更单纯：信任身体中流动着的永恒生命力，让这股力量引领我们，面对在地球上的这段时间发生的所有变化。离开医院前，我把凯莉抱在怀里，在她耳边低声说："谢谢你，小家伙，带我走出森林。一定要记得，要相信改变，相信上天。"

我开车的时候，收音机里正播放着大卫·鲍伊的歌曲，我自信地跟着唱起来——不仅是因为我可能是世界上为数不多的几个知道正确歌词的人之一。我唱着"改—改—改变，转身直面压力"，也因为我正努力做到这一点。这比对抗生活的潮流好得多。所以你们这些玩摇滚的人都小心些，还有其他人，因为你们很快就会老去。

学习与无常共处

这些年来,哪怕已经多次经历因失去、爱和生命本身而破碎重生的过程,我仍旧会抗拒改变。无论是发生在个人生活中的,还是工作上的,乃至世界上的事情,只要超出了我的控制范围,我就会本能地紧张。我已经习惯了这个流程:首先我不希望发生的事情发生了,接着我感受到内心的抗拒,之后是控制超出我掌控范围的压力。我逐渐意识到自己可以选择:要么崩溃,要么破碎重生。我深吸一口气,舒展身体,在改变之河中伸展四肢。又一次,我承认了生活的不确定性——生活的目标不是对未知更加确定,而是在不知道接下来会如何的神秘中更加坦然。这时,奇迹中的奇迹就会出现:在深不见底且无可预测的河水中,我学到了超越控制感和确定感的坚定智慧。

我最喜欢的作者之一是佩玛·丘卓(Pema Chödrön),她著作的名字非常好,甚至不用翻开书页,就能让我记起要破碎重生,进入神秘。《与无常共处》(*Comfortable with Uncertainty*)是佩玛·丘卓的作品之一,这个书名可以帮我摆脱焦虑和抗拒,只要看一眼封面,我就觉得自己的面部表情放松了些,肩膀也不自主远离了耳朵几厘米。这本书不仅帮我熬过了生活的种种意外,甚至让我变得更优秀。

佩玛·丘卓从自己的老师丘扬创巴那里学到了如何与不确定性共处。丘扬创巴的生活经历让他彻底破碎,你在他身旁都会感到不安。我跟随丘扬创巴学习的几年中,他几乎没能给学生带来任何安全感和可预测性:他既不和蔼,也不温柔,更不会带来宽慰。丘扬创巴谈不上友好,只是无畏的性格和端庄的举止气度激发了我的灵感。我为他的幽默和无尽的信仰所折服。他随着改变之河流动的能力——

那种姿态和优雅——非同寻常。

丘扬创巴并没有让人祈祷生活会以期待的方式进行，而是鼓励学生从已有的生活中学习。他将日常事件当作关于现实的信息。"相信这些信息。"丘扬创巴说。它们精准描述了之前发生的一切，也会告诉我们接下来要如何：不要与现实抗争，不要与之争辩，而是如看报纸一样解读现实，阅读发生在自己还有其他人身上的一切，将之当作新闻，当作关于如何做人、如何做自己的现实消息。

世界各处的生活中都充满具有相关性的消息——不仅有关于华盛顿、好莱坞或中东地区的消息，也有关于我们自身的。无论看向何处，目之所及都有准确的信息和有用的统计数据，让我们了解个人的行为。实际上，世界上存在一个卓越的反馈系统，无时无刻不在运作，告诉我们应采取何种行为或不应如何行事。我们采取的每一个行动，都会在现实中留下信息，告诉我们那是智慧抑或是愚蠢。

丘扬创巴这样描述了信息系统：如果分步骤完成某件事，那么行动就会有结果——或失败或成功。信任就是知道一切终有信息。当你相信这些信息，相信对现象世界的反应，世界就会如资金充裕的银行或蓄满水的水池。你会觉得自己生活在丰盈的世界中，永不会出现信息枯竭的情况……这些信息既不是惩罚，也不是庆贺。你信任的不是成功，而是现实。

我尝试将丘扬创巴的智慧学以致用，尤其是在工作中，毕竟工作繁杂，少有顺利之时。针锋相对的会议、失败的项目、辞职的助理：每种情况都有意义，都是丰富的信息库。所有问题的答案都蕴含在问题本身之中，我只需要停止抗拒，对现实敞开心扉，解码信息即可。

没有什么比家人互相扶持更重要

我生活的镇子不大,所以人们对别人的事情差不多都了解——我住在大城市的朋友们对此很是震惊。当然,有些事似乎带着点儿"近亲繁殖"的意思:谁家的谁谁跟谁家的谁谁之前是两口子;那个在加油站工作的人也在镇委员会任职;我的医生是我儿子朋友的父亲。但我喜欢这种亲密感,传统的价值观念得以完整保留:我了解邻居,无论去小镇的哪里都能遇到他们。这是个紧密联系的社区,我们一起庆祝节日,一起在艰难时光中互帮互助。

一天晚上,我和丈夫刚要出门吃晚餐,电话响了。打来电话的是我的好朋友之一,告诉我雨果——他们最小的孩子,我们都认识也都喜欢的孩子——当天早些时候确诊了白血病,而且病情凶险,是最难治疗的那种——急性髓细胞性白血病。医生们只说雨果第二天就得住院,开始长达数月的化疗,要是配型成功,雨果就要接受骨髓移植,这有望帮他缓解病情,让他拥有健康长久的生命。

雨果才 10 岁,他的家庭已经经历过难以想象的失去和艰辛。他的继母和我是老朋友,他的父亲是为了孩子可以付出生命的那种人。虽然我不太了解雨果的亲生母亲,但我知道 10 岁的孩子是什么感觉。我明白,孩子的生活就相当于是母亲的、父亲的、兄弟姐妹的还有整个家庭的生活。

得知雨果生病的那晚,我和丈夫去了当地一家餐厅用餐,通常总会碰到一些熟人:社交场景可能像是强制执行的现场,也可能像是聚会,这都跟一个人的心情有关。那天晚上,我们认识了几个新朋友,其中有一对刚刚搬来的夫妇——玛利亚和罗杰。这是偶遇。虽然我们不太了解玛利亚和罗杰,但他们仿佛非常能理解人们当时的情绪:几年前,玛利亚 4 岁的女儿被癌症夺走了生命。她写过一本书——《汉娜的礼物》(*Hannah's Gift*)，讲述那次的磨难。对其他经历过孩子生病还有失去孩子的父母来说，这本书好比《圣经》。我们和他们同坐一桌，听玛利亚讲述第一次知道汉娜生病时的感受。大家都觉得很沉重。

慢饮葡萄酒的时候，我没说话，抬头看看四周，正好看到雨果一家人就坐在对面——全家人都在：雨果、他的哥哥、他的父亲母亲，还有他的继母和继母的两个小女儿。

"快看，"我对丈夫说，"看谁在那边！"

大家转过身。雨果一家看到了我们，心不在焉地挥了挥手，甚至带着些歉意。

"你们得过去坐坐。"玛利亚就差把我的椅子拉开了。

"那我们说什么？"我心知肚明，这个问题根本没有答案。

"过去就够了。"玛利亚回答。

我们走到餐厅壁炉旁的长桌那边——之前经常有人在这里举办生日聚会或其他聚会。桌边的大人们就像孩子们一样——泪流满面，心里很害怕；可孩子们反而像大人一样——冷静清醒，表情认真。我们跟朋友们拥抱，他们都流下了眼泪；之后我们拥抱了孩子们，可他们却一下害羞起来。雨果坚持要给我看手臂上静脉注射的痕迹，说是上午抽血的时候留下的。之后，那个注射口就被胸部的注射口取代，用于化疗和输血。然而，那个胸部的注射口带来了可怕的问题：化疗药物渗入了雨果的肺部，他只能接受紧急手术，挽救错误带来的致命后果。接下来的日子里，雨果被抬上救护车，从一家医院辗转到另一家医院，每次停留几个月。为了维持生命和康复，他忍受了多次手术的折磨，最后挨到缓和期。不过，在餐厅的时候，雨果还不知道前方等待自己的考验是什么。

"雨果，你想什么呢？"我问。

"什么都没想。"他回答。

孩子们通常不会思考得很长远，也不会深陷于遥远的过去。那天晚上，雨果没有想自己生病这回事，也没有想家人的害怕、生活的突然变化。我想和他聊聊他会想念的独舞表演、学校还有朋友们。雨果在跳舞方面非常有天赋，对所有形式的舞蹈——从芭蕾到嘻哈——都充满热情。一般来说，雨果肯定会聊聊自己的舞蹈课、之前看过的表演或即将开始的独舞，但那天晚上，雨果很少说话，所以我也没再说什么，只是揽着他坐在那里。我做了玛利亚让我做的事：过去就够了。

大家都没聊什么，雨果的诊断结果是每个人的新伤口，好像有某种神圣的存在制造的氛围环绕在桌旁。我几乎能看到那种存在就坐在角落，轻轻地用脚点在地面上，敲出不凡的节奏。就好像我们过来时，上帝也跟着过来了——不是宗教中严厉、严肃的上帝，而是孩子们熟知的上帝，是苏菲派诗人哈菲兹（Hafiz）所描写的上帝：

> 他不是名义上的神，
> 也不是刺探我们的神，
> 更不是胡作非为的神，
> 而是一个只知道四个字的神，
> 他不断地重复："与我共舞。"

雨果有了新"舞伴"，疾病需要他学习具有挑战性的"舞步"。但我知道雨果能做到，毕竟他是个经验丰富的舞者，知道何时领舞，何时伴舞，知道如何倾听内心的节奏，如何坚持长期训练。在接下来的几个月里，雨果必须勤奋练习，他的家人也是。他的父亲和母亲也有自己要学习的艰难"舞步"——既是新舞蹈中的个人舞者，也互为舞伴。看到孩子那样痛苦，他们能承受吗？能听从内心，保持温柔和开放吗？能对上帝的编舞有所希望吗——即使一切看似那样笨拙和残酷。他们能抛开前妻、前夫这种惹人争议的角色，携手与最爱雨果的父母共同面对吗？

当时在餐桌旁的我觉得，如果雨果一家的每个人，在接下来的几个月里都记得来餐厅与上帝共舞，一切都会好起来。无论结果如何，只要听从只知四字的神不断重复"与我共舞"，终将得到善果。

与我们共舞的上帝一直都在，但往往需要一场灾难，我们才能腾出空间让他现身。等他出现时，我们会瞬间明白先知圣者流传千年的箴言。有些故事，我们之前只是听说过，可突然之间，我们却成了亲历者——一种一切消逝后依然存在的爱；一种跨越时空界限将我们联系在一起的爱。"9·11"后的纽约有这种爱；父亲去世后有这种爱。现在，朋友们体会到孩子们的痛苦时，我也发现了这种爱。我看到他们正如拉姆·达斯所说的那样在"打破自我"，允许自己将彼此看作跳舞的神。

至于这种更宏观的视角会持续多久，还没有定论。但目前来看，大家似乎都知道上帝早已心知肚明的事：我们来到这个世界上是为了彼此关爱，彼此帮助——人生就是关于彼此的。在这觉醒的时刻，一切其他计划都已被抛出窗外。宏大的计划被最伟大的事物所取代：爱是最简单、最温柔和最个性化的表达方式。

为什么自我的缝隙会被重新填满？为什么被唤醒的心会再次沉睡？为什么经历惨痛的伤害、失去爱时，我们很难再保有这样的智慧与喜悦？"9·11"结束后的一段时间里，纽约人似乎有无尽的慷慨和善良；父亲去世后，我感受到的是对最亲近的人的感激；那天晚上在餐厅，雨果一家人的亲密那样明显，每个人都能共享一部分。它就像宇宙情欲剂一样，弥漫在餐厅的每个角落——只需品尝一点，人生的目的便展露无遗。所以，就让我们珍惜时间，从这一刻起关爱彼此吧。

每天，我们都会做很多偏离生活意义的事，创伤就像一把刀，切除让我们分心的一切，揭示真相的脉络——我们真正的渴望、我们真实的感受、我们对彼此的伤害和我们希望从彼此那里得到的关爱。在习以为常的生活中，我们愚蠢至极、极尽奢侈，恣意抱怨、回避、责备，会暗地里议论朋友或同事让人讨厌的行为，对他们身上的优点视而不见，反而就他们的缺点大做文章，这似乎比彼此靠近，在应该承担责任时承担，或在别人应该承担责任时坦言更容易。可一直以来，真相都在耐心等待，直到出现在受惊的小男孩的眼中。

雨果的病会影响他生活中的每一个人——家人、朋友、老师，有些人会独自舔舐伤口；有些人会检视被带到表面的东西；有些人则会破碎，经历不可磨灭的改变；还有些人则会转身离开，封闭自己，选择新的方向。那天晚上，我在餐厅桌边进行的祈祷不只是为了让雨果早日康复，也是为了让他的家人、他的社区早日康复。我向跳舞的上帝祈祷，愿雨果得病的这次机会不会被浪费，让我们能够打破自己，获得更强大的力量，相互关爱、彼此学习。

雨果确诊几个月后，我跟他的父亲待了一上午。在医院守夜的几天，罗恩就像跑了半程马拉松的长跑运动员，只是中途短暂休息一下。那段时间，雨果经历的治疗过程让人揪心：好几次差点没命，肺部灼伤带来剧痛，化疗引起了恶心，头发都掉光了，体力也难以支撑。他去了纽约，到全国最好的癌症医院治疗。在挣扎的过程中，雨果的恐惧和担忧时隐时现——比如他会问父亲"他们会不会像兽医让遭受痛苦的小动物睡着那样对自己"，但作为舞者，他对生活的热情帮他度过了最艰难的时光。后来，雨果确信自己能活下来时，便集中精力帮助病房中的其他孩子：那些孩子沮丧时，雨果就跟他们聊天，帮助他们熬过痛苦。

雨果的父亲学到了什么？我很想知道。这个用坚强意志战胜了童年的艰辛、成年后跨越了多重障碍开辟成功之路的男人究竟有了什么样的变化？

"我觉得自己柔和了一些。"罗恩对我说。对于一个在华尔街工作且拥有拳击手般毅力的人来说，承认这一点可不容易。"很多事情，比如我们的工作、孩子的学校，在雨果的生死斗争中都显得没那么重要了。我越来越明白地意识到周围的痛苦与磨难，能更清晰地捕捉到别人的痛苦——我猜这就是共情吧。我对很多事情的意识，因为去医院这件事而有所扩展——那么多孩子和父母，那么多痛苦，多到远远超过我的想象。我不知道这段经历会带我走向何方，只知道自己正在经历不容置疑的改变。"

他停了很久没说话，我看到他回忆儿子刚生病时表情都变了。"我永远不会忘记雨果差点儿没命的那个晚上，"罗恩说，"我陪他躺在床上，抱着他。他看着我说：'我要死了，再见了，爸爸。'那一刻，他的血压骤降，一下进入了休克，我觉得他正慢慢离我而去。可突然之间，我头顶上的乌云消散了，人生中的所有规划都不再重要。我不在乎雨果能否成为出色的舞者，不在乎工作中是否表现卓越，我什么都不在乎，只想陪着出现在我生命中的人。我想开车送雨果上学，和雅各布一起骑自行车，和女儿们做游戏。我对生活的所有期待都不重要，陪着我所爱的人一起生活才是最重要的。我知道我永远无法忘记那一刻，这会成为我今后生活的动力。"

特拉普派修道士和社会活动家托马斯·莫顿（Thomas Merton）曾说，年岁渐长，他渐渐明白，改变世界的不是思想观念，而是将爱给予周围人的简单举动，特别是给予与你最合不来的人。他说，要想拯救世界，你就必须服务生命中出现的人。他还写过："你会越来越少地因为某种观念而挣扎，会越来越多地为某个人抗争。归根结底，能拯救一切的是人与人之间的关系。"

有人说，治疗和治愈不同——有些东西无法治疗，但治愈的可能永远存在。我不知道雨果这个年纪的孩子是否真的理解自己面对的一切，我也无法对他家人正经历的一切感同身受，但我知道，家人的付出在很大程度上治愈了雨果。此外，在压力最大、最心烦意乱的时刻，家人对彼此表现出的善意让雨果振奋。我知道，当跳舞的神带领他们在艰难的国度进进出出时，如果他们能继续说"我可以"，所有人就能和雨果一样理解治愈究竟是什么，也能理解生命的价值所在。

尝试向真相投降

> 某人：医生，我弟弟疯了，他觉得自己是只鸡。
>
> 精神科医生：那你为什么不带他来？
>
> 某人：我是想，但我需要鸡蛋。
>
> ——伍迪·艾伦

即使旧有的行为和思维方式已经不再发挥作用，甚至会带来痛苦，但我们仍会轻易陷入其中。如同笼门打开也不会离开的动物，我们更愿意面对熟悉的一切。无论事物的本来面貌多么荒谬，多么具有破坏性，我们仍对此执着。或许，我们早知道要做出改变，但正如伍迪·艾伦所说，我们需要鸡蛋。我们被困在自己营造的现实中，害怕面对真相，所以宁可保持幻想。

其实，每个人都可以将伍迪·艾伦的笑话改写成自己的版本。大家都不想太过仔细地审视自身的生命以及对他人的看法，不想考虑自己或许也会犯错；或许我们的受害者立场只是某种遮掩；或许我们的前任、老板或父母并非我们想象中的怪物。这么说，我们倒是应该问问自己，继续以同一种眼光看待世界究竟有什么好处？我们究竟需要什么样的"鸡蛋"？

为了改变多年来养成的习惯和态度，我们不能只希望得到"鸡蛋"，还必须有渴望真相的心，注意召唤我们离开安全区的声音，以及放弃阻碍真实自我的一切，必要时甚至放弃"鸡蛋"。

生活会派出各种"狐狸"偷袭"鸡舍"并设法偷取"鸡蛋"。我试着把自己遇到的问题当作机会，借此放弃对自己、对地球生活的幻想，尝试欢迎"狐狸"进入"鸡舍"，心甘情愿地交出"鸡蛋"。通常，我会抱住"鸡蛋"不放，与"狐狸"

缠斗一段时间。有时,问题给我当头一击,让我眼冒金星,我才能看到面前的真相。

我并不是说生命中遇到的所有不美好都是注定的,专为我们的个人成长定制的。我也不是说,生活中的诸多事务都是磨坊的谷物,你可以由此学会需要学习的功课,进而走进没有苦恼的世界。此外,我也并不推崇通过戏剧化和灾难性事件让你破碎,敞开心扉,之后发现真理。灾难并不预示着上天将你选为伟大的人。

我的意思是你可以将一切作为警钟,在日常生活的重大考验和细碎烦恼中寻找关于自己和世界的宝贵信息。如果在失落和痛苦的时候转身面对自己,就能获得钥匙,通向更真实更快乐的生活。

逆境是人类自然的组成部分。将道德标准、健康规则或修身方法作为护身符,以免事情失控,这本身就是一种傲慢的态度。事情必然走向分崩离析,这就是其本质。如果我们试图保护自己,避开不可避免的变化带来的影响,那就是没有仔细倾听灵魂的声音,而是倾听对生死的恐惧、信仰的磨灭,这样渺小的自我就会占据上风。倾听灵魂的声音就是要停止与生命抗争——在一切分崩离析时,事情不遂人愿时,疾病侵扰时,被人背叛、虐待或误解时,能够停止挣扎抵抗。倾听灵魂的声音是放慢脚步,深入感受,看清自己,向不安和不确定性投降,安心等待。

正是在破碎的时刻,灵魂才会吟唱睿智、永恒的歌曲。我无法为你哼出曲调,也无法告诉你歌词——每个人的灵魂都有自己的节奏,但通过聆听时的感觉,你可以识别出它的乐音:它让你清醒、平静,摆脱控制的负担,感受瞬间袭来的轻松。你会深吸一口气,叹息一声,对自己说:"没关系,一切都还好。"你会张开双臂,身体后仰,对灵魂说:"给我唱你的歌吧,告诉我歌词,告诉我你知道的一切。"

有时,在投降的时刻,你会发现自己很像伍迪·艾伦那个笑话中的人——看看对自己和他人的看法将你围困得多紧密;你通过责怪别人以免责怪自己而投入了多少精力;你崇拜他人,是因为这样就不用彰显自己的力量,不用表明立场,不用成为最崇高、最光彩的自己。伍迪·艾伦笑话里的角色知道弟弟并不是鸡,但他还是需要鸡蛋,而你或许知道关于自己的真相,但仍保护着"鸡舍"。只有放"狐狸"进来偷"鸡蛋",你才会看到关于自己的真相。而且,真正的自我远比那些不切实际的"鸡蛋"更有价值。

踏上属于你的英雄之旅

> 鼓声在空中回响,
> 我的心随之跳动。
> 有个声音大声说,
> 我知道你累了,
> 但向前吧。
> 就是这条路。
>
> ——鲁米

50岁生日时,我收到了姐妹们送来的礼物。姐妹们对我的爱中包含着无私的奉献与一丝辛辣的幽默感。她们是我一生中最好的朋友,在我人生的每个阶段,她们也是开口抨击我的第一批人。即使她们从小就拿我对灵性的追求开玩笑,但对我非常尊重。我们上小学时,我会天真地把自己对诗歌的评论读给她们听,结果她们笑得喘不过气。还有,我每次为附近死去的宠物举办葬礼时,她们都会表现出"极度"虔诚的样子,非常夸张。我问妈妈是否可以皈依天主教时,她们也会翻白眼。而当我加入公社,创办欧米茄学院,努力写书时,她们也没有缺席:表面上为我加油鼓劲,背后则偷笑。这就是姐妹之间的爱。

快递人员从卡车上卸下一个大箱子,搬到我家门前。打开箱子之前,我认真读了上面的卡片:"生日快乐。我们为50岁的小灵妹准备了这个小'灵屋'。希望你像我们爱你一样爱它。"

灵屋!我在泰国旅行的时候见过——小小的寺庙,每个家庭的院子里或花园的门柱前都摆着一个。泰国佛教徒认为,灵屋能吸引天神,为家庭带来福祉。谁不想让保护与祝福待在安全的小屋,在花园中守护自己呢?我小心地打开箱子。箱子里面被塑料包装气泡层层包裹着的是一座精美的陶瓷灵屋,可已经成了碎片。

破碎的灵屋。我忍不住笑起来。这本关于我们在人生破碎的时刻寻找保护和祝福的书我已经写了一年。我说过,祝福可能不像阳光灿烂的花园里的漂亮房子,而是披着混乱和灾难的伪装。我知道没有什么能完全驱除恶灵,就算可以,我们可能也不想赶走所有逆境。我相信,黑暗会教导、带领我们走向光明;我知道,穿过阴暗的森林和美丽的花园,最能保护我们的是自己的无畏。不过,要是灵屋完好无缺,就更好了。

不过,我有碎片。我把碎片放在写作室的篮子里,它们给了我明智的忠告,也提醒我尽管永远都避免不了破碎,但我仍有神灵护佑。

一次又一次,我们会在生命的彼岸破碎。我们顽固的自我会被打倒在地,受惊的心会破碎——不止一次,且形式难以预料。人生之中,让我们敞开心扉的方式难免会让人意外——让人破碎的承诺和让人敞开的可能早已写入人生的契约。当然,这趟波涛汹涌的旅程可能会令人疲倦,毕竟海上风急浪高,处于艰难困苦中的我们或许想放弃,向绝望屈服,但勇敢的朝圣者已身先士卒,激励我们带着信心和远见勇往直前。鲁米说过:"鼓声在空中回响,我的心随之跳动。有个声音大声说,我知道你累了,但向前吧。就是这条路。"

愿你疲惫时也能听到内心的节奏;愿你崩溃时能敞开心;愿你人生中的每一次经历都是一扇门,能帮你打开心扉,深化理解,引领你走向自由。若是疲累,愿你被激情和意志唤醒;若是积攒了太多责备与苦涩,愿你因希望和幽默而感到甜蜜;若是害怕,愿你被比恐惧更智慧的宏大意识鼓舞;若是孤独,愿你能找到爱,找到友谊;若是迷失,愿你能明白每个人都会如此,但仍会被引导——由陌生的天使和沉睡的巨人引领,由更好更仁厚的天性引领,由洪亮的声音引领。愿你跟随那个声音,因为脚下有路——这是英雄之路,是值得过的一生,是我们存在的意义。

附 录

练习方法集锦

一切皆瞬息万变。我们很难掌控外部的天气状况，但这并不妨碍我们主宰内心的风景，利用外部发生的一切改变内部的运作方式。这就是伟大神话的寓意所在：英雄征服了怪物，女英雄完成了追寻，而最后的奖赏始终都是——发现真正的自己，还有觉醒的意识。约瑟夫·坎贝尔说："所有神话都是有关意识转变的。以往，你只是以同一种方式思考，现在必须要换一种方式。意识或因考验本身改变，或因启示改变。考验和启示就是深化的一切。"

经受住考验的历练而幸存——更幸运的人还会将恐惧转化为启示——此后的我们就会以不同的态度对待其他逆境。改变和失去仍可能给我们当头重击，但我们总能很快站起身来，比以往更强大、更明智。生命的车轮不断向前，我们也会不断改变、完善自己的意识，变得更有洞察力、更为谦逊，拥有更为坚强的性格，同时对生活的意义拥有更深的信念。

可如何才能做到呢？如何将恐惧转化为启示？在考验中如何始终保持清醒和勇敢？在这本书中，我将转变的过程描述为由破碎到重生的旅程，坠落是为了重生，浴火是为了化为凤凰。艰难的旅程需要我们搭乘稳固的车辆，至少需要可靠的指引和实用的工具。在附录部分中，我呈现的是一系列练习方法——在我坠落重生的过程中帮助我的方法。

在凤凰涅槃过程中，我常用的方法是冥想、心理治疗和祈祷。这些方法不断鼓励我，让我在想要封闭自己或装睡的时候打开心胸，保持清醒。冥想练习帮助我培养稳定的心，让我激动和焦躁的心平静下来。心理治疗让我进入因果关系构筑的内心世界，在生命的关键时刻，它敦促我为自己的幸福负责——不再逡巡观望，等待那个难以捉摸的人或事物来修补或定义我的生活。祈祷带给我安慰和力量，是旅程中让人心安的伴侣。这些方法让我变成了炼金术士，得以借苦难之机成长。

我也会运用其他方法。我最喜欢的方法之一是在小组中讲故事：讲述自己的经历可以让我们在艰难时感受到他人的共鸣。和同行的人在一起，分享各自的考验和获得的启示，聆听其他人的经历，那我们的挣扎似乎就不再是个人恩怨，而更像是正在被书写的神话。写日记是我会使用的另一种工具。在文字的世界中，我往往更容易对自己诚实。各种艺术形式，比如写作、绘画、歌唱，都是炼金术。还有体育锻炼和运动——包括游戏、瑜伽和武术——也是转型的基础。它们让我们身体强壮、活力常在，直接将启示带入身体中。

但我最常用的方法——我现在描述得最清楚的方法，是冥想、心理治疗和祈祷。虽然在没有它们的时候，我也能熬过很多黑暗的夜晚，但有了它们，我能更迅速、更彻底或带着幽默感应对这些暗夜。

有时候，这些方法——尤其是冥想和心理治疗——看起来似乎非常乏味单调；另外一些有时候，这些方法充满挑战，令人望而却步，或许我们会想放弃，但凤凰涅槃过程所需要的辛勤工作，破碎和保持开放所需要的勇气，配得上每一分每一秒的挣扎奋斗。回报是丰厚的：我们将收获自由自在的真实自我。

我在此处所说的冥想、心理治疗和祈祷，不可能仅仅通过阅读一本书就能做好，最好是在导师或治疗师的指引下完成，而且或许需要几年的时间才能有所收获。以下是简明扼要的指引，旨在提供一种方法，让你在日常生活中得到更充分的发展，启发你继续此前的练习。

冥　想

30多年来，我一直在学习和练习冥想。即便如此，我仍觉得冥想很难——有时很无聊，有时还具有对抗性。不过，我也觉得冥想确实有价值，能滋养、扩展和启发我们。有时，我每天都冥想，有时几个月都不碰蒲团。我参加过一个短期的冥想课程，可大部分时间都用在等待夜晚或周末的到来。我进行过长时间的闭关练习，臣服于练习，好让自己摆脱忧虑、虚伪、烦躁和怨念。我可以毫不犹豫地说，冥想对我的生活产生了重要影响。

每个人练习冥想的原因不同，比如：放松身心；保持开放和温柔；接受生活本来的样子；变得更有活力、更有共鸣、更满足；寻找内心的平静。

冥想可以帮助我们实现上述目标，但需要花费一些时间，也需要勤勉和用心。我们之所以选择冥想，是因为生活中遇到了困难，希望冥想可以带来些许慰藉。但冥想并不是这样发挥作用的：我们对和平与幸福的期待是无可非议的，但希求立竿见影则不甚合理。

冥想是一种缓慢且稳定的体验。它不是解药，不是价值观念，不是宗教，而是一种生活方式——完全活在当下的方式，真正成为自己的方式，深入观察事物本质的方式，重新发现平静的方式。冥想的目的不是摆脱不好的东西，也不是创造美好的东西，而是一种开放的态度，也就是正念（mindfulness）。

冥想是一种无条件的友好，无论此时此刻正在发生什么——无论是坐下来冥想的那一刻，还是生活的其他时刻，无论是顺遂还是坎坷，冥想都能成为我们内心的见证，让我们借以观察外部的事件。听上去这似乎无关紧要，但实则不然：发现和培养内心的见证或许是我们一生中最重要的功课。如果能够以接纳、友善的态度诚实地观察自己，我们就能逐渐学会以这种方式对待家人、同事和其他所有人。

正念冥想让我们在面对生活中的痛苦时不会太敏感，能够在不必完全认同自身痛苦的前提下体验痛苦，从而变得更加从容。由于冥想时的这种体验，我们不再那么害怕生活中的痛苦，不再以痛苦为中心，会对自己更加宽容。

我们可能会为了摆脱痛苦而练习，但冥想并不仅仅是为了缓解痛苦，也是为了获得快乐。它就像晴天时孩子们手里的放大镜。孩子稳稳握着放大镜，让光线聚集在地面上的某个点，这样干枯的树叶就会被点燃。冥想就像放大镜，可以点燃我们内心的幸福之火。无论何时，我们都可以获得幸福——只要保持内心稳定，集中注意力，让本性中的温暖得以释放。随着时间的推移，正念练习会极大地提高我们对幸福的敏感度，即使身体和情感上微小的欢愉也能带给我们强烈的幸福。当思绪平静安宁，内心就会变得强大，我们就能看到世界处处皆是恩典。

可这怎么才能实现呢？我们如何通过安静坐着减缓痛苦？佛陀似乎不愿意用语言回答这个问题，只是说"试试看吧"。用我某个朋友的话说："一切都会在伟大的寂静中得以解决。"描述冥想并不容易，或许还会被人当成白痴、伪君子或奸诈的人。"2000多年了，没有谁能描述冥想。"同时使用冥想和心理治疗的精神病学家马克·爱泼斯坦（Mark Epstein）这样说。描述冥想之所以困难，不仅在于它本身的体验性质，还在于冥想体验会带我们进入越来越深入的层次——语言和思想都无法表达的层次。

某些导师和作家说的话近似于对冥想的描述。通过以下这段优美的经文，天主教神父亨利·诺文（Henri Nouwen）劝告修行者要在修行中培养耐心：

> 耐心很难培养，因为它不仅仅意味着等待我们无法掌控的事情发生：等公交车过来、等雨停歇、等朋友归来或等矛盾解决，它不是被动地等待他人完成某件事，而是要求我们充分享受当下，全神贯注于当下，品味此时，安于此地。感到不耐烦时，我们就想逃离，仿佛真实的一切以后才会发生，且会在其他地方发生。让我们保持耐心，相信自己正在寻找的宝藏就在脚下。

这就是冥想。

有位女士问我，冥想时，是否可以专注在能为自己带来平静的画面上。

"什么画面？"我问她。

"我喜欢想象池塘边的花，"她回答，"我喜欢想象自己坐在那里，聆听岸边拍打的水声，看着阳光下的花朵。"

这是一片阳光明媚的景象，我实在不忍心为她带来乌云，但我不得不这样做。"如果你愿意也可以，"我说，"但这并不是正念冥想。冥想时，就彻彻底底待在你所在的地方，完成当下正在做的事情——在这个房间里，坐着冥想，闭上双眼，感受自己的身体，观察自己的思绪，体会自己的呼吸。如果身体疼痛，就与疼痛共处；如果感到疲惫、焦躁，就随着它，不要给阴霾的心情撒上鲜花，不要把平静的池水当作掩盖焦虑的创可贴。留在所处之地，接受当时的样子。为什么要这样？因为如果能做到这一点，那么真正身处水边，凝视美丽的花朵时，你就能全身心投入，不会忧心家里的琐事，也不会想是否有比这里更美的池塘。这样，和所爱的人在一起时，你就会真正和他在一起，你会更少分心、更少评判。还有，若你觉得困惑、不幸或身体有恙，也会停止抗拒自己的感受，能够与它平静相处一段时间。然后，你就会感受自己正在感受的，思考自己正在思考的，知道无论发生什么，都可以感受到身处当下的平静。"

"除了当下所处之地，不要想象自己在别的地方，"我告诉那位女士，"无论身在何处，都要做自己。这才是冥想练习。"

你会发现在凤凰涅槃的过程中，冥想非常重要。它帮助我们在火焰中坐定，静待转变的来临；它鼓励我们在学习功课时不要退缩；它帮我们摆脱恐惧、焦虑和抑郁等。冥想能否治愈我们？答案是否定的，但它能带我们到达概览全局的高度。从那个高度出发，我们会发现自己并不抑郁，也没有恐惧、愤怒或悲伤。冥想让我们知道，自己比转瞬即逝的思想和感觉更强大、更广博。

作为后天养成的习惯，冥想可以培养我们对生活的优雅态度，帮助我们以更高雅的姿态度过艰难时期，教会我们抵制对美好时光的依恋，心怀感激地充分享受当下。虽然这些都是冥想的作用，但练习冥想与练习其他我们想要学会的技能一样需要遵守一定的方法，这或许很乏味，但非常有必要。人们练习冥想不是为了成为伟大的禅修者，而是为了苏醒和生活，为了掌握人生的艺术。

危机和变化来临时，冥想练习可以提供避难所，但只有我们自己能找到那个地方。经历过日常意识中的不安、激动和混乱后，内心深处会出现一种清明无畏的状态。那种状态一直在等待我们。每次坐下来进行正念冥想，我们总能触及那个地方。然后，我们第二天可以继续练习，如此往复，终有一天，那种状态会潜移默化地影响我们。

冥想指导

我学习过不同的冥想练习方法，追随过不同的导师，接触过世界上各种文化，所以人们可能会认为我进行冥想练习时会非常有仪式感，且认为练习会非常复杂。但实际上，我进行的练习非常简单，尽管练习中包含我所有的研究和体验，但若将冥想描述为异域旅行，那就曲解了冥想的真正含义。专注在不同形式的冥想中，我越来越深入地了解所有形式中最重要的核心：正念是一种无宗派的实践形式，培养人们对当下的意识，让人们爱上现实。

虽然相关书籍和录音带对正念冥想的指导非常详尽，但我总认为，这种介绍比不上与导师或团队一起进行练习的效果——东方称这种团队为僧伽，导师或僧伽会引导我们保持正轨，启发我们，解答沿途遇到的各种问题。若是对冥想感兴趣，我建议大家参加社区或静修中心的周末静修会或工作坊。很多社区或瑜伽中心都有冥想小组。以下指导旨在帮助读者开始冥想，或恢复停滞很久的练习。

我最早的禅修导师之一是丘扬创巴。他教导的冥想是一个双重过程：首先，冥想是一种在各种情况下保持稳定和尊严的方式；其次，冥想是唤醒我们的方式，让我们从梦中醒来，走入充满活力和真诚的生活。丘扬创巴认为，生活的核心是"基本善良"，也就是每个人都有最基本的良知，更重要的是，每个人都非常高尚。"你可以超越困窘，"他说，"因生而为人感到自豪。"丘扬创巴强调的一点是：在冥想时保持良好姿态是展示基本善良的一种方式，腰背挺直可以克服窘迫。关于在冥想中应保持的姿势，他总会提到骑马：坐在高高的马鞍上，才能让马知道你是主人。

坐在蒲团或椅子上时，身姿挺拔才能让心灵和身体知道你是主人。

冥想的姿态并不仅仅指挺拔的背部，还包括整个身体的配合。在冥想中身心不可分割，放松和充满活力的身体能为冥想提供有益的基础。丘扬创巴说，通过冥想中的姿态练习，"你会逐渐发现，仅仅是停留在原地，生活就会变得顺利甚至美好。你会发现自己能像国王或王后一样坐在马上，你由此体验到的庄严会告诉你：尊严来自静止和简单"。

我坐下来开始冥想时，会采用丘扬创巴所说的"身体六点清单"——座位、双腿、躯干、双手、双眼和嘴巴。接下来，我会详细说明每个点。

座位：最好坐在硬实的垫子或硬木座椅上。如果坐在椅子上，请保持身体前倾，后背不要靠在椅背上。

双腿：如果坐在垫子上，双腿要舒适地在体前交叉，如果可以，双膝要触地。如果坐在椅子上，双脚可以平放在地板上，双膝和双脚保持与髋同宽。

躯干：保持背部挺拔，胸部打开，双肩放松。我追随的第一位禅修导师菲利普·凯普楼（Philip Kapleau Roshi）说："尽量有意识地保持打开的姿态。之后走路或坐下来时，由于已经习惯挺胸的姿势，你就能逐渐意识到这种理想姿势的各种好处——肺部有更多的空间扩张，可以吸入更多氧气，促进血液循环，带走积累在身体中的疲劳。"

挺直的背部和放松的肩部是非常自然的姿态，不会让人感到压迫或痛苦。实际上，经过一段时间后，冥想会孕育出一种整体的舒适感。但通常来说，刚开始冥想时，保持背部挺直往往会让我们觉得身体不适应。正因如此，很多练习冥想的人也会练习瑜伽或其他可以增强体能和舒展身体的运动。

冥想的过程中，保持背部挺直和胸腔打开的最好方式之一，就是在身体感到不适时默念"放松，放松"或"打开，打开"。

挺直的背部、打开的胸腔和放松的身体对冥想练习有莫大的作用。笔直的背部会带来尊严和勇气；打开的胸腔能培养对生活的接纳；放松的身体会提醒你不要苛求自己，要把冥想练习当作礼物而非苦差事。

双手：有时，冥想进入非常安静的状态时，我们的注意力会停留在手上。听上去这似乎有些奇怪，但你自己或许会体验到。向外呼气时，你会感觉身体仿佛只剩下双手，这种情况很常见。因此，双手最好保持扎实且有意义的姿势。不同宗教传统的雕像上，神灵或圣人会有意识地保持某种手势，这有助于唤起某种特定的心理状态。

常见的手势之一是食指与拇指轻轻相触，其他三个手指向外舒展。另一种常见的手势是一只手放在另一只手的手掌上，双手的拇指相触。很多人喜欢在冥想时使用基督教徒祈祷时的手势——双手合十，手指向上；还有些人冥想时会把手搭在膝盖上，掌心朝上或朝下。

每个手势都会唤起某种特定的感觉，大家练习时可以体会到。例如，掌心向上搭在膝盖上表示接受——对遇到的所有事情保持开放的态度；掌心向下搭在膝盖上，则会使身体产生一种脚踏实地的感觉，能带来平衡感和力量感。我个人最喜欢的手势是双手的拇指与食指相触，形成一个圆圈，这会提醒我将注意力集中在当下。我使用的另一种手势是双手轻轻搭在膝盖上，三根手指自然地伸展，这可以让我保持稳定和平衡。我将"当下"这两个字印在手上，利用双手的位置和手势的含义，让飘飞的思绪重新回到冥想之中。

每次冥想最好都让双手保持同一种手势，以免频繁切换手势导致分心。冥想结束时，很多传统的做法是建议练习冥想的人双手合十，拇指轻触眉心鞠躬致意，表达对之前冥想的尊重和感激。此外，我们也可以通过向智慧与慈悲的宏大力量鞠躬而感受到谦卑。

双眼：按照某些冥想传统，冥想时应闭上双眼；有些传统则建议练习的人睁开双眼，视线向下，凝视体前四到六英尺处的某个点；另有些传统建议冥想时要保持目光柔和，不必局限于某个点。我冥想时会闭上双眼。练习时可以尝试不同的方法，找到最能让自己放松和专注的那一种。如果闭上双眼会让你觉得昏昏欲睡，那就睁开双眼；如果睁开双眼会让你分心，那就闭上双眼。

嘴巴：下巴容易紧张，冥想时我们可以先让下巴放松下来——张开嘴巴，伸出舌头，然后闭上嘴巴。按照从耳朵到下颌的顺序按摩下巴区域，可以舒缓紧张的状态。一行禅师建议冥想的人要轻轻微笑，保持下巴的放松和柔和。此外，对有些人而言，冥想时也可以收紧下巴和张开嘴巴。

对冥想时可能感受到的身体疼痛或紧张感，可以从生理和心理两方面来缓解。如果感到疼痛、紧张、不安或以上所有情况，大可不必惊慌，也不用采取"没有痛苦便没有收获"的态度。在冥想练习中，可以根据需要缓慢而有意识地调整自己的姿态。冥想的意义在于放松和清醒，因此，一定要确保自己在冥想时是舒适的，同时也保持警醒的状态。

某次冥想练习中，我听到一行禅师回答一个男士的问题。那位男士说他坐下来冥想时，会觉得肩部和颈部有疼痛感。一行禅师问那位男士坐下来看电视的时候是不是也有这种情况。那位男士回答说没有。

"您看电视时的坐姿如何？"一行禅师问。

"一般是坐在沙发上，双脚交叉。"那位男士回答，"但我过一段时间就会换换姿势、伸伸腿。"

"你看电视一般有多久？"

"大概1小时。"

"这1个小时你清醒吗？"

"清醒。"那位男士说。

"好。"一行禅师由此建议，"冥想的时候也用同样的姿势，接下来的一个小时也像平时一样换姿势，看看会怎样。之后再尝试挺直背部，稳定身体。"

坐下来冥想时，要舒缓地去体验，就像你准备泡澡或坐下来看电视时那样，这样身体才会放松。然后选择手势，闭上眼睛，挺直背部，同时放松肩膀，打开胸腔，保持温和且开放的坐姿。

呼吸、姿势、双手位置、眼睛睁或闭，这些都是冥想练习的要素。但我们真正坐下来冥想时，没有哪种技巧能够清除头脑中大量涌现且分外强烈的思绪，所以我们不妨先准备好：好念头、坏念头、令人愉悦的念头、令人不安的念头，所有这些念头在冥想时都会来来去去。这是心灵的天气现象。冥想的目标并不是要摆脱念头，反之，冥想是为了在念头来来去去时放下想要认同的冲动，只是去观察，如同站在观测塔上观察天气现象那样。

冥想中也会有感觉出现。慢慢静下心来，保持坐姿不动时，感觉会一股脑冲进我们腾出的空间。每次我参与静修时，总会听到某个人的哭声。在外人看来，一屋子的人坐在地板或椅子上冥想的情景似乎很怪异：有些人背部挺拔，沉默不语；有些人弯腰驼背，低声哭泣。"面对愤怒、悲伤或其他负面情绪时，"一行禅师说，"不需要压抑或否认，而要如母亲拥抱婴儿那样用正念去接受。"在冥想或日常生活中克制感情，就如同用泥巴和树枝堵住溪流，受阻的情绪最终会聚集足够的压力，冲破我们建造的堤坝。或许，更好的方式是让情感在冥想这种相对安全的方式中宣泄出来，否则我们可能会轻率地做出反应。

内疚、怀疑、愤怒、绝望以及其他形式的自我评判是冥想练习中的常客，而决心、偏见、信念也是如此。冥想的目的是勇敢地踏入现实——此时此地的现实，因此，最好放下固有的信念。自我想要成为什么样的人，想要判断事情的正确与否，想要表达支持或反对，而不想深入研究现实的全貌。所以，对世界的固有信念会与正念冥想为敌。

我主持冥想时，会带一个盒子到教室，里面装着与冥想和沉思有关的引文和诗句。我会让每位参与者选择一句，仔细思考，然后与其他人分享自己的见解。毫无意外，中国禅宗三祖僧璨《信心铭》中的那句话总会引起激烈的讨论：

> **不用求真；**
> **惟须息见。**

不可避免，这句话总会让某些学员愤怒。有人说："对世界不公平之事的看法促使我做善事。"另一个会问："要是我没有自己的意见，怎么知道什么是对什么是错？"和很多神秘诗人一样，僧璨也有一丝幽默感，他知道有自己的见解并不一定是坏事，这样说只是为了让我们放下评判，哪怕只放下几分钟也好。这就相当于给了真相展现自我的机会——冥想就是这样的机会。

进行冥想练习时，要不时提醒自己为何这样做。我们很容易陷入固化的练习模式，更可怕的是，有些人会认为，每天抽出几分钟培养安静的头脑和开放的心是正确和时髦的行为。若是这样，请提醒自己：我正在练习成为平静的人，我会把在冥想中发现的真相融入生活之中。经过一段时间后，练习会无处不在——从开车到给孩子讲睡前故事都在。冥想与生活密不可分，因为它是用正念体味生活。

关于冥想，还有一点需要注意：不要将它当作另一种评判自己的方式。冥想很难：虽然它可以磨炼出我们更优秀的品质，但它也是一面镜子，能反射出我们最恶劣的一面。这正是我们冥想的原因之一：看清自己；毫无保留地关爱自己；打破人性坚硬的外壳，让自我真正的面目重见天日。让我们带着宽恕的态度，放下自我评判的负担，回归最基本的自我。很快，你就会发现自己已经原谅了他人，也原谅了这个世界。

十步冥想法

地点与时间：在私密且相对安静的地方冥想，以免被其他人、孩子、电话等打扰。选择冥想的时长，然后在身旁放一个计时器。可以先从10分钟开始练习，经过几周或几个月的练习后，再将冥想的时长增加至半小时或45分钟。

座位与姿势：采用舒适的坐姿。可以把垫子放在地板上，也可以双腿交叠直接坐在椅子上。保持脊柱挺直，双肩柔软且远离耳朵。简单检视自己的身体，放松紧张的部分。放松下巴。选择手势。

开始：闭上双眼（也可以睁开双眼，将目光聚焦在地板上某个固定的点），深吸一口气，再长舒一口气，反复三次。呼气时，释放你紧抓不放的一切，提醒自己，在接下来的几分钟，你要做的只是冥想。

呼吸：将注意力放在呼吸上，觉察吸气与呼气时空气在身体里的自然流动。关注自己的胸腔及腹部，感受其在吸气时的饱满和扩张，在呼气时的内凹和收缩。重复这个过程，将注意力集中在下一次的呼吸上。让呼吸像一把柔软的扫帚，清扫出连通身体和心灵的路。

念头：如果某个念头出现，使你无法继续观察呼吸，那就观察这个念头，不要评判，之后慢慢将意识带回到胸腔或腹部，感受气体吸入及呼出的过程。记住，冥想是无条件的友好练习，所以要友好地观察自己的念头，让呼吸轻轻地将这个念头带走。

感受：如果有感受出现，不要抗拒，就让这些感受停留在那里。观察它们，品味它们，体验它们，但不要认同。让感受顺其自然，继续观察自己的呼吸。如果发现自己陷入某种感受中，可以稍微调整下坐姿再回到练习中。

疼痛：如果觉得身体不适——比如膝盖或背部不舒服——可以将意识放在疼痛上。用呼吸包裹住疼痛的位置，见证痛苦中的自己，但不要对疼痛做出反应。如果疼痛持续存在，可以轻轻移动一下释放紧张，然后再次快速坐好，关注呼吸。你可以靠在墙上或椅背上，也可以伸直双腿待一会儿，但要避免动作过大以及让疼痛主导练习。

烦躁与嗜睡：如果因为某个念头或感觉而烦躁，或者觉得坐不住，或者因厌烦而分心，就反复回到自己的呼吸和姿势上。温柔地对待自己，仿佛在训练小狗。同样，如果觉得困倦来袭，看看是否可以通过更深的呼吸、睁开双眼和挺直背部来唤醒自己。睡眠与冥想不同，可以试试你是否能像睡觉那样放松，同时保持清醒的意识。

默数呼吸：面对妨碍注意力的一切，一个好方法是默数呼吸。吸气时默念"1"，呼气时默念"2"，如此数到"10"后再从头开始。如果忘记了之前数到几，请从"1"重新开始。

频率：无论是否愿意，每天都要进行冥想——即使每次只有5分钟，也要定期练习。观察自己的感受。无论自己是否有变化，都请再坚持一周。之后可以考虑加入冥想小组，参加静修，或在练习中接受更深入的指导和支持。

心理治疗

我开始学习冥想的时候是 19 岁，当时的我非常不安，这项练习对我来说很有挑战性。有的时候，我很讨厌冥想，但无论如何，我还是坚持了下来。我能坚持下来，有好的理由也有不好的理由。好的理由是我察觉到这项练习中蕴藏着巨大的能量，我希望获得内心的平静，能够更开放地看待生死。不好的理由是我觉得自己有责任取悦冥想导师——甚至是取悦上帝。我认为，如果我每天都冥想，就会被上帝接纳；如果没有，那我可能会被上帝放逐。我觉得很多人坚持各种宗教练习也是出于同样的原因，并不是想挖掘内在的宝藏。

30 多岁时，我接受了几年心理治疗，这之后冥想练习变得更加自然和流畅。很奇怪，心理治疗为强大且真诚的冥想练习扫清了障碍。我接受心理治疗，是因为婚姻遇到了问题。在治疗中我发现，想要取悦冥想导师的冲动也出现在我的婚姻中。显然，我做很多事都是为了取悦他人，从小对父母就是如此。心理治疗极大地改变了我的生活——为了取悦他人而生活最终只会让所有人都不满意。这就是现代心理学家诺曼·布朗（Norman O. Brown）所说的心理治疗的意义："让灵魂回归身体，让自己回归本我，由此克服人类自我疏离的状态。"

深入心理治疗的世界之前，我想先探讨一下取悦他人与关爱他人的区别。取悦一个人并不意味着关爱一个人，反之亦然。取悦一个人通常是为了避免因表达自己的真实感受、需要、恐惧和梦想而可能发生的冲突；关爱一个人则不仅意味着取悦这个人，也包括坦诚地展示真实的自己以及表达自己的需要。

心理治疗之所以受到指责，就在于其过于关注自己的需要，且认为：比起对家庭和社会，个人对自身负有更多责任。但我的经验并非如此：多年的心理治疗帮助我变成了更懂得关爱他人的母亲和伴侣，也变成了更有参与感的社会成员。

的确，刚开始接受心理治疗时，我总是自我反省，这将我带入了"自私"的阶段，但最终，自我反省帮助我成为了更慷慨的人，让我回到这个世界，进入更加成熟、更具有奉献精神的关系。

人们喜欢取笑心理治疗。漫画家、喜剧演员以及各种专家每天都以此为乐，但心理治疗可以说救了我的命，所以我一直不明白为什么心理治疗总是被人诟病。人们常常自夸，说会为了保持健康而去健身房锻炼，坚持这种或那种饮食方法。他们也会大谈特谈自己的大学学位、正在阅读的书籍和参加过的演讲，甚至炫耀自己思想前卫。他们还会自豪地承认自己愿意去教堂、去庙宇、去清真寺或参加冥想小组，欣然坦言自己信赖某位可靠的牧师或拉比。那么，比起对灵魂、身体和思想的关怀，对心灵的关怀为何不能让人们觉得受到尊重和感到自豪呢？我认为，这是因为心理治疗更加关注情绪，而我们的文化认为情绪显然不如思想或心智重要。感情——无论是爱、愤怒、激情还是悲伤——似乎只属于多愁善感的诗人、歇斯底里的女性或生活在南部边境气候中的脾气暴躁的人，其他人好像都能明智地远离心灵的迷宫，可心理治疗却会带我们进入这个迷宫，深入探索童年与家庭、婚姻与两性、权力与激情等主题。一个人或许会被困在其中某个主题中。心理治疗唤醒了我们内心深处沉睡的巨人，而这个巨人积累了很多故事要倾诉。

唤醒巨人或许并不是明智之举，不去揭开童年的伤疤必然有其道理。我们对当下的不满、木然或冷漠置之不理，似乎是谨慎安全之举。或许，我们的生活已经走到了悬崖边：哪怕移动一块小石子，都会导致山体滑坡，继而引发高山坍塌。太多东西都处于风险之中，不是吗？工作、家庭、婚姻，还有日常生活中复杂的种种？更好的方式就是沿着已知的路径前进——否则，一个行差踏错，小石子就会掉落，悬崖边缘就会消失。

但在心理治疗师那个安全且神圣的房间里，我发觉，为了防止事情被揭露所耗费的能量，完全可以用于更令人兴奋和更有收获的事情中：让灵魂回归身体，让自己回归本我。当我终于将完整的自我——丰富、狂野、温柔和强烈的情感——带入冥想以及其他精神练习中，更好地理解并整合之前遥不可及的一切也变得轻而易举。于我而言，冥想与心理治疗的组合是将考验转化为启示的有效方法。

由于心理问题各种各样，所以心理治疗的形式也各有不同。有些人接受心理治疗是因为多思多虑，有些人则是因为对一切无感，有些人是为了强化软弱的自我意识，有些人则是因为强大的自我掩盖了其缔结关系的能力。归根究底，接受心理治疗都是为了培养所谓的"情商"。在精神科医生的指导下，传统的精神分析对有些人来说很有效果。其他人可能更喜欢荣格的分析方法，因为这种方法关注梦境及生活中神秘的维度。20世纪时，美国涌现出诸多具有开创性的心理学流派，发展出很多治疗方法，包括谈话疗法、身体中心疗法、家庭疗法以及艺术疗法等。对于绝大多数有兴趣接受心理治疗的人来说，采用谈话疗法最有效，但对另外一些人来说——尤其是性虐待、成瘾问题及严重抑郁来访者，就需要采用其他疗法。

很多人会发现，对其唯一有效的疗法就是精神药物。我相信，经验丰富的医生开出的药方会有所帮助，而且我认识的几个人确实因此好转。但我同时相信，快餐文化的存在让人们在面对问题时，倾向于寻求快速和无障碍解决方案。哲学家萨姆·基恩（Sam Keen）提醒我们，像"百忧解"这种药物，虽然会"让我们尽快摆脱焦虑和挣扎，但作为代价，我们也无法收获重新开始所需要的顿悟"。

心理治疗本质上非常个性化，没有成功的万能公式。我建议，如果对心理治疗感兴趣，自己不妨先阅读心理书籍，或者与可信赖的朋友聊一聊，做一些基础工作。或许你需要多方寻觅，才能找到匹配自身特殊需求的疗法和治疗师。从我个人的经验来看，在找到合适的疗法前，更重要的是找到合适的治疗师。起初，我对接受心理治疗这件事有复杂的想法。这并不是精心构思、考虑周全的过程，因为我并不知道自己想要得到什么，而且我身上最大的问题在于想要取悦他人。在一位并不适合我的治疗师的指导下，我浪费了几个月的时间。我非常害怕伤害对方，所以即使他让我不舒服，我还是坚持了下来。最后，我终于鼓起勇气离开，从别人那里打听到了其他几位治疗师。然后，我找到了一个通过技巧和共情改变我人生轨迹的治疗师。

在离婚的艰难时期，我坚持进行了四年心理治疗（每周一次），治疗师慢慢帮我解开了心结——通过深入探究童年，检视婚姻，诚实地面对我在工作中的行为以及和朋友相处时的做法。不进行治疗时，我逐渐培养出一种习惯：不再从他人身上寻找救赎，也不再责备他人，而是学会为自己的幸福和成功负责。在治疗的过程中，我发现了更强大、更自信的自己。其他人或许会找到更有同情心的自己、更无畏的自己或者充满希望和活力的自己。无论内心想要怎样的生活——无论什么在沉睡，即使从孩提时代沉睡至今——你都可以通过与有智慧的治疗师合作，缓慢地、逐渐地苏醒。

与导师、治疗师和疗愈师合作

欧米茄学院的工作让我有机会接触到世界上最具有影响力的思想家和精神导师，从这些人身上汲取神秘的、智慧的和疗愈的经验，对此我心怀感恩。但我最有意义的收获可能会让你惊讶。认识了很多导师之后，我逐渐意识到，每个人——无论是圣洁的大师、博学的疗愈师还是富有同情心的心理治疗师——都是不完美的人，都如你我一样有神经症，会遇到各种问题。我现在已经接受，生活的重点不是达到完美，而是接纳人类在不断进步这一事实。

一旦听到权威人物自称完美，我肯定会说"赶紧跑吧"。无论在政治领域、医疗行业还是宗教组织，权力总是容易让人腐化。我见过太多次，所以早就接受了这个事实。这是自然的法则，如万有引力法则一样：从高塔上丢下一块石头，它会掉在地上；若给某人无限权力，那他就会被冲昏头脑。尼采提示过我们："与恶龙作战之人，应避免成为恶龙。"有时候，我真想把这句话挂在欧米茄学院导师的餐厅里。伊莎兰研究所（Esalen Institute）就在教职员工能看到的地方悬挂了标语："凡是教给他人的，都是你自己要学习的。你就是自己最需要用功的学生。"

明智的领导者和治疗师对此心知肚明。他们已经无意于享有权力，反而以赋权他人作为自己的使命。世界正是被他们所推动。我们将称他们为英雄——即便他们并不完美。以荣格、爱因斯坦、马丁·路德·金或特蕾莎修女为例——也可以是你钦佩的任何一个人——如果深入伟大的表面之下，你就能发现一个真实的人：他们也有典型的童年伤痕或人际关系方面的挣扎；即使有移山倒海之功，能够启发和激励他人，他们也会为小事而烦恼忧心。

这种观点已经随着工作深入我的内心，它一次又一次提醒我：不要被诱惑，认为某个人或某个团体能给我们需要的答案。导师、心理治疗师和疗愈师只是提供帮助，让我们拥有治愈自己的能力。只要记得这一点，不再期待不可能之事，就已经前进了一大步。

我发现，很多来欧米茄学院的人本来是寻求赋权和自我实现，却将自己的力量和自我交给了导师。（我在这里使用"导师"一词指代各种类型的心理治疗师、疗愈师或精神导师等。）我也看到过，很多人放弃治疗是因为把导师视为完美无瑕的人。若你决定配合导师，要记得：他们的确具有独特的优势，但同时也有正常人都有的人性弱点。希望导师拥有自己缺乏的美好品质，这一点可以理解，但事实可能并非如此。有时候，最慈悲、最能帮助你的人，只是在治愈之路上领先你几步而已。比起曾因同一个问题挣扎过的人，还有谁更有经验指引你走过迷雾丛林呢？

优秀的导师会尽量摆脱自身的个性，经验不足或利己主义的导师则不会。优秀的导师总是将重心从自己身上转移到学生或病人身上，将治疗简化为最简洁、最个性化以及最亲密的方式。他们并不是奇迹的创造者，要是他们说有特殊能力治愈你——或他们周围有谁将之吹嘘成魔术师——那我肯定会三思而后行，考虑是否要与他们合作。通常来说，我所说的非凡人士才是最出色的导师——正因为他们是无比平凡的人，而且对自己生而为人的人性一面感到舒适满足，所以才因平凡而非凡。

荣格派分析师玛丽安·伍德曼谈到自己接受分析时说，尽管他与著名的荣格派分析家 E. A. 本纳特（E. A. Bennet）进行过多次会面，但大部分时间里，她都在努力向对方证明自己是个善良、聪明、有条理的人。"我跟他配合了大概半年，"伍德曼说，"但我一直努力扮演好孩子的角色。圣诞节前夜，我得知自己从小养大的狗被杀了，但我觉得把时间花在谈论宠物狗上面是浪费的，所以就像平常一样以利落的形象出现。"会面结束后，当时已经 80 多岁的本纳特医生问伍德曼是否有心事，因为他察觉到在谈话中伍德曼有些心不在焉。伍德曼轻描淡写地说自己的狗死了，可本纳特竟为此流下眼泪，这让伍德曼吃惊不已。本纳特问她是否认为讨论"灵魂动物"的去世是浪费时间。伍德曼一下子意识到自己成年之后对待灵魂的方式。她和本纳特一起坐着哭起来。"那就是我的分析真正开始的一刻。"伍德曼说。

本纳特是一位非常优秀且经验丰富的心理治疗师，本身也很谦虚和蔼。这正是导师应该具备的优秀品质。

心理治疗如果能很好地发挥作用，我们就会对身体、思想、心灵和灵魂有更深入的认识。我们进行心理治疗，是为了减少对生活之火的恐惧，夯实自身的基础，支撑自己的才能、人际关系和追求。与冥想等精神练习结合起来，心理治疗可以帮助我们培养幸福感、人性以及对生活的掌控感。然而，即使拥有了精神上的平静以及心理上的理智和力量，我们仍要面对一个事实：焦虑永不会平息，神经症永不可被驯服。要记得，我们都是"巴士小丑"。这时，就到了祈祷发挥作用的时刻。

祈 祷

爱丽丝·马丁（Alice Martin）修女在欧米茄学院教授福音歌曲。我参加过她的工作坊，因为我也喜欢唱歌。我总觉得，唱福音歌曲，就如同在幸福的海洋中徜徉。马丁修女是非常振奋人心的歌唱家、词曲作者和福音合唱团领队。看到她走进房间，你会不由自主地坐直一些。她指挥大家唱歌时，你的目光永远都不会从她身上移开。有一次在她的工作坊，趁着休息时间，她谈到了祈祷："祈祷的本质是让人心怀希望。这不是给上帝打电话，也不是等着你喜欢的答案出现——何况有的时候，你得到的可能是否定的回答！"

在马丁修女关于祷告的建议中，我最喜欢的一条是："若是祷告，就不要担忧；若是担忧，就不必祷告。二者不可兼得。"每每停下来仔细聆听脑海中的声音，我总是能听到"担忧"如趴着墙上的蜜蜂那样嗡嗡作响。这时，我便会记起马丁修女的建议，问自己到底想做什么？是担忧还是祈祷？我通常会选择祈祷，毕竟这比担忧更有意思。

祈祷是放下秉持已久的自以为可以掌控生活的信念，将之交给比你更具有包容性的存在。这需要信仰层次的飞跃——只要你察觉到世界上有更高级的力量在发挥作用，你就可以祈祷，并将这种信仰命名为"上帝"。你可以向上帝祈祷，也可以向自己更宏大的视角祈祷——这部分的你相信生活自有其意义。

有时，我会借用其他人的话进行祈祷。有时，我会在心中默默祈祷。有时，祈祷于我而言仿佛是最后一根稻草，这时我就投降，举起双手说："现在交给你了！"鲁米说："莫要寻找水，要有所渴求。"有时，祈祷就像是饥饿或口渴引发的哭喊，是我们可望而不可企及的欲念。如此看来，祈祷就像朋友跨越时间和空间的对话。

我喜欢祈祷的原因之一在于它是内疚和责备的解药。如果对自己的行为或受到的待遇不满，与其一边自责一边对他人怀有恶意，倒不如通过祈祷摆脱内疚和责备的恶性循环。我们可以将痛苦的感觉公开表达出来，说"我做错了"或"我受了委屈"，然后祈祷自己能有更广阔的胸怀——容纳我们前进时所需的全部宽恕。

温迪·贝克特是一位了不起的罗马天主教修女，因写作艺术评论书籍和参加电视节目而广为人知。关于祈祷，她有如下见解：

我并不觉得人要有内疚之心——忏悔有必要，内疚就不必了。忏悔要做的是向上帝坦诚自己的歉意，表达自己不会重蹈覆辙，然后重新开始。既然已经对自己造成了伤害，就努力纠正。内疚只会让自己一直苦苦挣扎，情绪激动，捶胸顿足，自我禁锢。内疚是一个陷阱。人们喜欢内疚，是觉得承受过足够的内疚，就能弥补之前的一切。然而，事实上，他们只是坐在水塘中挣扎罢了。

祷文随处可得——诗句、歌曲、赞美诗、普通的祷词，可以带你超越内疚，激发你与圣神的"存在"进行对话，表达自己的渴望。以下摘抄来自不同的文化，但都可以带我进入祈祷的状态。

我将一行禅师的祷告词放在床头柜上，有时早上睡醒后会大声念出来：

今早醒来，我笑了，
全新的二十四小时就在眼前。
我承诺每一刻都要过得充实，
以慈悲之心面对众生。

如果感到非常担心，我会用几分钟时间放慢脚步，静静地呼吸，默默重复14世纪英国神秘主义者朱利安女爵士（Dame Julian）的祷词：

一切都会好的，

一切都会好起来的，

一切事物，

都会好起来的。

神智学家安妮·贝桑特（Annie Besant）的祷告如下：

啊，隐藏的生命！每个原子都充满活力；

啊，隐藏的光明！在每个生物中闪耀；

啊，隐藏的爱意！一视同仁拥抱所有；

愿每一个感受到与您合一的人，

也知道自己与他人合而为一。

伊丽莎白·库伯勒－罗斯（Elisabeth Kübler-Ross）为医学院的学生开设了一门课程，还陪伴过数百位行将就木之人。她对祈祷的力量深信不疑："坐在美丽花园中的你不会成长，但若是你生病了，经历过痛苦，体验过失去，且不会把头埋进沙子，而是敢于面对，将痛苦当作专属于你的礼物，那你就会成长。"祈祷时，我们真正可以祈求的是：相信那个更宏大的意义，祈祷自己能敞开心扉，袒露自己的目的，祈祷在生活美好时懂得感恩，在生活不美好时拥有信心。

祈祷的方式无所谓正确与否。捷克前总统瓦茨拉夫·哈维尔（Václav Havel）的生活让他不得不一次次敞开心扉，这恰好向我展示了祈祷的意义。他说："祈祷并不是要确信某件事情会好转，而是确信无论结果如何，所有事情都自有其意义。"祈祷可以让我们意识到生命是一场永恒的冒险，我们只是探险者，一直在改变，一直在学习，一直在清晰与和平的新视野中破碎重生。

邀请他人共进午餐

意见分歧将永远伴随着我们，因为思想的多样性是生活的一部分，如同种族、宗教、性别或年龄的多样性一样是正常现象，所以，我们要对其他思考方式、投票方式和信仰保持开放的态度。宽容并不是对公然的偏执或暴力视而不见，而是花时间真正理解另一个人的背景，放下先入为主的偏见，更深入地观察和倾听。宽容超越了渺小的个人品位、意见和价值观，超越了以自我为中心的傲慢以及狭窄的交往圈。每个人都有能力打破狭隘、分裂和冲突的循环。本着这种精神，我前几年进行了一项"带他人共进午餐"的试验：有意寻找与自己意见相左的人，邀请他们共进午餐。随着时间的推移，我制定了一系列目标、引导和提示，方便别人带"他人"享用午餐。

具体指南

目标：更好地了解在某个主题上与你意见不同的人；面对与自己有冲突的人，弱化自己的立场；认识某个你不了解或有负面印象的群体（宗教群体、种族群体、性取向群体、问题组织等）的成员。

邀请谁：但因与你有不同观念而被你评判、拒绝或反对的人。或许邀请没有"包袱"的人更容易，也就是不要选择家人、同事或邻居。邀请或许是在聊天时自然而然发出的，或许是需要从不同角度理解某个特定问题时刻意为之的。举例来说，我之前有一次认为自己需要和与我意见不同的女性谈论堕胎的问题，我想知道她为何会有那样的观点——她的生活、经历、价值观中的哪些因素影响了她的观点。我与当地组织的负责人取得了联系，先简要介绍了自己，说明我想从她的角度理解堕胎的想法。接着，我问她是否愿意聆听我的观点，回答我的疑问。

我还特别说明，我不是要改变谁的想法，而是尊重彼此的看法。

不要邀请谁：不要邀请偏执狂、极端分子或支持暴力的人，也不要在无法秉持开放态度的人身上浪费时间。如果不得不邀请这样的人，那或许应该考虑放弃整个计划。

如何邀请：向你认为愿意参与和睦、坦诚、友好对话的人发出诚实、直接的邀请，告诉他们你认为这是解决问题的灵药。我会说"我不太喜欢自己狭隘的观点""我想从多个角度了解这个问题"和"我知道自己的想法，现在想了解你的想法"等作为邀请。有时候，我也会背诵鲁米的诗句——"除了正确与错误，另有一片领域。我便在那里等你"——作为邀请。

在邀请"他人"共进午餐时，如果对方喜欢汉堡而不是芝麻菜沙拉——反之亦然——就选择对方喜欢的餐厅。

基本原则

开始谈话之前，先就某些基本原则达成一致。以下是我和午餐伙伴经常用到的一些原则：

（1）放下自己的假设。

（2）不要想着说服对方，不要抗拒对方，也不要打断对方。

（3）避免急于下结论、使用笼统的表述或引用毫无根据的阴谋论。

（4）好奇、健谈、开放、真诚。

（5）倾听、倾听、倾听。

（6）出现难以弥合的分歧时，可以说"好的，我明白你的意思了"，然后结束。

破冰环节

以下提示可以点燃深入对话的火花：

（1）请对方讲讲其关注的特定问题是什么。

（2）请对方说说他对自己、孩子、家人、公司或国家有怎样的恐惧和期待。

（3）请对方分享生活经历——孩子、工作、困难、失去、梦想——这样可以更好地理解其观点。

（4）问一些你一直想问对方的问题。

（5）如果午餐进展顺利，可以这样结束：为了鼓励这类聚会，我们可以在朋友和家人圈子中做些什么？

判断是否达到了预期

共进午餐时会发生什么？天堂会打开大门，餐厅会播放《四海一家》（*We Are the World*）吗？不。人与人之间的分歧不会在午餐期间神奇消失。改变一个人长期秉持的观点需要时间，这是一个缓慢而艰难的过程，共进午餐只是第一步。如果双方都带着善意，那你们以后可能还会再见面，甚至成为朋友。以下几点可以帮助你判断是否达到了预期效果：

（1）改变其他人的观点变得不再重要，更重要的是尊重思想、哲学和信仰的多样性。

（2）发现自己很少下意识地进行假设，很少参与散播分歧的谈话。

（3）与不同的人建立联系、妥协、合作的能力得到提高。

（4）你内心更愿意踏上宽容、关爱和正义的道路，而非对某个群体或重大的事件进行评判，言行一致成为一种令你兴奋且意义重大的生活方式。

《破碎重生》六部曲

研究表明，我们每天都要处理大量信息，所以所有年龄段的人都存在一定的记忆障碍。考虑到这一点，我准备了"六部曲"作为快速回顾本书的小帮手。

第一步：接受。 离婚、患上疾病或亲人去世等困难会让我们偏离正轨。不过，生命中的转折也是如此：毕业、恋爱、结婚、生子、搬家、衰老等。接受一切。不要封闭自己，寻找其中能让我们成长或变得优秀的信息。

第二步：每个人都是巴士小丑。 错误、不幸、混乱与脆弱是人类操作手册中的标准组成部分，所以不要把精力浪费在责备上，要放下羞耻感带来的沉重包袱，打破与他人比较的魔咒，以真实的样貌和他人一起共同搭乘这趟公共汽车。

第三步：主动选择凤凰涅槃之旅。 每个人都可以选择成为凤凰，踏入火焰，燃烧想要扔掉的东西，找回本来应有的样子。这需要勇气，因此，如果你诚实地面对生活，选择成长而非停滞，就能收获非常丰厚的回报。

第四步：承担责任/对他人负责。 凤凰涅槃的过程会让你知道，在面对问题时，哪些部分需要自己承担。此外，这个过程还会带给你勇气，让你为自己挺身而出，让他人有所担当，做出大胆的改变。所以，请仔细倾听你最需要的声音和信息。

第五步：轻松应对不确定性。 在挣扎时期感到焦虑，想要控制一切，这非常正常——哪怕这根本就在你的掌控范围之外。然而，越是想要掌控，你就越发紧张。这时，我们要练习放下缰绳，放下对未知的不安，培养开放、信任的态度，这样才能腾出更多精力，改变自己的生活和周围的世界。

第六步：利己利他。 拯救世界的是谦卑的人和勇敢的人。社会需要尽可能多的同情、关爱和勇气。如果你愿意被困难时期的烈火燃烧，就能成为灯塔，引领他人变得更加勇敢和谦逊。